中国石油科技进展丛书（2006—2015年）

全球油气地质与资源潜力评价

主 编：张光亚

副主编：田作基 王红军 温志新 王兆明 张 磊

石油工业出版社

内 容 提 要

本书系统介绍了全球原型盆地、岩相古地理、生储盖等成藏要素、油气富集规律，用新资料、新方法系统论述了全球常规、非常规油气资源潜力评价与分布，获得了一系列重要认识与成果，为自主、超前开展全球有利油气富集区块筛选和国际油气合作提供了科学依据。

本书可供油气勘探工作者、石油高等院校师生和相关专业人员参考。

图书在版编目（CIP）数据

全球油气地质与资源潜力评价/张光亚主编.—北京：石油工业出版社，2019.7

（中国石油科技进展丛书.2006—2015年）

ISBN 978-7-5183-3423-0

Ⅰ.①全… Ⅱ.①张… Ⅲ.①石油天然气地质–研究–世界②油气资源评价–研究–世界 Ⅳ.

① P618.130.2 ② TE155

中国版本图书馆 CIP 数据核字（2019）第 100203 号

审图号：GS（2019）3807 号

出版发行：石油工业出版社

（北京安定门外安华里2区1号　100011）

网　址：www.petropub.com

编辑部：（010）64523543　图书营销中心：（010）64523633

经　销：全国新华书店

印　刷：北京中石油彩色印刷有限责任公司

2019年7月第1版　2020年11月第2次印刷

787×1092毫米　开本：1/16　印张：13.5

字数：345千字

定价：180.00元

（如出现印装质量问题，我社图书营销中心负责调换）

版权所有，翻印必究

《中国石油科技进展丛书（2006—2015年）》
编 委 会

主　任：王宜林

副主任：焦方正　喻宝才　孙龙德

主　编：孙龙德

副主编：匡立春　袁士义　隋　军　何盛宝　张卫国

编　委：（按姓氏笔画排序）

于建宁　马德胜　王　峰　王卫国　王立昕　王红庄
王雪松　王渝明　石　林　伍贤柱　刘　合　闫伦江
汤　林　汤天知　李　峰　李忠兴　李建忠　李雪辉
吴向红　邹才能　闵希华　宋少光　宋新民　张　玮
张　研　张　镇　张子鹏　张光亚　张志伟　陈和平
陈健峰　范子菲　范向红　罗　凯　金　鼎　周灿灿
周英操　周家尧　郑俊章　赵文智　钟太贤　姚根顺
贾爱林　钱锦华　徐英俊　凌心强　黄维和　章卫兵
程杰成　傅国友　温声明　谢正凯　雷　群　蔺爱国
撒利明　潘校华　穆龙新

专 家 组

成　员：刘振武　童晓光　高瑞祺　沈平平　苏义脑　孙　宁
高德利　王贤清　傅诚德　徐春明　黄新生　陆大卫
钱荣钧　邱中建　胡见义　吴　奇　顾家裕　孟纯绪
罗治斌　钟树德　接铭训

《全球油气地质与资源潜力评价》编写组

主　　编：张光亚

副 主 编：田作基　王红军　温志新　王兆明　张　磊

编写人员：

　　　　　吴义平　马　锋　刘祚冬　于炳松　辛仁臣

　　　　　李日俊　邹华耀　陈汉林　宋成鹏　刘小兵

　　　　　贺正军　王黎栋　林秀斌　黄彤飞　王彦奇

　　　　　陈　曦　张世红　刘剑平　陈忠民

序

习近平总书记指出，创新是引领发展的第一动力，是建设现代化经济体系的战略支撑，要瞄准世界科技前沿，拓展实施国家重大科技项目，突出关键共性技术、前沿引领技术、现代工程技术、颠覆性技术创新，建立以企业为主体、市场为导向、产学研深度融合的技术创新体系，加快建设创新型国家。

中国石油认真学习贯彻习近平总书记关于科技创新的一系列重要论述，把创新作为高质量发展的第一驱动力，围绕建设世界一流综合性国际能源公司的战略目标，坚持国家"自主创新、重点跨越、支撑发展、引领未来"的科技工作指导方针，贯彻公司"业务主导、自主创新、强化激励、开放共享"的科技发展理念，全力实施"优势领域持续保持领先、赶超领域跨越式提升、储备领域占领技术制高点"的科技创新三大工程。

"十一五"以来，尤其是"十二五"期间，中国石油坚持"主营业务战略驱动、发展目标导向、顶层设计"的科技工作思路，以国家科技重大专项为龙头、公司重大科技专项为抓手，取得一大批标志性成果，一批新技术实现规模化应用，一批超前储备技术获重要进展，创新能力大幅提升。为了全面系统总结这一时期中国石油在国家和公司层面形成的重大科研创新成果，强化成果的传承、宣传和推广，我们组织编写了《中国石油科技进展丛书（2006—2015年）》（以下简称《丛书》）。

《丛书》是中国石油重大科技成果的集中展示。近些年来，世界能源市场特别是油气市场供需格局发生了深刻变革，企业间围绕资源、市场、技术的竞争日趋激烈。油气资源勘探开发领域不断向低渗透、深层、海洋、非常规扩展，炼油加工资源劣质化、多元化趋势明显，化工新材料、新产品需求持续增长。国际社会更加关注气候变化，各国对生态环境保护、节能减排等方面的监管日益严格，对能源生产和消费的绿色清洁要求不断提高。面对新形势新挑战，能源企业必须将科技创新作为发展战略支点，持续提升自主创新能力，加快构筑竞争新优势。"十一五"以来，中国石油突破了一批制约主营业务发展的关键技术，多项重要技术与产品填补空白，多项重大装备与软件满足国内外生产急需。截至2015年底，共获得国家科技奖励30项、获得授权专利17813项。《丛书》全面系统地梳理了中国石油"十一五""十二五"期间各专业领域基础研究、技术开发、技术应用中取得的主要创新性成果，总结了中国石油科技创新的成功经验。

《丛书》是中国石油科技发展辉煌历史的高度凝练。中国石油的发展史，就是一部创业创新的历史。建国初期，我国石油工业基础十分薄弱，20世纪50年代以来，随着陆相生油理论和勘探技术的突破，成功发现和开发建设了大庆油田，使我国一举甩掉贫油的帽子；此后随着海相碳酸盐岩、岩性地层理论的创新发展和开发技术的进步，又陆续发现和建成了一批大中型油气田。在炼油化工方面，"五朵金花"炼化技术的开发成功打破了国外技术封锁，相继建成了一个又一个炼化企业，实现了炼化业务的不断发展壮大。重组改制后特别是"十二五"以来，我们将"创新"纳入公司总体发展战略，着力强化创新引领，这是中国石油在深入贯彻落实中央精神、系统总结"十二五"发展经验基础上、根据形势变化和公司发展需要作出的重要战略决策，意义重大而深远。《丛书》从石油地质、物探、测井、钻完井、采油、油气藏工程、提高采收率、地面工程、井下作业、油气储运、石油炼制、石油化工、安全环保、海外油气勘探开发和非常规油气勘探开发等15个方面，记述了中国石油艰难曲折的理论创新、科技进步、推广应用的历史。它的出版真实反映了一个时期中国石油科技工作者百折不挠、顽强拼搏、敢于创新的科学精神，弘扬了中国石油科技人员秉承"我为祖国献石油"的核心价值观和"三老四严"的工作作风。

《丛书》是广大科技工作者的交流平台。创新驱动的实质是人才驱动，人才是创新的第一资源。中国石油拥有21名院士、3万多名科研人员和1.6万名信息技术人员，星光璀璨、人文荟萃、成果斐然。这是我们宝贵的人才资源。我们始终致力于抓好人才培养、引进、使用三个关键环节，打造一支数量充足、结构合理、素质优良的创新型人才队伍。《丛书》的出版搭建了一个展示交流的有形化平台，丰富了中国石油科技知识共享体系，对于科技管理人员系统掌握科技发展情况，做出科学规划和决策具有重要参考价值。同时，便于科研工作者全面把握本领域技术进展现状，准确了解学科前沿技术，明确学科发展方向，更好地指导生产与科研工作，对于提高中国石油科技创新的整体水平，加强科技成果宣传和推广，也具有十分重要的意义。

掩卷沉思，深感创新艰难、良作难得。《丛书》的编写出版是一项规模宏大的科技创新历史编纂工程，参与编写的单位有60多家，参加编写的科技人员有1000多人，参加审稿的专家学者有200多人次。自编写工作启动以来，中国石油党组对这项浩大的出版工程始终非常重视和关注。我高兴地看到，两年来，在各编写单位的精心组织下，在广大科研人员的辛勤付出下，《丛书》得以高质量出版。在此，我真诚地感谢所有参与《丛书》组织、研究、编写、出版工作的广大科技工作者和参编人员，真切地希望这套《丛书》能成为广大科技管理人员和科研工作者的案头必备图书，为中国石油整体科技创新水平的提升发挥应有的作用。我们要以习近平新时代中国特色社会主义思想为指引，认真贯彻落实党中央、国务院的决策部署，坚定信心、改革攻坚，以奋发有为的精神状态、卓有成效的创新成果，不断开创中国石油稳健发展新局面，高质量建设世界一流综合性国际能源公司，为国家推动能源革命和全面建成小康社会作出新贡献。

2018年12月

丛书前言

石油工业的发展史，就是一部科技创新史。"十一五"以来尤其是"十二五"期间，中国石油进一步加大理论创新和各类新技术、新材料的研发与应用，科技贡献率进一步提高，引领和推动了可持续跨越发展。

十余年来，中国石油以国家科技发展规划为统领，坚持国家"自主创新、重点跨越、支撑发展、引领未来"的科技工作指导方针，贯彻公司"主营业务战略驱动、发展目标导向、顶层设计"的科技工作思路，实施"优势领域持续保持领先、赶超领域跨越式提升、储备领域占领技术制高点"科技创新三大工程；以国家重大专项为龙头，以公司重大科技专项为核心，以重大现场试验为抓手，按照"超前储备、技术攻关、试验配套与推广"三个层次，紧紧围绕建设世界一流综合性国际能源公司目标，组织开展了50个重大科技项目，取得一批重大成果和重要突破。

形成40项标志性成果。（1）勘探开发领域：创新发展了深层古老碳酸盐岩、冲断带深层天然气、高原咸化湖盆等地质理论与勘探配套技术，特高含水油田提高采收率技术，低渗透/特低渗透油气田勘探开发理论与配套技术，稠油/超稠油蒸汽驱开采等核心技术，全球资源评价、被动裂谷盆地石油地质理论及勘探、大型碳酸盐岩油气田开发等核心技术。（2）炼油化工领域：创新发展了清洁汽柴油生产、劣质重油加工和环烷基稠油深加工、炼化主体系列催化剂、高附加值聚烯烃和橡胶新产品等技术，千万吨级炼厂、百万吨级乙烯、大氮肥等成套技术。（3）油气储运领域：研发了高钢级大口径天然气管道建设和管网集中调控运行技术、大功率电驱和燃驱压缩机组等16大类国产化管道装备，大型天然气液化工艺和20万立方米低温储罐建设技术。（4）工程技术与装备领域：研发了G3i大型地震仪等核心装备，"两宽一高"地震勘探技术，快速与成像测井装备、大型复杂储层测井处理解释一体化软件等，8000米超深井钻机及9000米四单根立柱钻机等重大装备。（5）安全环保与节能节水领域：

研发了CO_2驱油与埋存、钻井液不落地、炼化能量系统优化、烟气脱硫脱硝、挥发性有机物综合管控等核心技术。（6）非常规油气与新能源领域：创新发展了致密油气成藏地质理论，致密气田规模效益开发模式，中低煤阶煤层气勘探理论和开采技术，页岩气勘探开发关键工艺与工具等。

取得15项重要进展。（1）上游领域：连续型油气聚集理论和含油气盆地全过程模拟技术创新发展，非常规资源评价与有效动用配套技术初步成型，纳米智能驱油二氧化硅载体制备方法研发形成，稠油火驱技术攻关和试验获得重大突破，井下油水分离同井注采技术系统可靠性、稳定性进一步提高；（2）下游领域：自主研发的新一代炼化催化材料及绿色制备技术、苯甲醇烷基化和甲醇制烯烃芳烃等碳一化工新技术等。

这些创新成果，有力支撑了中国石油的生产经营和各项业务快速发展。为了全面系统反映中国石油2006—2015年科技发展和创新成果，总结成功经验，提高整体水平，加强科技成果宣传推广、传承和传播，中国石油决定组织编写《中国石油科技进展丛书（2006—2015年）》（以下简称《丛书》）。

《丛书》编写工作在编委会统一组织下实施。中国石油集团董事长王宜林担任编委会主任。参与编写的单位有60多家，参加编写的科技人员1000多人，参加审稿的专家学者200多人次。《丛书》各分册编写由相关行政单位牵头，集合学术带头人、知名专家和有学术影响的技术人员组成编写团队。《丛书》编写始终坚持：一是突出站位高度，从石油工业战略发展出发，体现中国石油的最新成果；二是突出组织领导，各单位高度重视，每个分册成立编写组，确保组织架构落实有效；三是突出编写水平，集中一大批高水平专家，基本代表各个专业领域的最高水平；四是突出《丛书》质量，各分册完成初稿后，由编写单位和科技管理部共同推荐审稿专家对稿件审查把关，确保书稿质量。

《丛书》全面系统反映中国石油2006—2015年取得的标志性重大科技创新成果，重点突出"十二五"，兼顾"十一五"，以科技计划为基础，以重大研究项目和攻关项目为重点内容。丛书各分册既有重点成果，又形成相对完整的知识体系，具有以下显著特点：一是继承性。《丛书》是《中国石油"十五"科技进展丛书》的延续和发展，凸显中国石油一以贯之的科技发展脉络。二是完整性。《丛书》涵盖中国石油所有科技领域进展，全面反映科技创新成果。三是标志性。《丛书》在综合记述各领域科技发展成果基础上，突出中国石油领先、高端、前沿的标志性重大科技成果，是核心竞争力的集中展示。四是创新性。《丛书》全面梳理中国石油自主创新科技成果，总结成功经验，有助于提高科技创新整体水平。五是前瞻性。《丛书》设置专门章节对世界石油科技中长期发展做出基本预测，有助于石油工业管理者和科技工作者全面了解产业前沿、把握发展机遇。

《丛书》将中国石油技术体系按15个领域进行成果梳理、凝练提升、系统总结，以领域进展和重点专著两个层次的组合模式组织出版，形成专有技术集成和知识共享体系。其中，领域进展图书，综述各领域的科技进展与展望，对技术领域进行全覆盖，包括石油地质、物探、测井、钻完井、采油、油气藏工程、提高采收率、地面工程、井下作业、油气储运、石油炼制、石油化工、安全环保节能、海外油气勘探开发和非常规油气勘探开发等15个领域。31部重点专著图书反映了各领域的重大标志性成果，突出专业深度和学术水平。

《丛书》的组织编写和出版工作任务量浩大，自2016年启动以来，得到了中国石油天然气集团公司党组的高度重视。王宜林董事长对《丛书》出版做了重要批示。在两年多的时间里，编委会组织各分册编写人员，在科研和生产任务十分紧张的情况下，高质量高标准完成了《丛书》的编写工作。在集团公司科技管理部的统一安排下，各分册编写组在完成分册稿件的编写后，进行了多轮次的内部和外部专家审稿，最终达到出版要求。石油工业出版社组织一流的编辑出版力量，将《丛书》打造成精品图书。值此《丛书》出版之际，对所有参与这项工作的院士、专家、科研人员、科技管理人员及出版工作者的辛勤工作表示衷心感谢。

人类总是在不断地创新、总结和进步。这套丛书是对中国石油2006—2015年主要科技创新活动的集中总结和凝练。也由于时间、人力和能力等方面原因，还有许多进展和成果不可能充分全面地吸收到《丛书》中来。我们期盼有更多的科技创新成果不断地出版发行，期望《丛书》对石油行业的同行们起到借鉴学习作用，希望广大科技工作者多提宝贵意见，使中国石油今后的科技创新工作得到更好的总结提升。

孙龙德

2018年12月

前 言

深化系统开展全球油气地质研究与全球油气资源潜力自主评价是认识全球油气分布规律、筛选有利油气富集区块、开展海外油气合作的重要基础。"十一五""十二五"以来，依托国家科技重大专项及中国石油天然气股份有限公司重大科技项目，深入系统开展了全球原型盆地、岩相古地理、生储盖等成藏要素、油气富集规律研究，用新资料、新方法深入系统的全面开展了全球常规、非常规油气资源潜力评价与分布研究，获得一系列重要认识与成果，为自主、超前开展全球有利油气富集区块筛选和国际油气合作提供了科学依据。

本书即是以上成果的总结。本书第一章以全球板块构造格局为基础，重点介绍了全球共计468个含油气盆地的区域分布以及已发现油气的分布特征。第二章结合前人研究成果，首先对前寒武纪以来不同纪（白垩纪包括早、晚白垩世）的古板块进行重建，恢复了不同时期板块构造格局，分析了其演化阶段及其特征，然后恢复了不同时期原型盆地分布，最后分析了板块构造演化特征对原型盆地形成的控制作用。第三章在全球不同地质时期岩相古地理研究中，从全球基本构造单元基础地质特征入手，以盆地解剖为重点，编绘了现今位置全球13个地质时期岩相古地理图，并恢复了古板块构造位置岩相古地理分布，分析了不同时期岩相古地理演化特征，并阐述了岩相古地理分布控制因素。第四章以已发现的油气藏解剖为依据，分析了烃源岩、储层、盖层等成藏要素的时空分布特征，重点分析了板块构造演化、原型盆地及岩相古地理分布对烃源岩、储层、盖层发育与分布的控制作用，还分析了全球已发现油气藏圈闭类型及分布特征。第五章讲述了全球常规油气资源评价与分布规律，本章首先以国外425个含油气盆地（不含中国）为重点，针对不同勘探程度的成藏组合采用不同方法开展资源评价，获得了807个成藏组合的石油、天然气及凝析油的常规油气待发现资源量评价结果，并分析了其分布特征；其次，开展了全球已知油气田储量增长潜力评价及分布研究；最后，综合考虑全球常规油气资源潜力分布特征，指出了常规油气资源富集的有利地区。第六章讲述了全球非常规油气资源评价及分布，主要考虑重油、油砂、致密油、油页岩、页岩气、煤层气和致密气7种非常规油气类型，针对全球主要盆地和地层组合，将评价对象划分为详细评价和统计评价两类，选择和改进评价方法，获得可采资源量及其分布，在此基础上进行了有利区优选。第七章对全球原型盆地、岩相古地理、生储盖等成藏要素、油气富集规律研究成果进一步总结提炼，明确了新的认识。

本书编写具体分工如下：第一章由田作基、吴义平、于炳松等执笔；第二章由张光亚、于炳松、温志新、王兆明、张世红、辛仁臣、李曰俊、陈汉林、张磊、王黎栋、林秀斌、黄彤飞、王彦奇、陈曦等执笔；第三章由张光亚、辛仁臣、温志新、王兆明、于炳松、李曰俊、陈汉林、张磊等执笔；第四章由温志新、王兆明、邹华耀、宋成鹏、刘小兵、贺正军等执笔；第五章由田作基、吴义平、刘剑平、陈忠民等执笔；第六章由王红军、马锋、刘祚冬等执笔；第七章由张光亚、张磊等执笔。全书由张光亚负责统稿，张磊协助完成相关工作。

该项成果是在童晓光院士的具体指导下集体研究完成的。在研究过程中，得到了国家重大专项攻关办公室、中国石油科技管理部、中国石油国际勘探开发有限公司、中国石油勘探开发研究院各级领导、专家的大力指导与帮助，在此一并致谢。

由于笔者水平有限，书中难免存在不足，敬请专家和读者批评指正！

目 录

第一章 全球含油气盆地基本地质特征 ... 1
- 第一节 全球大地构造基本格局 ... 1
- 第二节 全球含油气盆地类型及分布 ... 14
- 第三节 全球含油气盆地油气分布 ... 18
- 参考文献 ... 27

第二章 全球古板块演化与原型盆地 ... 30
- 第一节 板块恢复重建 ... 30
- 第二节 板块构造演化 ... 34
- 第三节 全球原型盆地分布及演化 ... 45
- 参考文献 ... 66

第三章 全球岩相古地理分布及演化 ... 68
- 第一节 全球岩相古地理恢复方法与进展 ... 68
- 第二节 全球岩相古地理分布特征 ... 70
- 第三节 全球岩相古地理演化及其控制因素 ... 106
- 参考文献 ... 112

第四章 全球油气成藏要素及其控制作用 ... 113
- 第一节 全球主要地质时期烃源岩发育规律 ... 113
- 第二节 全球主要地质时期储层、盖层特征与分布 ... 122
- 第三节 全球储盖组合发育规律 ... 130
- 第四节 全球主要地质时期圈闭发育特征 ... 131
- 参考文献 ... 135

第五章 全球常规油气资源评价与分布规律 ... 136
- 第一节 全球常规待发现油气资源评价及分布 ... 136
- 第二节 全球已知油气田储量增长潜力评价及分布 ... 144

第三节　全球常规油气资源潜力分布与有利区优选 …………………… 154
　　参考文献 …………………………………………………………………… 164

第六章　全球非常规油气资源评价及分布 …………………………… 166
　　第一节　全球非常规油气资源评价方法 …………………………………… 166
　　第二节　全球非常规石油资源评价及潜力 ………………………………… 169
　　第三节　全球非常规天然气资源评价及潜力 ……………………………… 179
　　第四节　全球非常规油气资源分布与有利区优选 ………………………… 188
　　参考文献 …………………………………………………………………… 196

第七章　结论与认识 ………………………………………………………… 197

第一章 全球含油气盆地基本地质特征

第一节 全球大地构造基本格局

20世纪60年代，板块构造学说的出现标志着大地构造研究进入一个全新的发展阶段。板块构造学说认为：岩石圈的构造单元是板块，板块的边界是洋中脊、转换断层、俯冲带和缝合带。由于地幔对流，板块在洋中脊分离、扩大，在俯冲带和缝合带处俯冲、消失。经典的板块构造模式中所提到的陆块、大洋、洋中脊、岛弧、弧前盆地、弧后盆地、前陆盆地、岩浆弧、俯冲带、造山带、海山、洋岛等都是一些基本的大地构造单元。

一、主要缝合造山带

碰撞造山是造山运动中一种最主要的类型，它的形成机制与板块的俯冲作用直接有关，而造山带只发育在会聚型的板块边缘地带。Dewey和Bird最早根据板块构造理论对造山带做了全面概括[1]，将造山带分为4种类型：（1）大陆边缘岩浆弧造山带，是大洋岩石圈板块俯冲到大陆岩石圈板块之下形成的陆缘造山带；（2）岛弧造山带，是一个大洋岩石圈板块俯冲到另一个大洋岩石圈板块之下形成的高耸于洋底之上的造山带；（3）陆—陆碰撞造山带，两个大陆板块相互碰撞而形成的造山带，以喜马拉雅和阿尔卑斯造山带为代表；（4）弧—陆碰撞造山带，是载有大西洋型大陆边缘的板块，在岛弧靠陆的一侧向岛弧之下俯冲，最后大陆边缘与岛弧相碰撞而形成的造山带[2]。为便于讨论构造演化，本书按全球4个主要地质时期讨论主要造山带分布及其特征。

1. 新元古代泛非造山带

泛非运动（Pan African Orogeny）是一次非洲大陆乃至整个冈瓦纳大陆（Gondwana）前寒武纪至寒武纪的构造运动，发生于700—500Ma或1100—500Ma，是以构造—热事件为其主要形式的地壳运动，该运动对于非洲—巴西超大陆克拉通化的完成起重要作用。南美的巴西造山运动与之发生时限及运动性质颇为相近，故又统称巴西泛非事件。在600—550Ma，由于泛非运动造成罗迪尼亚超大陆解体，东西冈瓦纳块体开始聚合，莫桑比克洋消亡，经过多个地质体的碰撞，形成了比罗迪尼亚超大陆小的冈瓦纳大陆[3-5]。重建冈瓦纳旋回的标志性事件是两条全球范围的泛非造山带。第一条构造带介于东、西冈瓦纳之间的莫桑比克，该带涉及东非、马达加斯加、印度南部、斯里兰卡和东南极（图1-1），该带的闭合产生的中低压麻粒岩相变质作用，是冈瓦纳形成的标志。第二条构造带形成于530Ma，发育于东、西非之间，并延伸到刚果和巴西东南部，其中巴西东南部2000km的新元古代晚期岩浆弧的发育特别引人注目。

2. 早古生代加里东造山带

加里东（Caledonides）造山带是欧洲的早古生代造山带（图1-2），它从爱尔兰、苏格兰西北延伸到斯堪的纳维亚半岛，包括加里东造山带（斯堪的纳维亚造山带）、特拉—

澳大利亚造山带（Terra-Australis Orogen）、塔科尼造山带（Taconia Orogen）。在斯堪的纳维亚，加里东造山带的东南前沿保存得相当完好，从造山带向东推掩到波罗的地盾上的逆掩岩席的位移量达100km以上。造山带内岩石变形和花岗岩化非常强烈，其构造关系复杂[6]。造山带的西北前沿已被大西洋所截，只在英国西北部尚有保存，其逆冲断层指向西北。在英国东南加里东造山带前沿出露较少，大部分已被沉积掩盖，出露的古生代地层褶皱也较宽缓。

图1-1 全球新元古代泛非期前寒武纪（630Ma）古板块及主要造山带分布图

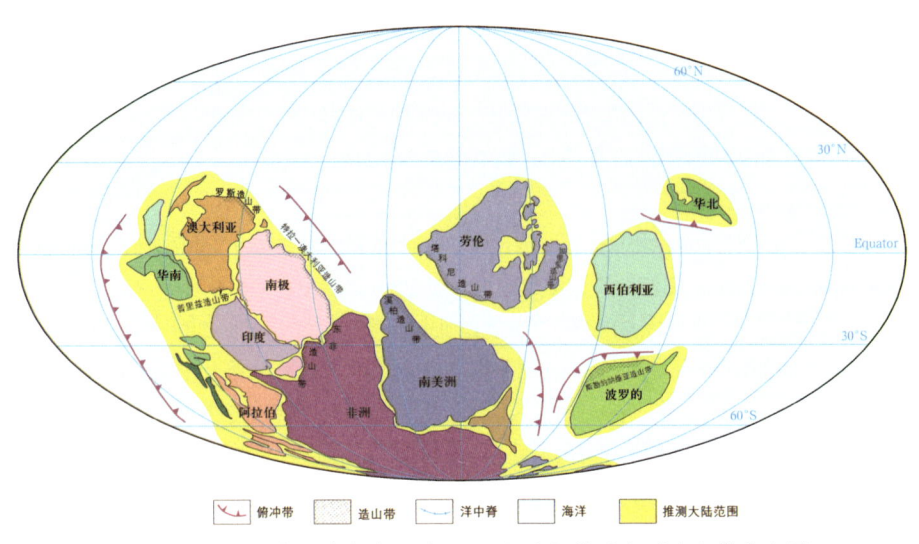

图1-2 全球早古生代奥陶纪（485Ma）古板块及主要造山带分布图

3. 晚古生代海西造山带

海西造山运动（Hercynides）使晚古生代欧美（劳伦古陆）和冈瓦纳大陆碰撞形成了潘基亚泛大陆[7]。海西运动形成了华力西造山带、乌拉尔造山带、阿巴拉契亚造山带、科迪勒拉—安第斯造山带、南非的开普造山带、欧亚中部的中亚造山带和澳大利亚新英格兰造山带（图1-3）。

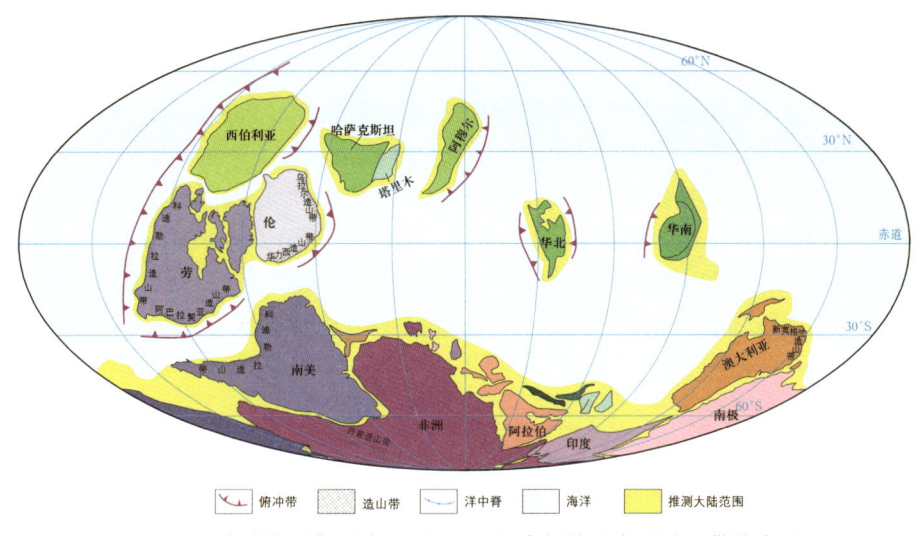

图 1-3　全球海西期石炭纪（340Ma）古板块及主要造山带分布图

4. 中生代—新生代造山带

阿尔卑斯造山作用发生于晚中生代和新生代的造山期，形成了欧洲的阿尔卑斯以及其他一些年轻的巨大造山带和褶皱山系，包括阿尔卑斯造山带、扎格罗斯造山带、喜马拉雅造山带、环太平洋造山带、泰米尔造山带、阿特拉斯造山带、科迪勒拉—安第斯造山带、维尔霍扬斯克造山带、鄂霍次克造山带、秦岭造山带等[8—12]。在古近纪和新近纪，由于阿尔卑斯运动（中国称喜马拉雅运动），使沿欧洲南部中生代的古地中海发生了强烈褶皱，形成横贯东西的阿尔卑斯—喜马拉雅山脉（从西班牙至亚洲南部），该造山带属于板块碰撞型山系（图 1-4 和图 1-5）。

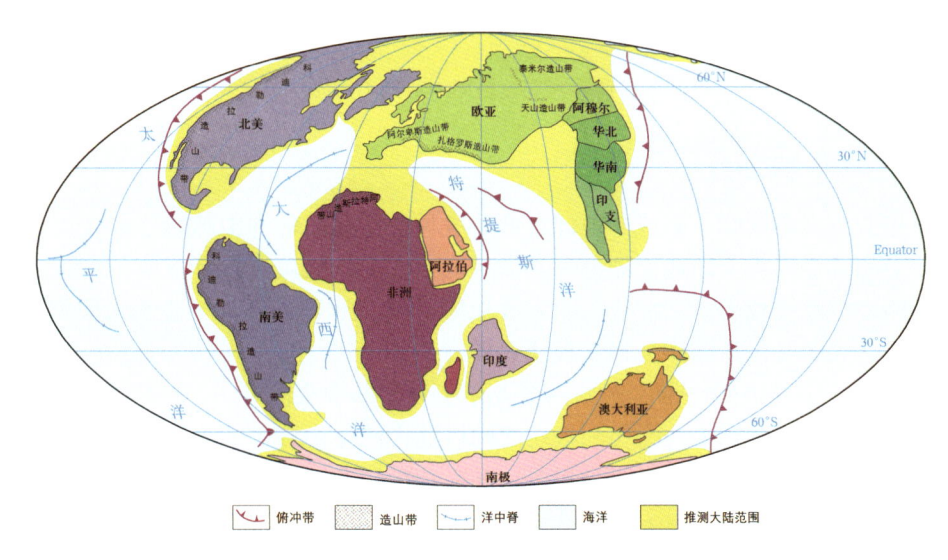

图 1-4　全球阿尔卑斯—喜马拉雅期晚白垩世（80Ma）古板块及主要造山带分布图

特提斯构造域（Tethys Tectonic Domain）是在特提斯洋和印度洋两个前后相继的动力体系作用下形成的一个中—新生代构造域。其西起北非和欧洲南部的阿尔卑斯褶皱带，向东经地中海、土耳其、高加索、伊朗、阿富汗、巴基斯坦进入我国青藏高原，再向南延伸至马来西亚、印尼构造带（图1-5）。特提斯构造域经历了海西、早阿尔卑斯和喜马拉雅（晚阿尔卑斯）3个旋回的发展[13]。海西旋回形成世界上最大的北特提斯海西造山系，在劳伦大陆增生边缘与冈瓦纳大陆之间裂开形成古特提斯洋（Paleo-Tethys）；早阿尔卑斯旋回形成阿尔卑斯造山带，该时期潘基亚泛大陆（Pangea B）形成[14,15]，古特提斯洋逐渐闭合，在阿尔卑斯到喜马拉雅一带形成一个向东呈喇叭状张开的海湾，称为中特提斯洋（Tethys）；晚阿尔卑斯旋回是其最新发展时期，新特提斯洋（Neo-Tethys）洋盆开裂，在侏罗纪晚期至白垩纪早期达到鼎盛时期。由于印度板块与欧亚板块的强烈碰撞挤压，使喜马拉雅造山带褶皱隆起，新近纪（N）新特提斯的消亡，形成了一条全球规模的阿尔卑斯—喜马拉雅造山带（图1-5）。

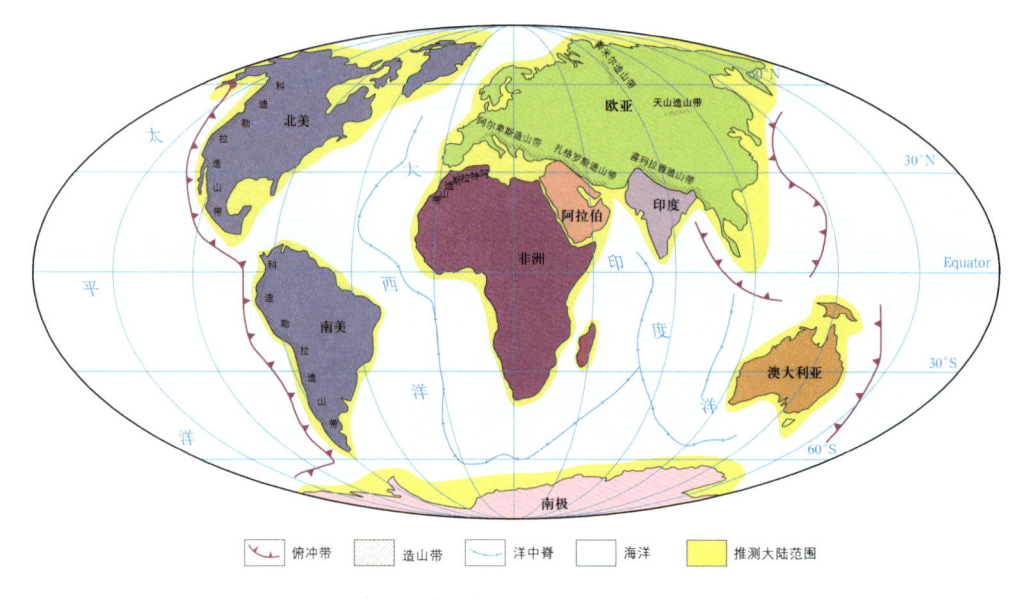

图1-5　全球阿尔卑斯—喜马拉雅期中新世（15Ma）造山带分布图

二、全球板块划分

板块构造合理地解释了形成于地球表面的各种各样火山带和山脉的分布以及地震的活动。造山带和缝合线将全球地壳划分为六大板块：太平洋板块、欧亚板块、非洲板块、美洲板块、印度洋板块和南极洲板块（图1-6）。其中除太平洋板块几乎全为海洋外，其余5个板块既包括大陆又包括海洋。通常板块边界有3种型式：（1）张性界面，它是海底扩张形成的或属于扩张的中心地带，例如许多大洋中脊（即中央海岭）、洋隆等都是这种张性界面的实例，包括：欧亚板块与美洲板块之间以北大西洋中脊作为分界线；非洲板块与美洲板块之间则以南大西洋中脊作为分界线；南极洲板块和印度洋板块以印度洋中脊作为分界线。（2）剪切界面（或走滑界面），例如转换断层便是这类界面的代表。（3）压性界面，包括深海沟—火山岛弧界面，如阿留申群岛；海沟—火山弧大陆边缘界面，如智利安第斯山脉与邻近的海沟；大陆与大陆碰撞的界面，也称为结合带，例如喜马拉雅结合带，欧亚板块与印度洋板块则以雅鲁藏布江缝合线作为分界线；智利板块和科科斯板块与美洲板块以秘鲁—智利海沟作为界线。

图1-6 全球六大板块分布图[16]

1. 非洲板块

非洲板块（African plate）是全球六大板块之一，由陆壳和洋壳两部分组成。"非洲大陆"是非洲板块的陆壳部分，位于非洲板块的中北部，面积为 $3030 \times 10^4 km^2$，约占非洲板块面积的1/2。洋壳部分位于"非洲大陆"的外围，在东、西非边缘较为发育，北部较小，东北部仅少量洋壳（红海—亚丁湾），形成一些洋盆。非洲板块的东、西边界分别为大西洋和印度洋的洋中脊，以二者为边界分别与美洲板块和南极洲板块分开，包括非洲大陆东部马达加斯加岛。

从太古宙、元古宙、古生代、中生代、新生代至现代，非洲板块陆壳（非洲大陆）经历了漫长而复杂的发展演化过程，而板块的洋壳部分从白垩纪开始形成，发展和演化过程相对简单[16]。主要构造单元可分为基底构造、裂谷体系和褶皱带三类。非洲板块的基底构造形成于冈瓦纳古陆形成时期。新元古代至古生代初期，非洲板块发育西非、刚果和卡拉哈里3个地盾（图1-7），这3个地盾为新元古代以前的古老岩石。地盾中部由太古宙的许多陆核和活动带交替组成，岩石类型为花岗岩、绿岩带和高变质的片麻岩。新元古代以前，西非和卡拉哈里地盾发育较完整，刚果地盾在中、新元古代才发育完整。

元古宙期间，3个地盾中相对稳定的陆核形成较早，至新元古代，其上形成了一些沉积岩盖层。以后在刚果地盾和卡拉哈里地盾之间形成卡坦加（Katanga）活动带，在西非地盾北段形成毛里塔尼亚活动带，其南部形成刚果活动带，在卡拉哈里地盾东部形成莫桑比克活动带。这些活动带均形成了广大的泛非活动带，它们的活动均延续到新元古代末至早古生代。到寒武纪末，在非洲古老地盾之上沉积了少量盖层，形成了非洲板块最早的克拉通，包括西非克拉通、东撒哈拉克拉通、刚果克拉通和卡拉哈里克拉通（图1-8）。

至早古生代，约5亿年前（奥陶纪末）整个非洲发生了一次强烈的造山运动，即泛非运动（或称加丹加运动），使上覆岩石受热动力变质和花岗岩化，致使整个非洲成为一个古老的稳定区。

古生代以后，几次世界范围的造山运动对非洲板块的影响甚微[17, 18]。海西造山运动

图 1-7 非洲三大地盾分布图

图 1-8 非洲新元古代至古生代初泛非活动带分布图

1—汉志岩浆弧；2—莫桑比克带；3—赞比亚带；4—马尔摩斯波里带；5—加里普带；6—扎马拉带；7—加丹加带；8—西刚果带；9—达荷美带；10—帕罗辛带；11—毛里塔尼亚带；12—罗克烈德斯；13—蒂里林带

使西非、北非稳定区分割成许多隆起和盆地。非洲南部受海西运动影响范围小，仅在开普地带，从石炭纪至三叠纪才发育了断裂系统或沉降型陆相盆地。新生代，阿特拉斯造山作用，形成阿特拉斯造山带及其相关的沉积盆地。

2. 印度洋板块

印度洋板块包括阿拉伯半岛、印度半岛、澳洲大陆、新西兰及大部分的印度洋。

印度半岛三面被阿拉伯板块、欧亚板块包围，总面积约 $448×10^4km^2$。板块北部为喜马拉雅碰撞带和苏莱曼—马克兰褶皱带（图1-9）。印度板块形成于90Ma前的白垩纪，原来位于南半球，自非洲东部的马达加斯加分离，每年向北漂移15cm，大约在50～55Ma前的始新世时期和欧亚板块碰撞拼合，主要缝合带在喜马拉雅—雅鲁藏布江一带[19]。这一时期，印度板块移动了约2000～3000km，比已知的任何板块移动的速度都要快。

自新元古代以来印度板块经历了克拉通内裂谷阶段（裂谷期）、被动大陆边缘阶段（漂移期）、岛弧阶段（早碰撞期）和前陆阶段（晚碰撞期）4个演化阶段，形成了49个沉积盆地[20]。板块内部多为元古宙克拉通沉积盆地和古生代裂谷沉积盆地，板块边缘则多为中、新生代沉积盆地，局部为新生代沉积盆地；板块北部、缅甸微板块为新生代沉积盆地（图1-9）。

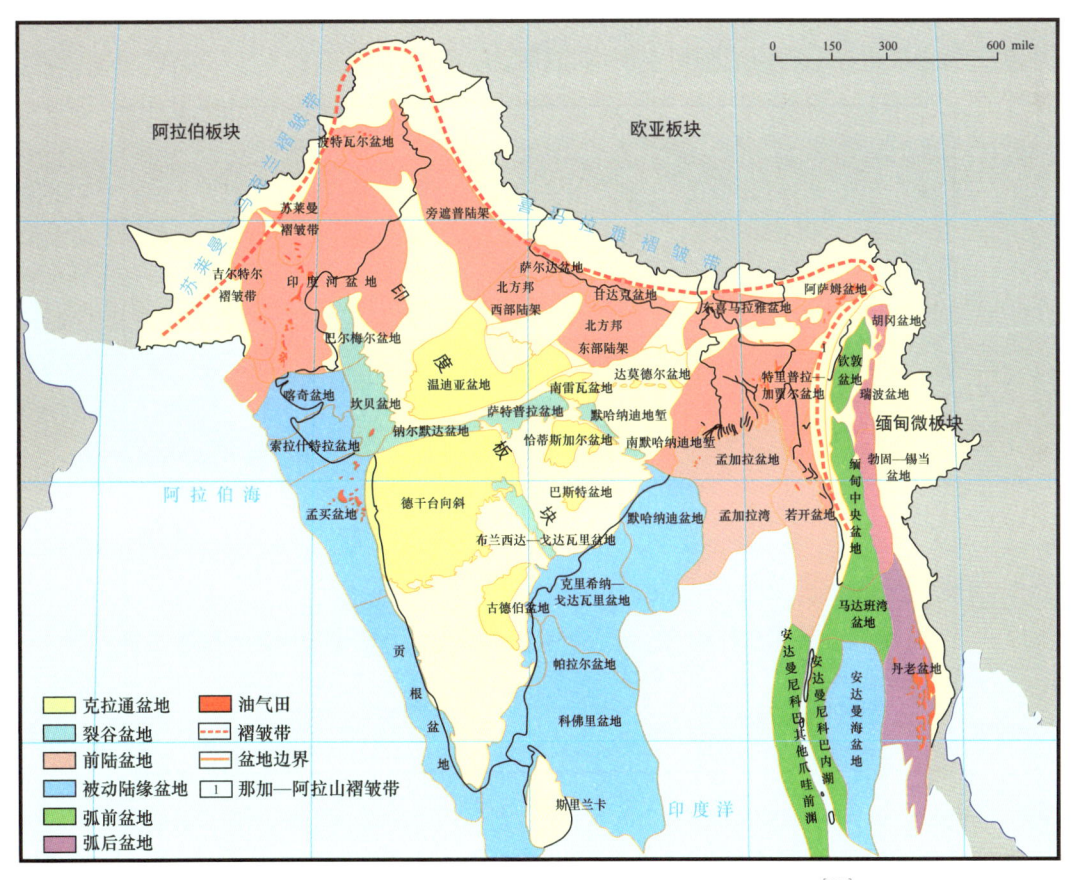

图1-9 南亚地区大地构造位置及沉积盆地和油气田分布[20]

澳大利亚板块亦称澳洲大陆，是位于南半球大洋洲的一个大陆。澳洲大陆面积为 $769×10^4km^2$，是世界6个大陆中面积最小的一个。澳洲大陆原是冈瓦纳大陆的一部分，除澳大利亚东部和巴布亚新几内亚处于活动边缘外，其他都与目前的印度板块和南极板块连在一起。澳洲大陆四面被海所包围，与南极大陆并列为世界上仅有的两块完全被海水所包围的大陆[21]。

大约在晚白垩世，澳洲大陆西部首先与冈瓦纳大陆分离，古近—新近纪其南部又脱离南极板块，形成了目前的地貌地质格局（图1-6）。

澳洲大陆的基底是火山成因的沉积物和花岗岩侵入体。在西部和中部已证实存在有这类岩性组成的皮尔巴拉和伊尔岗两个地块，由于上覆沉积物覆盖面积大，该类岩性仅在几个地方见到。在经过古—中元古代的一系列构造旋回后，澳大利亚中部和西部的克拉通逐步形成，在东部仍为塔斯曼活动带，其分布约占澳洲大陆面积的1/3。

3. 太平洋板块

太平洋板块（Pacific Plate）包括大部分的太平洋（包含美国南加州海岸地区），为唯一以洋壳为主的板块（图1-10）。太平洋板块的东北缘为离散边界，南缘与南极板块之间也是离散边界，形成太平洋—南极洋脊（Pacific-Antarctic Ridge）。西面与欧亚板块之间存在会聚边界，其中靠北方的一边沉入欧亚板块之下，中间部分则与菲律宾板块形成马里亚纳海沟。西南面与印度—澳大利亚板块（印度洋板块）形成复杂的会聚边界，并于新西兰北方沉入印度洋板块之下，两者之间形成了一个转换边界，发育阿尔派断层。北面沉入北美板块，为会聚边界，并形成阿留申海沟与邻近的阿留申群岛。

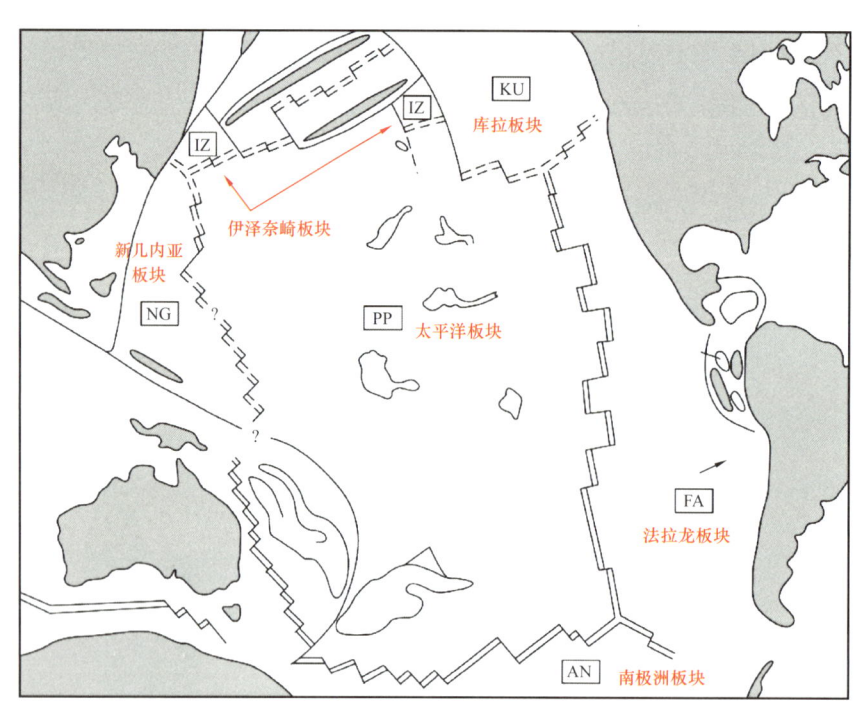

图1-10 太平洋板块构造纲要图（古新世）

距今1.9亿年前后的印支期，太平洋板块（PP）在库拉（KU）、法拉龙（FA）和伊泽奈崎板块（IZ）三联点处开始形成。以后不断增生扩张，至早白垩世演化为库拉、法拉龙、太平洋和菲尼克斯四大板块。由于库拉—太平洋扩张脊的南北向增生扩张和太平洋板块南部没有俯冲消减带，推动库拉板块—太平洋扩张脊沿横切该扩张脊的南北向转换断层向北北西快速运动，推挤亚洲板块东北缘并向西潜没于亚洲大陆之下。因此造就了太平洋相对向北、亚洲大陆相对向南的左行扭应力场，形成了东亚大陆边缘北起远东锡霍特阿林—西南日本—中国东南沿海及台湾—菲律宾的钙碱性安山岩、花岗岩带，并与中生界沉积岩、前中生界变质岩一起构成规模宏伟的安第斯式弧形山系。该山系东侧北起西南日本中生代双变质带—济州岛—黄海与东海交界处—东南（浙闽粤）沿海40m等深线处为库拉板块与亚洲板块东缘的转换—聚敛边界，其西侧为一系列NE、NNE向的褶皱系、左行剪切—挤压断裂体系和弧后沉积盆地[22—24]。

4. 美洲板块

美洲板块（American Plate）包括北美洲、北大西洋西半部及格陵兰、南美洲与南大西洋西半部，以北美洲板块和南美洲板块为主。

北美洲板块，或简称北美板块，是一个较大的板块，位于北半球（图1-11），包括加拿大、美国、墨西哥、格陵兰以及北极群岛、加勒比海众岛，面积 $2422.8 \times 10^4 km^2$，主要范围在 $30°\sim 70°N$ 之间。东邻大西洋，西邻太平洋，北邻北冰洋，与南美洲以巴拿马运河为界。东北部隔格陵兰海、挪威海与欧洲相望，西北部由白令海峡与亚洲隔开。北美洲板块既有大陆地壳，又有大洋地壳。

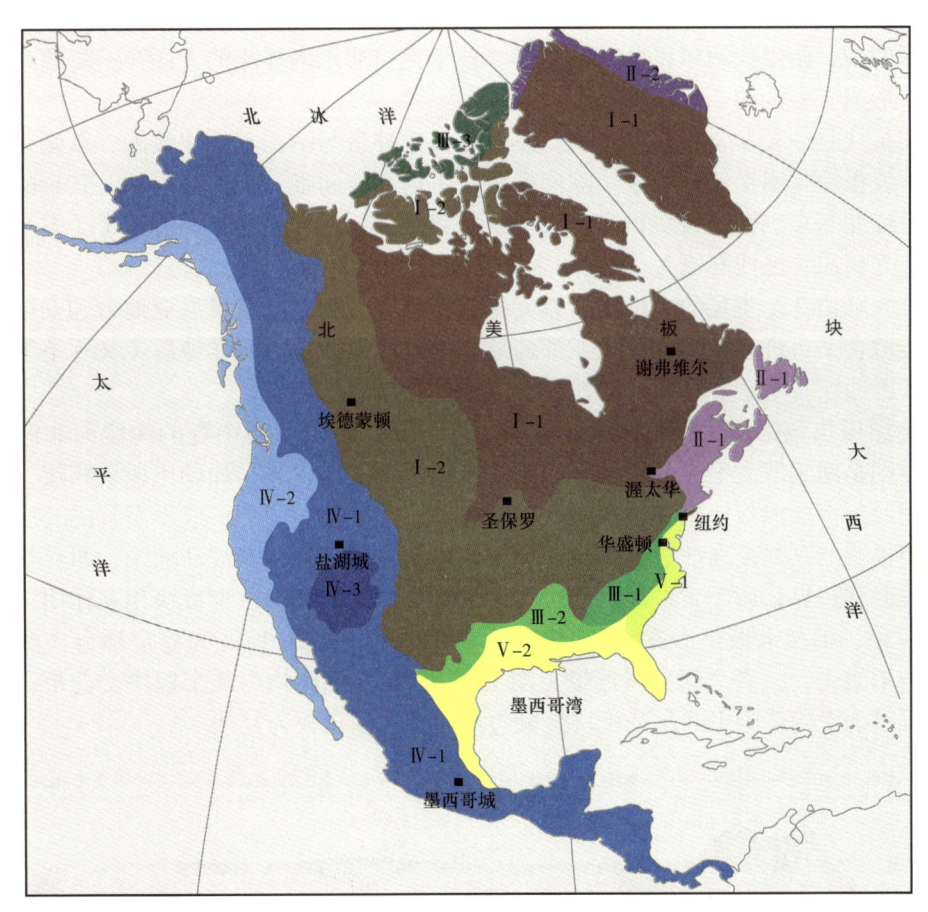

图1-11 北美板块构造区划图

Ⅰ北美克拉通：Ⅰ-1加拿大地盾，Ⅰ-2中央稳定地块；Ⅱ早古生代加里东褶皱带：Ⅱ-1纽英格兰逆冲—褶皱带，
Ⅱ-2格陵兰北缘逆冲—褶皱带；Ⅲ晚古生代海西褶皱带：Ⅲ-1阿巴拉契亚逆冲—褶皱带，
Ⅲ-2马拉松—瓦奇塔逆冲—褶皱带，Ⅲ-3帕里逆冲—褶皱带；Ⅳ中—新生代阿尔卑斯褶皱带：
Ⅳ-1科迪勒拉逆冲—褶皱带，Ⅳ-2太平洋边缘逆冲—褶皱带，Ⅳ-3科罗拉多隆起；
Ⅴ大西洋—墨西哥湾陆缘沉降区：Ⅴ-1大西洋沿岸沉降带，Ⅴ-2墨西哥湾沿岸沉降带北美洲板块的东界是离散边界,形成了中大西洋海岭的北段,其北部与欧亚板块相接,东南部与非洲板块相接。其南界西段与科科斯板块相接,东段与加勒比板块相接[1]。其西界北段是会聚边界,探险家板块、胡安·德富卡板块和戈尔达板块越过这个边界消减于其下;南段则是转换边界,通过这条边界与太平洋板块相接,这就是著名的圣安德烈斯断层。北美洲板块的北界是中大西洋海岭的延伸,即中北冰洋海岭[25]。

北美板块据地形可大体分为南北三大纵列带:(1)西部科迪勒拉山系,与南美洲的科迪勒拉山系同属一个系列,包括了著名的落基山脉;(2)东部阿巴拉契亚山脉及其邻近低矮山地;(3)中部为广阔平原区,有大量河流,主要为自西向东流向。

北美板块按构造性质可以分为三大部分(图1—11):(1)北美克拉通:包括北美地盾(加拿大地盾和格陵兰地盾)和北极地台,形成于距今约25亿年前;加拿大地盾南侧的中部地台,形成于距今约19亿年;加拿大地盾东侧的格林威尔造山带,形成于距今13亿—10亿年之间。(2)古生代褶皱带:包括位于克拉通北、东、南外缘的古生代加里东褶皱带和海西褶皱带,形成于距今6亿—3亿年之间。(3)中—新生代构造带:包括位于克拉通西外缘的中、新生代阿尔卑斯期褶皱带,位于克拉通东南外缘的大西洋—墨西哥湾陆缘沉降区,形成于距今约2.5亿年之前。

南美板块是一个非常稳定的板块,其西侧以俯冲带与纳兹卡板块接触,东侧是被动大陆边缘。该板块是南半球板块中(除南极板块)运动方向唯一指向北西的,其余的板块都指向北东或北东东。南美板块具有三大板块边界类型、世界上最长的造山带(安第斯)和世界第二大高原(巴西高原),构造的多样性和复杂性全球独一无二。

南美大陆由3个主要的大地构造单元组成:南美地台、巴塔哥尼亚地台和安第斯褶皱带。南美地台又可进一步划分成圭亚那地盾、中巴西地盾、大西洋地盾(又称圣弗朗西斯科地盾、巴西滨海地盾)以及一些地块、褶皱带和盆地。

南美洲板块包括南美洲和南大西洋的西部。其东以大西洋中脊的南段与非洲板块相邻,西界则是南美滨太平洋的智利(或阿塔卡玛)深海沟,北与加勒比板块相接,以南则沿转换断层与南极洲板块毗邻。该板块向西运动,在南美洲西部形成了高耸的安第斯造山带。南美板块的东界是离散边界,与非洲板块相邻,属于大西洋被动陆缘;西界与纳兹卡板块形成会聚边界,属于太平洋活动边缘;北界与加勒比和纳兹卡板块相互作用,南界与南极斯科舍、纳兹卡板块形成复杂的边界。南美东部大部分地区为稳定地台,西部为安第斯造山褶皱带,二者之间为过渡带(图1—12),南北两缘均为几个板块交会带,相互作用,形成以走滑构造为主的复杂板块接触边界,构造演化较为复杂。

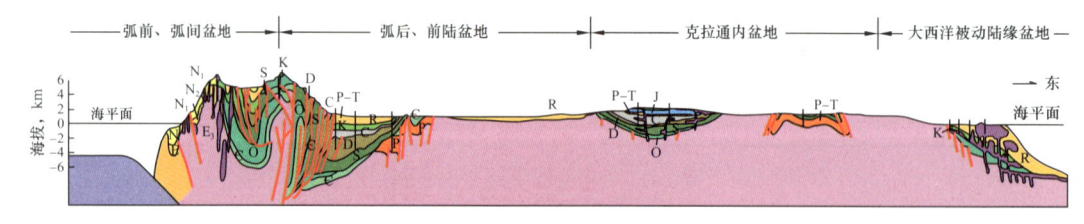

图1-12 横切南美中部的剖面

5. 欧亚板块

欧亚板块(Eurasian Plate)是面积最大的一个以大陆型岩石圈为主的板块,也是目前世界范围内构造运动最多、历史最悠久、变形最强烈、活动最激烈、大陆性地震分布最广的地区，也是目前地球科学界最瞩目的地区之一。按现今板块构造单元划分，欧亚板块为欧亚大陆的主体，欧亚大陆南缘为非洲板块和印度洋板块。欧亚板块是世界上最大的大陆板块，其东侧为西太平洋贝尼奥夫带，太平洋板块和菲律宾板块岩石圈向西侧欧亚板块之下发生B型俯冲；其南侧为印度板块北侧俯冲带，即印度河—雅鲁藏布江缝合线和北印度—爪哇贝尼奥夫带，印度—澳大利亚、阿拉伯和非洲板块岩石圈沿此带向北侧欧亚板块之下发生A型或B型俯冲。太平洋板块、印度洋板块和阿拉伯板块与欧亚板块之间的相互作用，形成了欧亚大陆现今大地构造轮廓和资源、环境的地质背景[26]。

欧洲大陆位于欧亚大陆西部，面积约占整个欧亚大陆的1/5，地质上是一个以东欧地台为核心，总体上向南增生的大陆，东侧以乌拉尔褶皱带与西伯利亚地台相邻，西侧以挪威—不列颠岛—阿巴拉契亚加里东褶皱带与北美地台邻接，苏格兰最西北的赫布里底地区与格陵兰同属加拿大地盾。南侧以阿尔卑斯—高加索中、新生代褶皱带为界，意大利半岛等地块地史上与冈瓦纳古陆有亲缘关系[27-30]。

东欧克拉通（距今18亿年前形成）是一个前寒武纪地台（图1-13），基本上从阿基坦盆地和英格兰东部起，越过欧洲直接到俄罗斯草原。这片介于威尔士和乌拉尔之间的整个地区，构造稳定，发育厚度巨大的中—新生代沉积物。加里东褶皱带从西面呈半圆形围绕东欧地台，从斯瓦尔巴群岛以南经挪威到苏格兰、英格兰、威尔士和爱尔兰的大部分，穿过现代大西洋与纽芬兰—阿巴拉契亚相接，该区地势崎岖不平，底部由巨大的前寒武系结晶岩组成，其上由复杂褶皱和断裂的前寒武系和古生代岩石组成。海西褶皱带位于东欧地台的南、东边缘。南缘的中欧褶皱带呈近东西向，从英国最南部和西班牙向东到罗马尼亚黑海沿岸的多布罗加。晚古生代地层遭受强烈变动，之上被平缓的中、新生代沉积覆盖。泥盆纪、早石炭世发育岛弧火山岩、深水复理石等，已遭受强烈变形和变质，晚石炭世和早二叠世出现海陆交互相沉积，晚二叠世转为陆相磨拉石沉积。从三叠纪起的中、新生代蒸发岩、浅海碎屑岩、沼泽相褐煤以及特征的白垩层等已属新生的地台盖层沉积[31]。

6. 南极洲板块

南极洲板块（Antarctica Plate）简称南极板块，是一块包括南极洲和周围洋面的板块，面积约$1690 \times 10^4 km^2$。南极洲板块四周被太平洋、印度洋和大西洋所环绕，98%以上的地区终年被冰雪覆盖，不足2%的地区夏季裸露。南极洲现有的地学成果，是地质学家在这有限的裸露地区进行研究并结合地震波测深、无线电回声测深及为数不多的钻孔资料推导而来。

由于南极曾位于冈瓦纳古陆的核心，因而南极的显生宙构造演化实质上反映了冈瓦纳古陆的构造演化过程[32]。古陆的裂解离散过程，称为冈瓦纳运动。南极半岛正是在冈瓦纳运动中形成的叠加于古生代古陆—太平洋边缘活动带上的洋陆俯冲型岩浆弧的一部分。在大地构造上，南极洲主要分为两大构造单元：东南极地盾及西南极中—新生代褶皱带。两个构造单元之间的横贯南极山脉具有过渡带性质，由基底与盖层构成。基底为由元古宇及下古生界寒武系—奥陶系组成的双构造层基底；盖层则由泥盆系—二叠系组成。横贯南极山脉西侧分布着三个大的盆地：威德尔盆地、罗斯盆地及伯德冰下盆地。这三个盆地或在水下，或在冰下，对其地质情况知之甚少（图1-14）。

东南极地盾是完全被大洋扩张中脊包围的，具有单一类型边界的大陆板块。由于冰雪覆盖，人类迄今尚未完全了解其岩石圈结构及构造。中侏罗世，冈瓦纳古陆裂解以前，东南极地盾一直处于古陆的核心。地盾本身主要由不连续的太古宙陆核，在中元古代时增生

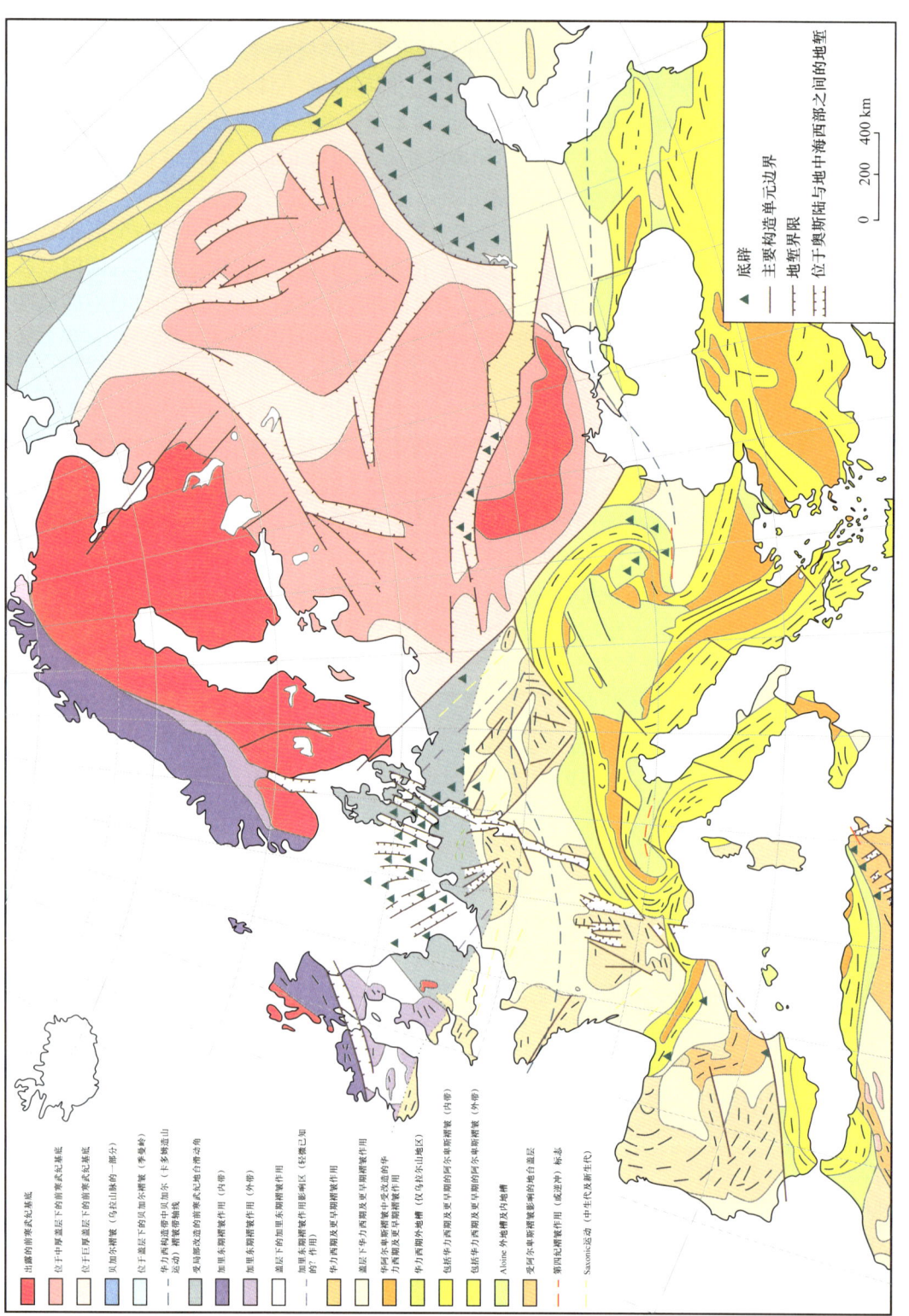

图 1-13 欧洲构造特征

聚合并克拉通化而形成。横贯南极山脉过渡带由伴有早古生代花岗岩侵入的前寒武纪—寒武纪、奥陶纪基底和泥盆纪—二叠纪盖层组成。基底和盖层中均有基性岩床侵入（图1-15）。西南极褶皱带包括南极半岛地区的西南极褶皱带，是中—新生代活动带，与南美的安第斯构造带同属一个带，曾经相连。中—新生代，太平洋板块向南极大陆俯冲，诱发了岩浆活动。因此，西南极褶皱带主要出露中、新生代火山岩及花岗岩。

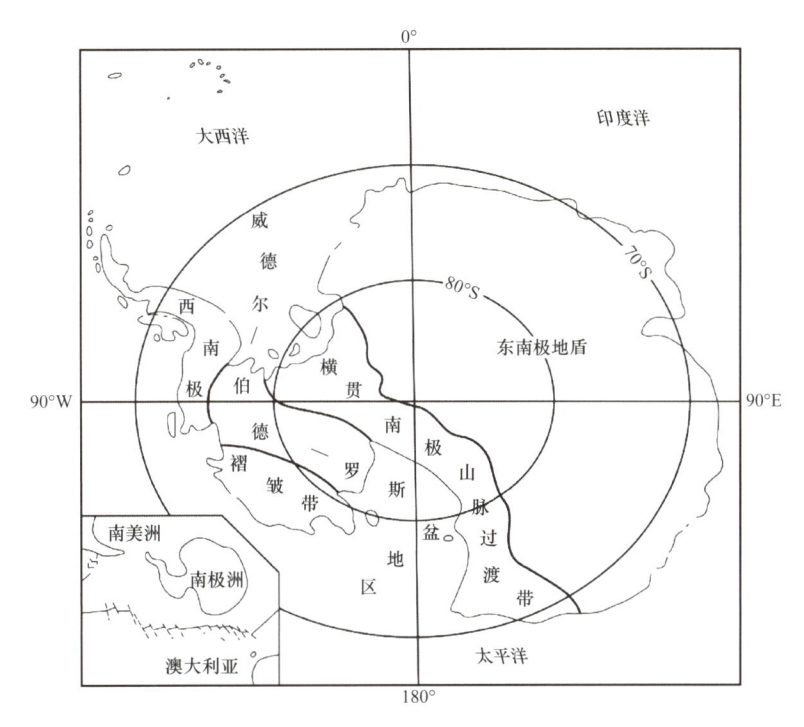

图 1-14 南极洲地质构造图

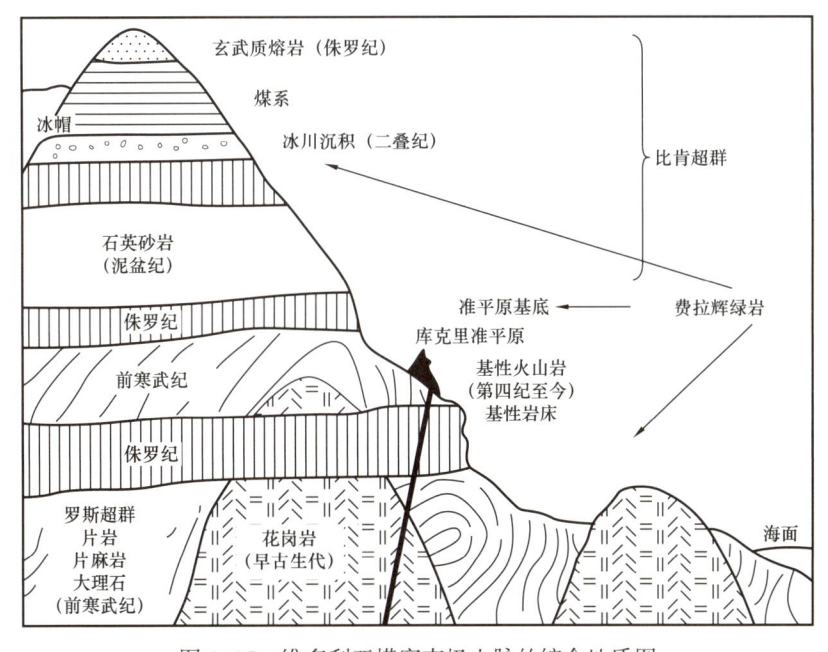

图 1-15 维多利亚横穿南极山脉的综合地质图

第二节　全球含油气盆地类型及分布

一、全球含油气盆地分布

全球主要含油气盆地有468个。因资料原因，南极大陆及其周缘尚未划分盆地（图1-16）。

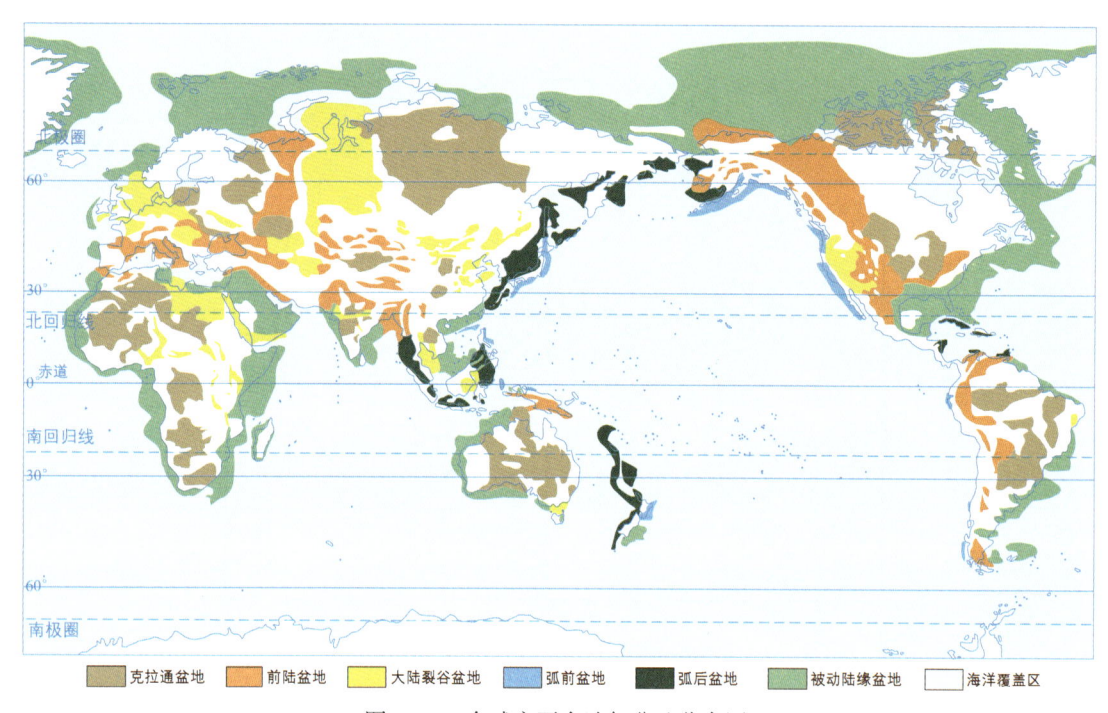

图1-16　全球主要含油气盆地分布图

全球468个盆地中，亚太地区155个，北美地区82个、非洲地区70个、拉美地区65个、欧洲地区43个、俄罗斯地区26个、中亚地区18个、中东地区9个。

全球468个盆地总面积$10626×10^4 km^2$，约占全球表面积（$5.101×10^8 km^2$）的21%。由于板块大小不一，在不同时期受到拉张和挤压的强度各异，使得沉积分布特征不同，盆地数量多的地区沉积面积总体较大。单个盆地面积较大的地区为俄罗斯（$48.7×10^4 km^2$/盆地）、中东（$40.6×10^4 km^2$/盆地）、非洲地区（$33.7×10^4 km^2$/盆地），盆地规模较小的地区为亚太地区（$16×10^4 km^2$/盆地）、中亚地区（$15.4×10^4 km^2$/盆地）和欧洲（$14×10^4 km^2$/盆地）（表1-1，图1-17）。

上述含油气盆地中，面积超过$100×10^4 km^2$的巨型含油气盆地共有14个[17,33]，其中克拉通盆地7个，被动陆缘盆地6个，大陆裂谷盆地1个[34]。14个巨型盆地主要分布在非洲和北美，分别为5个和3个，其次为俄罗斯和拉美，各为2个，中东和亚太各有1个。其中面积超过$200×10^4 km^2$的有3个，依次为东西伯利亚盆地、阿拉伯盆地和西西伯利亚盆地（表1-2）。其中，阿拉伯盆地和西西伯利亚盆地已证实含油气极为丰富，油气

可采储量分别为 $1853 \times 10^8 t$ 油当量和 $652 \times 10^8 t$ 油当量；东西伯利亚盆地油气比较丰富，油气可采储量为 $33 \times 10^8 t$ 油当量。

表 1-1 全球各地区主要含油气盆地数量及面积分布

地区	盆地个数	占比, %	面积, $10^4 km^2$	占比, %	平均单个盆地面积, $10^4 km^2$
非洲	70	15.0	2360.31	22.2	33.7
中东	9	1.9	365.03	3.4	40.6
中亚	18	3.8	276.49	2.6	15.4
俄罗斯	26	5.6	1265.70	11.9	48.7
亚太	155	33.1	2474.87	23.3	16.0
拉美	65	13.9	1193.21	11.2	18.4
北美	82	17.5	2090.13	19.7	25.5
欧洲	43	9.2	600.71	5.7	14.0
合计	468	100	10626.45	100	22.7

表 1-2 全球巨型沉积盆地（面积大于 $100 \times 10^4 km^2$）

序号	盆地名称	面积, $10^4 km^2$	地区	盆地类型
1	东西伯利亚盆地	375	俄罗斯	克拉通盆地
2	阿拉伯盆地	239	中东	被动陆缘盆地
3	西西伯利亚盆地	230	俄罗斯	大陆裂谷盆地
4	陶丹尼盆地	190	非洲	克拉通盆地
5	北极海岸盆地	180	北美	被动陆缘盆地
6	大西洋沿海盆地	157	北美	被动陆缘盆地
7	索马里深海盆地	153	非洲	被动陆缘盆地
8	扎伊尔盆地	140	非洲	克拉通盆地
9	北大西洋盆地	139	北美	被动陆缘盆地
10	索马里盆地	138	非洲	被动陆缘盆地
11	埃罗曼加盆地	128	亚太	克拉通盆地
12	巴拉纳盆地	120	拉美	克拉通盆地
13	上亚马孙盆地	110	拉美	克拉通盆地
14	欧科范果盆地	100	非洲	克拉通盆地

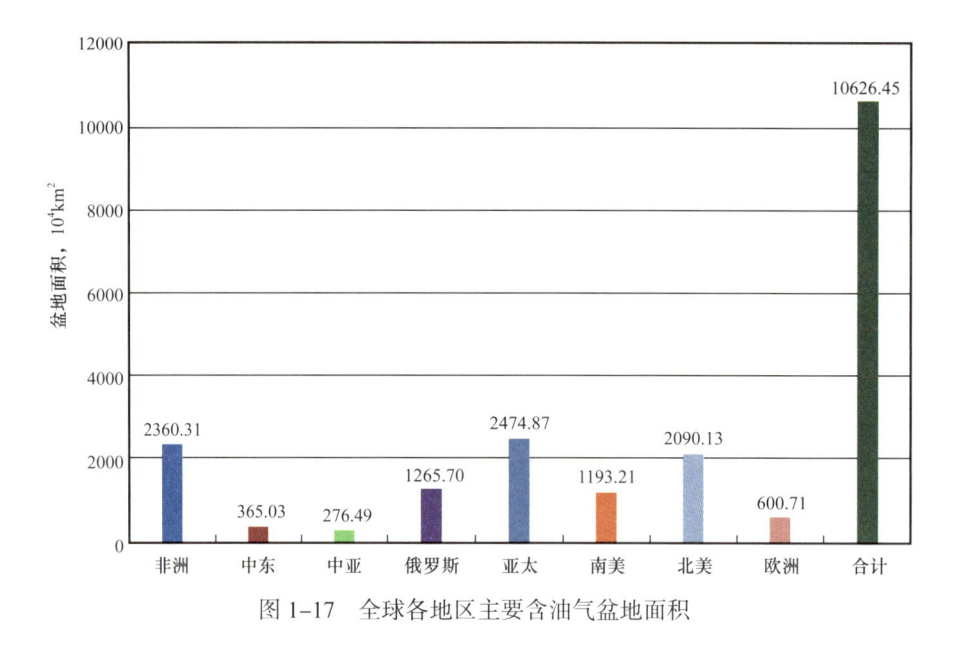

图 1-17 全球各地区主要含油气盆地面积

二、不同类型盆地分布

全球主要含油气盆地以前陆盆地和被动陆缘盆地个数最多[18, 35]，分别达到122个和121个（表1-3），分别占全球盆地总数的26%和25.9%，其次为大陆裂谷盆地和克拉通盆地，分别为86个和67个，占比为18.4%和14.3%。弧后盆地和弧前盆地相对较少，分别为47个和25个，占比为10%和5.3%（表1-3，图1-18）。

全球121个被动陆缘盆地面积达到$3687 \times 10^4 km^2$，占468个含油气盆地总面积34.7%，单个盆地平均面积为$31 \times 10^4 km^2$。67个克拉通盆地面积达到$3007 \times 10^4 km^2$，占总面积28.3%，单个盆地平均面积$45 \times 10^4 km^2$。122个前陆盆地面积$1642 \times 10^4 km^2$，占总面积15.5%，单个盆地面积较小。大陆裂谷盆地、弧后盆地和弧前盆地总面积较小，单个盆地规模更小（表1-3，图1-19）。

表1-3 全球不同类型主要含油气盆地的数量、盆地面积及所占比例

盆地类型	盆地数量及占比		盆地面积及占比	
	盆地个数	比例，%	盆地面积，$10^4 km^2$	比例，%
大陆裂谷盆地	86	18.4	1384	13.0
被动陆缘盆地	121	25.9	3687	34.7
前陆盆地	122	26.0	1642	15.5
克拉通盆地	67	14.3	3007	28.3
弧后盆地	47	10.0	700	6.6
弧前盆地	25	5.3	206	1.9
合计	468	100	10626	100

第一章　全球含油气盆地基本地质特征

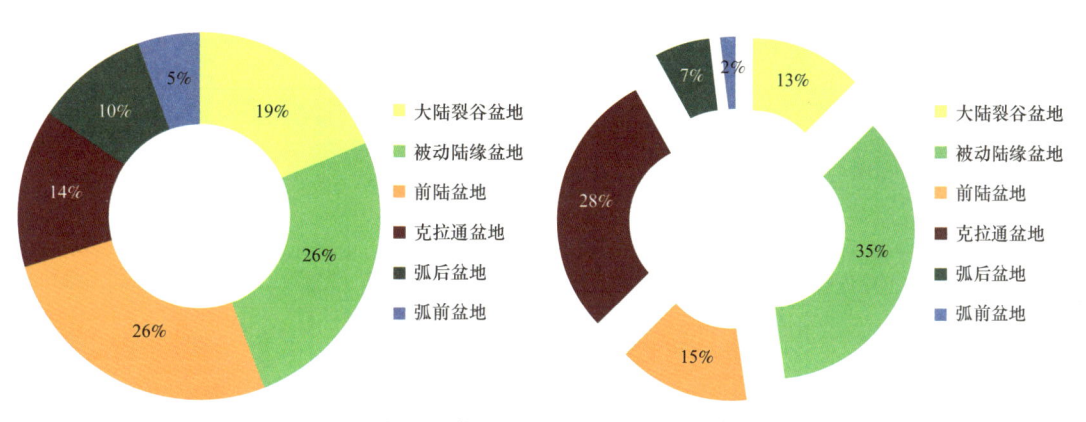

图 1-18　全球不同类型主要含油气盆地数量分布占比图

图 1-19　全球不同类型主要含油气盆地面积分布占比图

三、不同大区含油气盆地分布

全球各地区盆地分布特点差异明显，这与各地区的构造背景和构造环境密切相关[36]。非洲地区整体处于伸展的构造背景中，没有板块俯冲等构造环境，且非洲大陆自泛非造山运动后即形成了典型的古老地块及克拉通，因此除仅在非洲地区西北部发育了4个与新生代阿特拉斯造山带有关的小型前陆盆地外，以被动陆缘盆地、克拉通盆地、大陆裂谷盆地为主，没有发育弧前盆地和弧后盆地[37]。中东大部和中亚地区同样没有板块俯冲形成的岛弧构造背景，因此也没有发育弧后盆地和弧前盆地，但在靠近扎格罗斯造山带和中亚造山带附近形成了大量前陆盆地。亚太地区、拉美地区、北美地区发育了与太平洋、印度洋等板块俯冲相关的构造环境，并发育了环太平洋和苏门答腊—爪哇岛弧，因此在这些地区发育了与俯冲形成的岛弧有关的弧后、弧前盆地和数量众多的前陆盆地（表1-4，表1-5）。

表 1-4　全球各地区不同类型含油气盆地的数量分布　　　　单位：个

地区	大陆裂谷盆地	被动陆缘盆地	前陆盆地	克拉通盆地	弧后盆地	弧前盆地	合计
非洲	16	36	4	14	0	0	70
中东	2	3	4	0	0	0	9
中亚	5	0	8	5	0	0	18
俄罗斯	5	6	3	4	8	0	26
亚太	38	31	25	20	30	11	155
南美	2	21	21	7	7	7	65
北美	6	15	38	14	2	7	82
欧洲	12	9	19	3	0	0	43
合计	86	121	122	67	47	25	468

表 1-5 全球各地区不同类型含油气盆地的面积分布　　　　　　单位：$10^4 km^2$

地区	大陆裂谷盆地	被动陆缘盆地	前陆盆地	克拉通盆地	弧后盆地	弧前盆地	合计
非洲	425	1004	14	917	0	0	2360
中东	28	271	66	0	0	0	365
中亚	112	0	66	98	0	0	276
俄罗斯	271	271	153	452	119	0	1266
亚太	312	595	338	656	502	72	2475
南美	4	337	271	516	50	15	1193
北美	113	989	544	296	29	119	2090
欧洲	119	220	189	72	0	0	601
合计	1384	3687	1642	3007	700	206	10626

第三节　全球含油气盆地油气分布

据 IHS 2014 年统计，截至 2014 年底，全球已发现油气田数量达到 29225 个（包括北美本土），2P 剩余可采储量 $4328.77×10^8 t$ 油当量，其中石油 $2095.89×10^8 t$，凝析油 $200.96×10^8 t$，天然气 $244.62×10^{12} m^3$；累计产量 $1986.30×10^8 t$ 油当量，其中石油累计产量 $1364.38×10^8 t$，凝析油累计产量 $45.21×10^8 t$，天然气累计产量 $70.93×10^{12} m^3$。油气田的规模、地区、国家、地域、盆地及层位分布具有明显差异。

一、在不同地区和国家的分布

已发现油气主要集中于 112 个国家。从油气田数量来看，陆上油气田 21265 个，占全部已发现油气田数量的 72.8%，海上油气田 7960 个，占 27.2%，陆上油气田数量是海上的两倍多。陆上累计产量为 $1568.36×10^8 t$ 油当量，产量贡献率为 78.9%，陆上剩余可采储量 $2644.25×10^8 t$ 油当量，占全部剩余可采储量 61.1%；海上累计产量 $418.77×10^8 t$ 油当量，占 21.1%，剩余可采储量 $1688.77×10^8 t$ 油当量，占总量 38.9%（表 1-6）。

已发现油气田规模可采储量大于 $6.85×10^8 t$ 油当量的油气田为"巨型"油气田，储量规模为 $(0.68～6.85)×10^8 t$ 油当量油气田属于"大型"油气田，介于 $(0.07～0.68)×10^8 t$ 油当量油气田为"中型"油气田，小于 $0.07×10^8 t$ 油当量的油气田称为"小型"油气田。

根据油气田规模划分标准，全球巨型油气田 117 个，储量规模为 $3299×10^8 t$ 油当量，大型油气田 974 个，储量为 $1724×10^8 t$ 油当量，中型油气田 4942 个，储量为 $1036×10^8 t$ 油当量，小型油气田 23192 个，储量为 $261×10^8 t$ 油当量（表 1-7）。

在所有油气田中，巨型油气田的数量占比仅为 0.4%，但其可采储量占比却达 52.2%；大型油气田数量占比为 3.3%，其可采储量占比为 27.3%；中型油气田的数量较多，占比为16.9%，其可采储量占比为16.4%；小型油气田数量最多，占比高达79.4%，但其可采储量占比仅为4.3%（图1-20）。

表1-6 全球已发现油气田数量、累计产量和剩余可采储量的海陆地域分布

地区	油气田个数 海上	油气田个数 陆上	累计产量，10⁸t油当量 海上	累计产量，10⁸t油当量 陆上	剩余可采储量，10⁸t油当量 海上	剩余可采储量，10⁸t油当量 陆上
非洲	1391	2475	54.11	127.81	172.33	172.33
中东	196	1441	67.53	372.05	901.78	1013.29
中亚	85	991	14.52	67.95	60.27	213.56
俄罗斯	99	3602	17.12	359.32	66.99	490.96
拉美	758	3453	31.92	172.19	255.75	380.82
北美	694	1407	82.05	225.34	39.32	107.95
亚太	2717	4125	42.74	146.71	123.01	212.19
欧洲	2020	3771	108.77	96.99	69.32	53.15
合计	7960	21265	418.77	1568.36	1688.77	2644.25

表1-7 全球各地区已发现油气田数及规模分布

地区	已发现油气田总数	巨型油气田（>6.85×10⁸t油当量）数量	巨型油气田 可采储量 10⁸t油当量	大型油气田[(0.68~6.85)×10⁸t油当量]数量	大型油气田 可采储量 10⁸t油当量	中型油气田[(0.07~0.68)×10⁸t油当量]数量	中型油气田 可采储量 10⁸t油当量	小型油气田（<0.07×10⁸t油当量）数量	小型油气田 可采储量 10⁸t油当量
非洲	3866	4	63.97	146	224.25	925	194.11	2791	44.38
中东	1637	47	1850	195	403.42	370	89.73	1025	11.51
中亚	1076	8	207.81	58	97.12	181	38.90	829	12.33
俄罗斯	3701	21	470.68	158	299.04	613	129.32	2909	35.21
南美	4211	22	475.62	106	186.03	667	148.90	3416	30.14
北美	2101	6	129.04	114	187.95	502	118.90	1479	18.77
亚太	6842	5	48.77	132	224.93	1049	193.15	5656	57.95
欧洲	5791	4	54.11	65	101.23	635	122.60	5087	50.27
合计	29225	117	3300	974	1723.97	4942	1035.61	23192	260.56

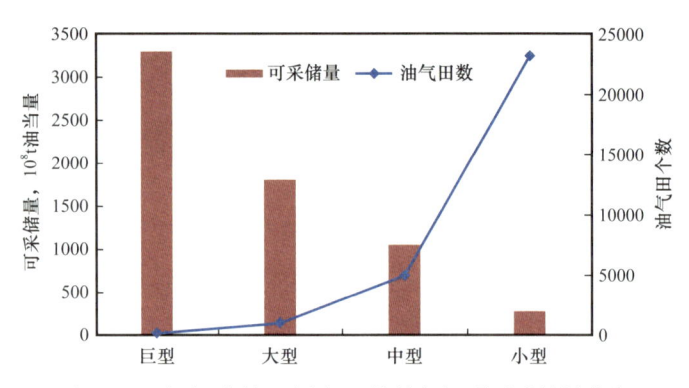

图 1-20 全球不同级别油气田数量与探明可采储量分布

已发现油气可采储量主要集中在数量很少的巨型与大型油气田中，数量众多的中小型油气田的可采储量占比很小。中东和中亚地区巨型与大型油气田的可采储量与中小油气田总储量存在巨大差别，俄罗斯、南美和北美地区巨型和大型油气田储量占比较高，而非洲、亚太和欧洲地区大油气田规模相对较小，与中小油气田的总体储量规模较为接近（图1-21）。

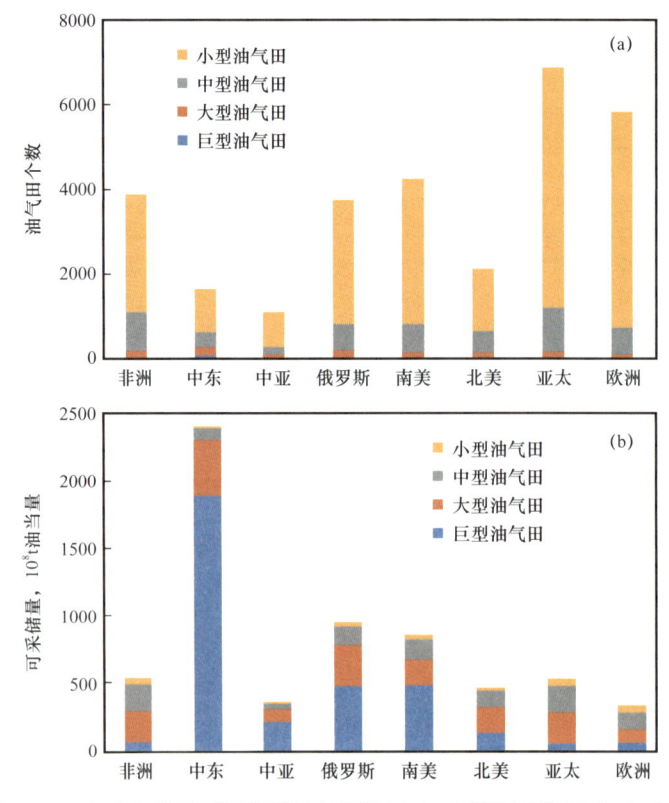

图 1-21 全球各地区不同规模油气田数量（a）及可采储量（b）分布

在巨型油气田中，已探明可采储量超过 $41.10 \times 10^8 t$ 油当量的共有 12 个（表 1-8）。其中诺斯气田（North Field）可采储量达到 $405.07 \times 10^8 t$ 油当量，包含了卡塔尔诺斯气田和伊朗南帕斯（Pars South）气田。萨法尼亚（Safaniya）油气田可采储量为 $87.53 \times 10^8 t$ 油当量，包括沙特阿拉伯萨法尼亚油田和科威特哈夫吉油田。

表 1-8 全球 12 个探明可采储量超过 41.10×10^{8}t 油当量的巨型油气田排名

序号	油气田名称	类型	所属盆地	发现时间	油气总探明可采储量 10^{8}t 油当量	石油（含凝析油）探明可采储量 10^{8}t	天然气探明可采储量 10^{12}m^3
1	诺斯气田（North Field）	气田	阿拉伯盆地	1971 年	405.07	62.19	42.550
2	加瓦尔（Ghawar）	油田	阿拉伯盆地	1948 年	231.51	197.26	4.249
3	乌连戈伊（Urengoyskoye）	气田	西西伯利亚盆地	1966 年	93.97	6.85	10.822
4	大布尔干（Greater Burgan）	油田	阿拉伯盆地	1938 年	92.05	82.33	1.218
5	尤洛屯—奥斯曼（Yoloten-Osman）	气田	阿姆河盆地	2004 年	91.92	0.55	11.331
6	萨法尼亚（Safaniya）	油田	阿拉伯盆地	1951 年	87.53	84.79	0.340
7	西古尔纳（West Qurna）	油田	阿拉伯盆地	1973 年	68.22	60.41	0.963
8	扬堡（Yamburgskoye）	气田	西西伯利亚盆地	1969 年	52.05	1.37	6.289
9	马伦（Marun）	油田	扎格罗斯盆地	1964 年	51.10	32.47	2.295
10	鲁迈拉（Rumailaorth & South）	油田	阿拉伯盆地	1953 年	46.16	42.33	0.482
11	谢拜（Shaybah）	油田	阿拉伯盆地	1968 年	44.52	34.38	1.275
12	萨莫特洛尔（Samotlor）	油田	西西伯利亚盆地	1960 年	42.19	38.63	0.453

二、在不同规模盆地的分布

全球 468 个主要含油气盆地中，巨型含油气盆地有 13 个，油气可采储量占总储量 67.3%，大型含油气盆地有 43 个，油气可采储量占总储量 19.7%；中型含油气盆地为 108 个，油气可采储量占总储量 8.7%，小型含油气盆地为 182 个，油气可采储量占总储量 4.3%，有 122 个盆地迄今为止尚未发现工业（或商业）油气流（表 1-9）。

表 1-9　全球主要含油气盆地含油气性等级特征表

含油气性等级 （10^{8}t 油当量）	盆地个数	油气可采储量 10^{8}t 油当量	石油可采储量 10^{8}t	凝析油可采储量 10^{8}t	天然气可采储量 10^{12}m^3
巨型含油气盆地 （>68.49）	13	4253	2580	182	186
大型含油气盆地 （13.70~68.49）	43	1245	610	39	75
中型含油气盆地 （1.37~13.70）	108	549	223	22	38
小型含油气盆地 （<1.37）	182	273	257	16	0
尚未发现油气的盆地	122	0	0	0	0
合计	468	6320	3670	259	299

截至 2014 年底，全球 468 个盆地剩余油气可采为 4487×10^{8}t 油当量，其中大于 27.40×10^{8}t 油当量的 20 个盆地剩余可采储量达到 3416×10^{8}t 油当量，占全球总量 76.1%（图 1-22）。其中剩余可采储量最丰富的为阿拉伯盆地，达到 1427×10^{8}t 油当量，东委内瑞拉盆地、西西伯利亚盆地、扎格罗斯盆地三个盆地较为接近，分别为 414×10^{8}t 油当量、405×10^{8}t 油当量、319×10^{8}t 油当量，其次为阿姆河盆地、尼日尔三角洲、滨里海盆地、桑托斯盆地等。

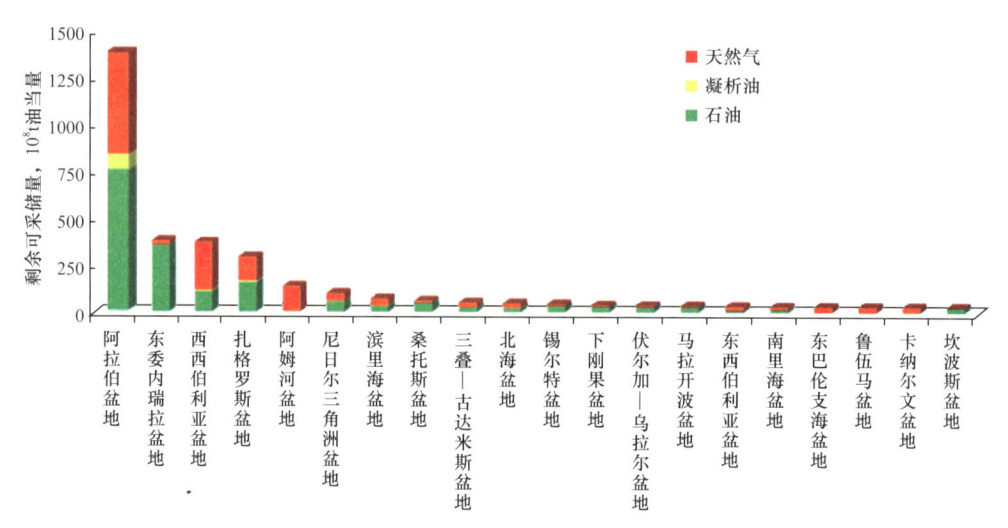

图 1-22　全球剩余可采储量盆地分布图（>27.40×10^{8}t 油当量）

截至 2014 年底，全球 468 个盆地油气累计产量为 1987×10^{8}t 油当量，其中累计产量大于 13.70×10^{8}t 的盆地为 23 个，累计产量达到 1419×10^{8}t 油当量，占全球总量 71.4%（图 1-23）。其中产量最高的盆地为阿拉伯盆地、西西伯利亚盆地，累计产量分别为 324×10^{8}t 油当量和 249×10^{8}t 油当量，其次为扎格罗斯盆地、伏尔加—乌拉尔盆地、北海盆地、马拉开波盆地、尼日尔三角洲、苏瑞斯特盆地等。

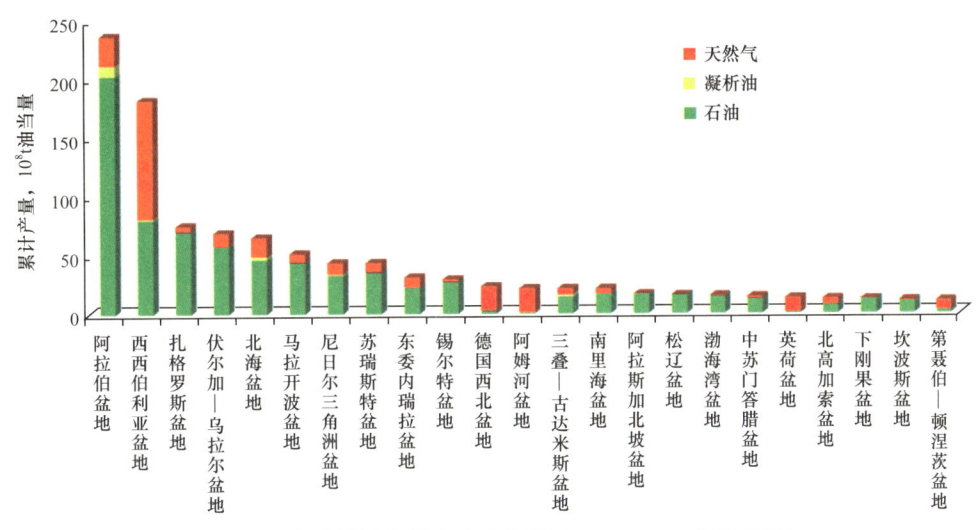

图 1-23　全球累计产量盆地分布图（>13.70×10⁸t 油当量）

三、在不同类型盆地的分布

全球已发现油气田主要分布在前陆盆地、被动陆缘盆地和大陆裂谷盆地，分别为 9564 个、7088 个和 7040 个，分别占全部已发现油气田数量的 32.7%、24.3% 和 24.1%，三者相加占 81.1%，克拉通盆地和弧后盆地发现油气田相对较少，分别为 3651 个和 1634 个，各自占 11.3% 和占 5.1%，弧前盆地内的油气田数量极少（表 1-10）。

表 1-10　全球各地区不同类型含油气盆地已发现油气田数量分布

地区	大陆裂谷盆地	被动陆缘盆地	前陆盆地	克拉通盆地	弧后盆地	弧前盆地	总计
亚太	1750	1310	923	1484	1309	66	6842
欧洲	2200	241	2430	763	157	0	5791
拉美	161	1147	2647	92	70	94	4211
非洲	881	2265	49	671	0	0	3866
俄罗斯	948	5	2498	152	98	0	3701
北美	465	1193	277	78	0	88	2101
中东	139	927	430	141	0	0	1637
中亚	496	0	310	270	0	0	1076
合计	7040	7088	9564	3651	1634	248	29225

全球各地区不同类型的含油气盆地已发现油气田数量因大地构造位置的不同而不同。非洲地区油气田主要分布在大陆裂谷盆地、被动陆缘盆地和克拉通盆地，前陆盆地极少。南美、北美、南亚、中东和欧洲地区因处于大西洋两岸、印度洋、古新特提斯洋及北冰洋沿岸，油气田主要分布于被动陆缘盆地。欧洲、南美和俄罗斯地区内的前陆盆地数量较多，与这些地区的阿尔卑斯褶皱带、安第斯造山带及伏尔加—乌拉尔造山带等

有关。东亚、北美和南美位于太平洋两侧俯冲带的前方发育了弧前盆地，因此只在这几个弧前盆地内有油气田发现（表1—10）。各地区大陆裂谷盆地广泛发育，油气田分布也广泛。

被动陆缘盆地可采储量达到 $2604×10^8t$ 油当量，占全部可采储量的41.2%。前陆盆地和大陆裂谷盆地可采储量基本相当，其占比分别为23.4%和22.7%。克拉通盆地油气储量较少，仅占10.5%。由于弧后盆地和弧前盆地数量少，油气丰度相对较低，其可采储量也很低（表1—11）。

表1—11 全球不同类型盆地油气可采储量分布

盆地类型	原油 10^8t	凝析油 10^8t	天然气 10^8t 油当量	油气合计 10^8t 油当量	比例，%
大陆裂谷盆地	669	45	721	1435	22.7
被动陆缘盆地	1577	131	895	2604	41.2
前陆盆地	900	41	537	1478	23.4
克拉通盆地	190	24	452	666	10.5
弧后盆地	81	5	18	105	1.7
弧前盆地	26	1	6	34	0.5
合计	3443	247	2629	6322	100.0

被动陆缘盆地油气可采储量主要分布于中东、非洲、北美、拉美和澳大利亚—新西兰地区。大陆裂谷盆地可采储量则主要分布于俄罗斯西西伯利亚盆地、欧洲北海裂谷系、非洲北部锡尔特裂谷及中西非裂谷系和东亚渤海湾裂谷系。前陆盆地油气可采储量主要分布于拉美安第斯造山带、中东扎格罗斯造山带、北美科迪勒拉造山带和欧洲阿尔卑斯造山带。克拉通盆地内的可采储量主要分布在非洲、中亚、东亚等地区的古老克拉通。而弧前盆地和弧后盆地内的可采储量主要分布在东南亚、北美、俄罗斯等地区，分别与太平洋板块、印度洋板块俯冲有关。

全球已发现的油气可采储量主要集中在巨型和大型含油气盆地之中，这两个级别的盆地共计56个：其中被动陆缘盆地占19个，大陆裂谷盆地占11个，前陆盆地占15个，克拉通盆地占8个，弧后盆地2个，弧前盆地1个（表1—12）。被动陆缘盆地不仅大型以上含油气盆地的数量最多，相应的已探明油气可采储量也最大，其储量在大型以上含油气盆地中的占比为46%；前陆盆地和大陆裂谷盆地的大型以上含油气盆地的储量大体相当，分别占比为26%和22%；克拉通盆地的储量占比为5%；弧后盆地与弧前盆地的数量最少，两者的储量占比为1%左右。

全球19个大型以上含油气被动陆缘盆地总探明可采储量为 $2612×10^8t$ 油当量，其中有70%的储量集中于阿拉伯盆地，其次为尼日尔三角洲盆地、苏瑞斯特盆地、桑托斯盆地、下刚果盆地、坎波斯盆地、墨西哥湾深水盆地等[35,38]。

表 1-12　全球不同类型盆地巨型和大型油气田（>13.70×10⁸t 油当量）分布

盆地类型	盆地个数	原油 10⁸t	凝析油 10⁸t	天然气 10¹²m³	油气合计 10⁸t 油当量
被动陆缘盆地	19	1508	137	116.062	2612
前陆盆地	15	1077	29	45.382	1484
大陆裂谷盆地	11	464	33	90.113	1248
克拉通盆地	8	100	22	22.181	323
弧后盆地	2	25	1	1.331	37
弧前盆地	1	16	0	0	16
合计	56	3190	222	275.069	5720

大陆裂谷盆地已探明可采储量为 1248×10⁸t 油当量，主要分布于全球 11 个大型盆地（>14×10⁸t 油当量），总量达到 929×10⁸t 油当量，其中有 53% 的储量集中于西西伯利亚盆地。

全球 15 个大型以上含油气前陆盆地总探明可采储量为 1484×10⁸t 油当量，其中有 38% 的储量集中于扎格罗斯盆地，其次为伏尔加—乌拉尔盆地、马拉开波盆地、艾伯塔盆地、南里海盆地、阿拉斯加北坡盆地、蒂曼—伯朝拉盆地等。

克拉通盆地已探明油气可采储量为 323×10⁸t 油当量，主要分布于滨里海和三叠—古达米斯盆地，其油气可采储量分别为 90×10⁸t 油当量和 75×10⁸t 油当量，占总储量 56%，其次为东西伯利亚盆地、第聂伯—顿涅茨盆地、鄂尔多斯盆地、塔里木盆地、伊利兹盆地、四川盆地等。

全球弧后盆地与弧前盆地总探明可采储量为 53×10⁸t 油当量，主要集中在中苏门答腊盆地、圣华金盆地和北萨哈林盆地。

四、在不同层系的分布

白垩系已发现油气田数量最多，为 10207 个，占 34.9%，其次为侏罗系、新近系和古近系，分别为 4083 个、3948 个和 3788 个，占比为 14.0%、13.5% 和 13.0%。古生界以石炭系和二叠系油气数量最多，分别占全部油气田数量的 7.6% 和 5.8%，其他层系数量较少（表 1-13）。

白垩系已发现油气田储量最大，为 2415×10⁸t 油当量，占 38.2%，其次为侏罗系和古近系，分别为 1201×10⁸t 油当量和 866×10⁸t 油当量，占比为 19.0% 和 13.7%。二叠系和新近系可采储量分别为 600×10⁸t 油当量和 486×10⁸t 油当量，占比为 9.5% 和 7.7%，其他层系可采储量占比较少（表 1-14）。

白垩系累计产量最多，为 502×10⁸t 油当量，占 28.6%，其次为侏罗系、古近系和新近系，分别为 375×10⁸t 油当量、251×10⁸t 油当量和 233×10⁸t 油当量，占比为 21.3%、14.3% 和 13.3%，其他层系累计产量产出占比较少（表 1-15）。

表 1-13　全球各地区不同储层年代内已发现油气田数量分布　　　单位：个

层系	非洲	中东	中亚	俄罗斯	南美	北美	亚太	欧洲	合计
新近系	1023	59	163	260	356	635	546	906	3948
古近系	496	87	143	191	757	477	1087	550	3788
白垩系	1087	688	217	546	2128	508	3598	1435	10207
侏罗系	162	289	382	505	626	241	826	1052	4083
三叠系	48	142	53	66	82	36	152	269	848
二叠系	6	173	60	165	35	43	132	1089	1703
石炭系	22	103	45	1202	120	64	220	442	2218
泥盆系	145	8	13	721	80	73	120	16	1176
志留系	129	1		28	9	6	133	4	310
奥陶系	508	22				11		28	569
寒武系	93	32		17		7			149
前寒武系	147	33			18		28		226
合计	3866	1637	1076	3701	4211	2101	6842	5791	29225

表 1-14　全球各地区已发现油气田总剩余可采储量不同年代储层分布　　　单位：10^8t 油当量

层系	非洲	中东	中亚	俄罗斯	南美	北美	亚太	欧洲	合计
新近系	178.90	18.63	69.73	23.01	31.23	82.19	64.25	18.22	486.16
古近系	92.33	417.67	2.60	44.25	150.55	57.81	79.18	21.10	865.62
白垩系	72.19	936.03	39.59	426.16	484.52	133.29	297.26	26.71	2415.48
侏罗系	6.30	478.63	151.51	237.53	77.12	66.44	17.26	166.44	1201.10
三叠系	10.14	14.52	1.10	5.34	53.56	8.22	2.33	12.05	107.26
二叠系	0.96	454.66	3.01	21.23	13.42	42.05	8.63	56.30	600.41
石炭系	2.47	22.60	59.73	92.47	15.34	45.62	5.89	26.58	270.68
泥盆系	19.73	0.68	29.32	72.88	12.88	11.78	18.63	0.41	166.30
志留系	6.44	0	0	5.89	0	2.05	25.21	0.14	39.73
奥陶系	39.86	6.44	0	0	0	3.01	0	0.41	49.73
寒武系	29.59	3.29	0	5.34	0	2.19	0	0	40.55
前寒武系	67.53	1.64	0	0	2.19	0	6.03	0	77.40

表1-15 全球已发现油气田不同年代储层累计产出表　　　　单位：10^{8}t 油当量

层系	非洲	中东	中亚	俄罗斯	南美	北美	亚太	欧洲	合计
新近系	43.56	2.05	27.95	9.59	13.84	43.42	80.27	12.33	233.15
古近系	20.68	90.55	1.10	3.29	34.93	34.79	54.52	10.82	250.82
白垩系	23.42	161.51	18.36	52.60	101.10	99.73	29.45	15.89	501.92
侏罗系	1.10	166.58	22.33	67.95	11.37	32.05	7.95	65.48	374.66
三叠系	3.01	1.37	0.27	2.19	1.92	4.79	8.77	7.40	29.86
二叠系	0.14	14.25	1.64	11.37	0.14	37.12	3.70	36.58	105.07
石炭系	7.26	0.27	4.11	37.67	3.01	31.23	1.37	14.38	99.45
泥盆系	6.71	0	6.30	48.36	3.29	10.14	0	0	74.66
志留系	1.51	0	0	0.55	1.37	1.37	0.14	0	4.93
奥陶系	13.97	0.55	0	0	0	2.60	0.96	0	18.22
寒武系	15.89	0.41	0	0	0	2.05	0.14	0	18.49
前寒武系	39.32	0	0	0	3.29	0	1.64	0	44.25

参 考 文 献

[1] Bird J M, Dewey J F. Lithosphere Plate-Continental Margin Tectonics and the Evolution of the Appalachian Orogen [J]. Geological Society of America Bulletin, 1970, 81 (4): 1031-1059.

[2] Minster J B, Jordan T H. Present-day Plate Motion [J]. Journal of Geophysical Research Solid Earth, 1978, 83 (B11): 5331-5354.

[3] 李江海. 全球沉积盆地结构与构造演化特征：洲际纬向超长剖面对比研究 [J]. 大地构造与成矿学, 2014, 38 (1): 1-11.

[4] Weil A B, Voo R V D, Niocaill C M, et al. The Proterozoic Supercontinent Rodinia: Paleomagnetically Derived Reconstructions for 1100 to 800Ma [J]. Earth & Planetary Science Letters, 1998, 154 (1~4): 13-24.

[5] Li Z X, Bogdanova S, Collins A, et al. Assembly, Configuration, and Break-up History of Rodinia: A synthesis [J]. Precambrian Research, 2008, 160: 179-210.

[6] Cogne J P. PaleoMac: A Macintosh™ Application for Treating Paleomagnetic Data and Making Plate Reconstructions [J]. Geochemistry Geophysics Geosystems, 2003, 4 (1): 233-236.

[7] Hoffman, Paul F. Speculations on Laurentia's First Gigayear (2.0 to 1.0 Ga) [J]. Geology, 1989, 17 (2): 117-125.

[8] 尹赞勋. 板块构造述评 [J]. 地质科学, 1973, 8 (1): 56-88.

[9] 尹赞勋. 板块构造说的发生与发展 [J]. 地质科学, 1978, 13 (2): 99-112.

[10] 王鸿祯, 张世红. 全球前寒武纪基底构造格局与古大陆再造问题 [J]. 地球科学, 2002, 27 (5): 467-481.

[11] 张伯荣.显生宇板块构造重建[J].石油参考资料,1991(1):1-7.

[12] Seton M, Müller R, Zahirovic S, et al. Global Continental and Ocean Basin Reconstructions Since 200Ma[J]. Earth-science Reviews, 2012, 113: 212-270.

[13] 陈智梁,刘宇平.藏南拆离系[J].沉积与特提斯地质,1996,(20):40-42.

[14] Stampfli G, Borel D. A Plate Tectonic Model for the Paleozoic and Mesozoic Constrained by Dynamic Plate Boundaries and Restored Synthetic Oceanic Isochrones[J]. Earth and Planetary Science Letters, 2002, 196: 17-33.

[15] Stampfli G, Hochard C, Vérard C, et al. The Formation of Pangea[J]. Tectonophysics, 2013, 593: 1-19.

[16] 韩代成,宋晓媚.漂移的大陆——板块[M].青岛:山东科学技术出版社,2016.

[17] 陆克政等.含油气盆地分析.东营:石油大学出版社,2003,156-167.

[18] 罗志立,刘树根.评述"前陆盆地"名词在中国中西部含油气盆地中的引用——反思中国石油构造学的发展[J].地质论评,2002(4):398-407.

[19] 田作基.沉积岩区叠加褶皱及其成因机制[J].西北地质,1994,15(1):5-10.

[20] 吴义平,潘校华,田作基,等.陆陆碰撞对南亚地区油气的控制作用[J].石油与天然气地质,2013,34(2):236-241.

[21] Wingate M T D, Giddings J W. Age and palaeomagnetism of the Mundine Well Dyke Swarm, Western Australia: Implications for an Australia-Laurentia connection at 755Ma[J]. Precambrian Research, 2000, 100(1~3): 335-357.

[22] 李春昱,王荃,张之孟,刘雪亚.中国板块构造的轮廓[J].中国地质科学院院报,1980,(01):11-19.

[23] 李春昱,汤耀庆.亚洲古板块划分以及有关问题[J].地质学报,1983,(01):1-10.

[24] Chase C G. Plate Kinematics: The Americas, East Africa, and the Rest of the World[J]. Earth & Planetary Science Letters, 1978, 37(3): 355-368.

[25] Dickinson W R. Geotectonic Evolution of the Great Basin[J]. Geosphere, 2006, 2(7): 353-368.

[26] Rowley D B, Lottes A L. Plate-kinematic Reconstructions of the North Atlantic and Arctic: Late Jurassic to Present[J]. Tectonophysics, 1988, 155(1): 73-120.

[27] Torsvik T H, Smethurst M A, Meert J G, et al. Continental Break-up and Collision in the Neoproterozoic and Palaeozoic — A Tale of Baltica and Laurentia[J]. Earth-Science Reviews, 1996, 40(3~4): 229-258.

[28] Torsvik T H, et al. The Tornquist Sea and Baltica-avalonia docking[J]. Tectonophysics, 2003, 362(1): 67-82.

[29] Torsvik T H, Dietmar M R, Rob V D V, et al. Global Plate Motion Frames: Toward a Unified Model[J]. Reviews of Geophysics, 2008, 46(3): RG3004.

[30] Smethurst M A, Khramov A N, Torsvik T H. The Neoproterozoic and Palaeozoic Palaeomagnetic Data for the Siberian Platform: From Rodinia to Pangea[J]. Earth-Science Reviews, 1998, 43(1~2): 1-24.

[31] Nikishin A, Ziegler P, Stephenson R, et al. Late Precambrian to Triassic History of the East European Craton: Dynamics of Sedimentary Basin Evolution[J]. Tectonophysics, 1996, 268: 23-63.

[32] Bullard E C. Fit of the Continents Around the Atlantic[J]. Science, 1965, 148(3670): 664.

[33] 彭作林,郑建京,黄华芳,刘子贵.中国主要沉积盆地分类[J].沉积学报,1995(2):150-159.

[34] Kingston D, C. Dishroon, P. Williams. Global Basin Classification System [J]. AAPG Bulletin, 1983, 67: 2175-2193.

[35] 温志新, 徐洪, 王兆明, 等. 被动大陆边缘盆地分类及其油气分布规律[J]. 石油勘探与开发, 2016, 43（5）: 678-688.

[36] Busby C, R. Ingersoll. Tectonics of Sedimentary Basins: Cambridge, Massachu-setts [J]. Blackwell Science, 1995, 579.

[37] 童晓光, 关增淼. 世界石油勘探开发图集[M]. 北京: 石油工业出版社, 2001.

[38] 张光亚, 温志新, 等. 全球被动陆缘盆地构造沉积与油气成藏: 以南大西洋周缘盆地为例[J]. 地学前缘, 2014, 21（3）: 18-25.

第二章 全球古板块演化与原型盆地

在大陆漂移学说和海底扩张学说的基础上发展起来的板块构造学说被称为与达尔文的"进化论"和爱因斯坦的"相对论"地位相当的划时代的学说。板块构造学说的提出不仅很好地解释了地质历史以来的海陆变迁，也为含油气盆地的形成、发育、演变及生储盖预测提供了理论方面的指导。在全球板块构造演化的不同阶段形成了不同构造背景的原型盆地，而不同构造背景的原型盆地具有迥异的油气生储盖组合形式和油气聚集条件。

第一节 板块恢复重建

现今地球表面的海陆分布位置是经过数亿年至数十亿年的板块漂移的结果，在如此漫长的地质历史演变过程中，组成今天地球表面的各大板块经历了复杂的构造历程。只有反演不同时期的板块构造位置，才能较好地解释今天遗留在各大板块上的不同构造时期的盆地类型，并分析其油气生储盖组合及成藏条件，为油气勘探工作提供前瞻性的参考意见。本节主要应用热点轨迹（130Ma±以来）、磁异常条带（170Ma±以来）、大陆轮廓的匹配、古地磁数据、古气候、古生物分布、地层分布的匹配、岩石组合（钙碱性火山岩、蛇绿岩套等）、地震剖面等方法，并结合前人资料恢复了前寒武纪以来13个地质时期的古板块位置。

一、板块恢复研究现状

最早的全球板块运动模型是由Le Pichon于1968年提出来的，此后，随着观测资料的积累和研究工作的深入，Chase于1978年建立了板块运动模型[1]，Minster和Jordon建立了板块运动RM模型[2]，Demets和Gordon等建立了基于Plate Project Model的板块运动NUVEL21模型[3]。

最为广泛引用的全球板块构造演化图是Scotese（1987）推出的，从前寒武纪（650Ma±）开始，分30幅图分别构建了不同时代的板块构造位置图和气候演化图，成为全球板块构造演化的最具代表性的图件。法国地球物理实验室古地磁与地球动力学研究团队的Cogne[4]在Macintosh平台上研制了较完全的古地磁数据处理软件Paleomac，并同时附带了全球板块构造重建的模块，为全球板块的恢复提供了一个方便的工具。美国北亚利桑那大学Ron Blakey将Scotese的20余幅板块重建图，赋予了各板块的DEM数据，并经过精心编辑，得到了27幅十分精致的板块恢复图件[5]。

挪威地质调查局Torsvik等（2008）对130Ma±以来的全球板块构造演化做了创新性的研究工作。他通过对古地磁数据的严格遴选和欧拉极的转动，结合全球和地区性移动的热点和固定热点的数据、海底扩张的数据，综合地构建了非洲板块和南美洲板块100Ma±时的位置，依据古地磁、热点移动和海底扩张的三者数据，分别重建了非洲板块和南美洲板块，三者结果十分相似[6]。Torsvik模型适用于侏罗纪（175Ma±）以来的时代，对于更老的地质时代，古地磁成了唯一定量的方法。

Li等（2008）提出了对古老地质年代的板块构造重建。基于古地磁数据和基底岩石与地质联系、造山运动历史、大陆裂谷和被动陆缘的演化，以及地幔柱热事件的记录，对新元古代早期超级大陆罗迪尼亚的形成、分裂和之后再聚合形成冈瓦纳大陆的演化历史做了详细的研究，建立了1100Ma±至530Ma±时段的板块演化图。

上述几个重要的、具真正意义的全球（而不是局部区域的）板块构造重建成果，各有其完善之处和不足之处。随着近年来在超大陆、全球碰撞造山带、裂谷—被动陆缘盆地、全球构造划分、生物古地理和古气候、盆地分析、大型火山岩省、造山带连接、古地磁、磁学大量新成果的发表和新技术的运用，为古板块位置的恢复提供了更加可靠的理论依据和技术手段。结合油气勘探实践中对原型盆地研究工作的开展，使得对最新的古板块位置研究工作迫在眉睫。

二、板块恢复的原理与方法

板块恢复的理论基础是大地构造学和构造古地理学，它以全球各大陆板块于地史时期在地球表面的相对位移为主要研究内容，以古地磁学、生物古地理学及古气候学为主要依据，以计算机自动成图为主要手段。20世纪50年代古地磁技术的突破为板块恢复中确定古板块的古地理位置、古板块之间的相互关系以及大陆裂解和大洋扩张的历史提供了更有说服力的证据。

为了更加准确恢复古板块位置，本次古板块重建应用了多种定量与定性相结合的研究方法。定量方法有：热点轨迹（130Ma±以来）、磁异常条带（170Ma±以来）、大陆轮廓的匹配、古地磁数据。定性方法有：古气候、古生物分布、地层分布的匹配、岩石组合（钙碱性火山岩、蛇绿岩套等）、地震剖面。定性方法实际上是地质条件的配套，是板块恢复时必须考虑的因素，实现这一定性到定量的综合研究方法的基本过程就是系统解释全球洋盆到造山带的耦合关系，现大洋两侧板块的运动轨迹通过170Ma±以来的磁异常条带恢复容易实现，而古大洋的开合只能通过缝合造山带的演化过程得以实现。

1. 板块恢复的基础

古地磁是板块重建的基础。本章中古板块重建，共收集了9265条古地磁数据，数据覆盖了主要地质时代（新元古代至全新世）及全球的主要地块（图2-1），除了公开发表刊物上的古地磁数据之外，主要源于下述两大古地磁数据库：

（1）IAGA全球古地磁数据库。最初由Mike McElhinny和Jo Lock创建，现由挪威地质调查所Sergei Pisaresky、Mark Smethurst维护，定期更新。本节所使用的数据是2005年更新的第五版数据库。

（2）澳大利亚西澳大学构造地质研究中心（Tectonics Special Research Centre）Sergei Pisarevsky博士编辑与管理，从公开发表的3674篇论文中，收集了9000余条的古地磁数据。

陆块轮廓主要采用GMAP板块重建软件[7]中自带的陆块轮廓数据，部分小地块（阿富汗、意大利、伊朗、羌塘、拉萨）的轮廓从Paleomac软件中获得，并经过地形、火山作用和地震分布带、从磁极性条带获得的板块相对运动速度等校正[8]。

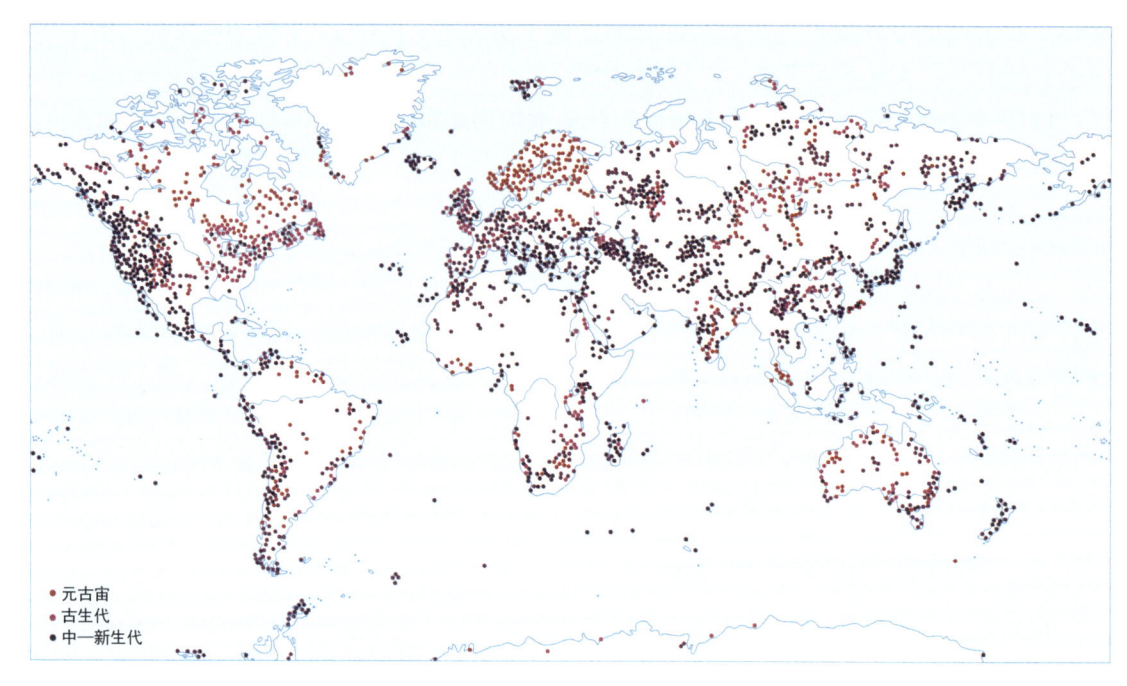

图 2-1　古地磁数据的覆盖区域与数据的年代分布

2. 古地磁学在古大陆再造和古地理研究中的应用

可靠的古地磁结果用于板块运动学研究主要提供三个方面的资料：（1）板块的古纬度；（2）总旋转角；（3）视极移曲线。其中视极移曲线是在研究程度较高的情况下才得出的，它本身也包含了古纬度和旋转量等信息。

古纬度是最基本的数据，只要可以确定原生剩磁成分和原始磁化水平面的地方都可以获得古纬度资料，因为它可以从古地理坐标系下的剩磁倾角数据直接获得。只要有强有力的野外检验（如倒转检验、褶皱检验、烘烤检验、砾石检验和一致性检验等）和（或）室内检验（退磁成分、磁性载体分析等），即便是造山带内部活动性极强的褶皱—冲断带，也有可能获得可靠的古纬度数据。

旋转量的确定，对地质条件要求比较苛刻，必须有良好的构造控制，采点之间不能有不可恢复的构造间断，否则，谈论某某地块的旋转是没有意义的。

视极移曲线是在一个自始至终统一的块体上获得的不同时代的可靠的古地磁极极点序列，极点的位置用现代地理坐标给出。只有两个或两个以上的地块拼贴牢固并同步运动之后，它们的极移曲线才在拼合期以后的段落上重合。极移曲线最可靠的用途是确定不同地块拼合成大陆板块的时间以及推演它们可能的拼合方式。材料充足时，也可以用于分析更复杂的地史过程。譬如两个地块在漫长的地质时期有没有两次或两次以上的拼合、离散问题。

古大陆再造是古地理学研究的重要基础。在显生宙的研究中，潘基亚超大陆（Pangea）的形成和裂解是全球古大陆再造的重要线索。古地磁研究在冈瓦纳和泛大陆古地理重建研究中一直发挥着关键性作用。北美和欧洲一直是数据质量最好的大陆；冈瓦纳大陆的视极移曲线几经修订后基本趋于确定。寒武纪可能是全球古大陆分布最为离散的时期，从奥陶纪开始，北美和欧洲的数据开始支持北大西洋关闭模式[9]。泥盆纪冈瓦纳大陆发生很大规模的顺时针旋转，晚石炭世冈瓦纳大陆与劳伦大陆接触，开始形成泛大陆潘基亚。

三、板块恢复重建

迄今为止进行的板块恢复中存在的诸多问题，使开展板块恢复重建工作变得迫切而重要。概括来讲，在已经开展的板块恢复工作中，存在如下问题。

1. 潘基亚超大陆再造

潘基亚超大陆再造存在的问题之一是冈瓦纳大陆与劳伦大陆的连接位置。由 Bullard 等（1965）提出的、建立在海岸等深线计算机模拟基础上的大西洋关闭模式称为 Pangea A[10]，而后来，古地磁极的拟合结果提出了 Pangea B 和 Pangea C 等模式，和 Pangea A 相比，后两种模式中，冈瓦纳大陆被放置在更靠东的位置上，这样的模式和地质观察的结果有较多的矛盾。

问题之二是关于中国古陆块在冈瓦纳大陆中的具体位置及与冈瓦纳大陆分离的时间。近年来对东特提斯的研究提出了泛华夏古陆群的构思[11]，华北、扬子、塔里木地块古生代运动学特征，特别是晚古生代早期的古地理位置对于了解和确定冈瓦纳大陆与东亚地块群之间的关系有至关重要的作用。虽然已有不少的文献认为中国主要地块曾经是冈瓦纳大陆的组成部分，其中有作者也引用了古地磁方面的证据，但主要由于这些地块极移曲线的不完善，古大陆再造的许多重要细节不能确定，导致中国古陆块在冈瓦纳大陆中的具体位置，以及与冈瓦纳大陆分离的时间等，悬而未解。

2. 罗迪尼亚超大陆（Rodinia）裂解时间的确定

对前寒武纪，1990 年代以来，随着罗迪尼亚超级大陆概念的提出，古地磁研究提供了许多关键证据。Powell 等[12]严格判别和挑选了劳伦大陆和东冈瓦纳大陆的数据，第一次利用极移曲线拟合的方法证明 SWEAT 连接的可能性，并据此提出超级大陆解体的时间为 720Ma±。Torsvik 等[7]对劳伦大陆和 Baltica 新元古代的数据也做了综合研究，系统地再造了罗迪尼亚超大陆解体至志留纪全球古大陆的古地理格架。Weil 等[13]主要利用劳伦大陆和波罗的大陆距今 1100—800Ma± 期间的数据建立了一条极移曲线，由于来自 Sao Francisco-Congo、Kalahari 等地块的数据和该曲线拟合都能支持罗迪尼亚超大陆再造的基本格架，所以，Weil 等的曲线又曾被认作 Rodinia 超大陆的极移曲线。从理论上讲，如果关于罗迪尼亚超大陆的构想是正确的，人们就有理由期望在世界其他大陆（或地块）上建立更多的极移曲线，能够和上述研究程度较高的地区合理地模拟和对比。如果要否定已有的地质模型，则需要有相反方面的证据。后来，由西方和俄罗斯学者联合研究建立的西伯利亚大陆的极移曲线显示，1100—800Ma± 时期，它不能和劳伦大陆或 Baltica 的极移曲线做合理的拟合。如果数据可靠，则支持将西伯利亚独立于罗迪尼亚超大陆之外的解释。但目前看来，更可能的解释是该时间段西伯利亚的古地磁数据可靠性不够高。

3. 中国古陆块在全球构造中的位置

在中国，包括扬子地台和华北地台都发表了一些前寒武纪的古地磁数据，但彼此之间存在很多的矛盾，从成果数量上也不足以建立高质量的极移曲线。另一方面，定年资料的准确程度也直接影响古地磁数据的质量。在前寒武纪，基性岩墙群之所以成为古地磁研究的重要对象，主要原因就是它有可能同时获得精确的定年数据[14]。构造控制是另一方面的关键因素，中国大陆中、新生代普遍发生了强烈的构造运动，出现遍布性的重磁化是正常的。要了解中国古陆块在全球构造中的位置,必须系统地开展古地磁研究和坚持严格的数据筛选标准审视已有的数据。

分析导致上述三个问题存在的根本原因主要可以归结为全球古地磁数据分布的不均衡及古地磁数据判断标准的不统一。在过去的 60 年里,古地磁学在基本理论模式建立、剩磁稳定性和多磁成分分离、野外检验、数据统计以及矿物鉴定、高精度测量仪器和现代化辅助设备的研制等方面都取得很大的进展,已经形成了一整套可靠的工作方法,但是,数据的可靠性问题也一直制约着古地磁方法的应用。一些 20 世纪 60 年代发表的成果,至今仍然是可信的;也有相当多的结果,才刚刚发表即被证明是不准确或无用的。其根本的原因来自两个方面:第一,人们对许多情况下岩石磁化的机理还缺乏真正的了解,只是借助于实验室,或野外的检验方法,从中得出用于构造解释的古地磁结果;第二,对日益复杂化的研究对象,缺乏更严格的工作约束。针对这种情况,古地磁学界做出了积极的反应。十几年前,美国密执安大学的 Van Voo(1990)提出了 7 条新判据,一直被广泛接受并用于评价古地磁成果的可靠性。判据的基本内容是:

(1)严格选取地质年代准确的样品,并且可以假定岩石磁化的年代与之相同。对于显生宙样品来说,时代起码要限在半个纪以内(如晚侏罗世、早志留世等)。就绝对年龄而言,误差不超过 ±4%。这一要求并不过分严格。对于中生代 2 亿年的样品来说,±4% 误差意味着 8Ma±,如果按新生代视极移速率来估计,其极误差约 ±3.2°。

(2)要有足够多的样品和合适的统计精度。样品总量应多于 24 个。精度参数 $k>10.0$,$\alpha_{95}<16°$。

(3)合适的退磁技术:这一点很难做出统一的要求,但必须公布退磁细节。

(4)要有野外检验,用于限制磁化的时间。如褶皱检验、砾石检验以及烘烤检验等。

(5)构造背景应当清楚。对一些造山带研究而言,如果样品来自最后一次构造事件之前的侵入体或推覆岩席中,就难免有旋转现象。但是,这种成果并不是没用或不可信,而是需要的限制更多,多解性更强。

(6)要有倒转检验。可用于排除重磁化的影响,并能平均掉地磁场的长期变化。

(7)能确认无重磁化。假设某一岩石单元取得的磁极位置和较其年轻得多的岩石单元取得的磁极位置相同,除非有强有力的野外检验的证据,否则便应当认为有重磁化可能。

本章板块恢复重建过程中,正是在严格运用上述七项标准校验全球最新古地磁数据的基础上,并综合运用全球构造划分、生物古地理和古气候分析、盆地分析、建立大型火山岩省、造山带连接、古地磁分析等方法,恢复了全球 13 个地质时期的古板块位置。

第二节 板块构造演化

板块构造给当今世界的地球科学带来了革命性的变化,板块构造合理地解释了形成于地球表面的各种各样的火山带和山脉的分布以及地震活动。20 世纪 70 年代初,我国地质学家尹赞勋在研究了大量的文献之后,最早将板块构造的基本思想引进国内[15]。其后,李春昱[16]等也相继发表了更详细的有关板块构造的论文。根据同位素年代学证据和造山带全球性分布的特征,研究推测地质历史上可能发生过多次超级大陆或泛大陆聚散事件,目前对其古地理和构造格局已基本研究清楚的有中、新元古代、古生代的罗迪尼亚超大陆

(泛大陆)、古生代的超大陆冈瓦纳和晚古生代—早中生代的潘基亚超大陆(泛大陆)。目前全球板块构造格局普遍认为是石炭纪时期就存在的统一大陆——潘基亚超大陆,从侏罗纪时开始分裂和漂移,最后转变为现今的板块分布态势。

目前国际上较为通用的板块构造划分方案,是将现今全球地壳划分为六大板块:太平洋板块、欧亚板块、非洲板块、美洲板块、印度洋板块和南极洲板块(参见图1-6)。

一、不同时期板块构造格局

1. 前寒武纪(630Ma±)

罗迪尼亚大陆(Rodinia)是一个10亿年前由大陆碰撞形成的全球性的超大陆,北美古陆(劳伦大陆)位于该超级大陆的中心部位,印度、澳大利亚、南极、非洲、西伯利亚、欧洲(波罗的)等多个大陆块拼贴在劳伦大陆周缘或分布在邻近位置(图2-2)。罗迪尼亚大陆大约在750Ma±分裂成两半,打开了泛大洋(Panthalassic Ocean)。南半部的劳伦大陆,在泛大洋打开的同时往南向冰雪覆盖的南极旋转;北半部包括南极大陆、澳洲、印度、阿拉伯以及成为今天中国的一部分大陆碎块的华北、华南等,在泛大洋打开的同时向北运动,同时逆时针旋转,穿越北极。介于分成两半的罗迪尼亚大陆之间的为第三大陆——刚果地盾(Congo),组成了今天中、北非洲的大部分。当罗迪尼亚大陆的两半相向运动互相碰撞在一起的时候,刚果地盾就正好被挤在中间(参见图1-1)。因此在前寒武纪即将结束之际,也就是550Ma±,这三个大陆再次因为碰撞而形成了一个新的超大陆潘诺西亚(Pannotia),与这次碰撞相关的造山运动事件则被称为泛非(Pan-African)造山运动。

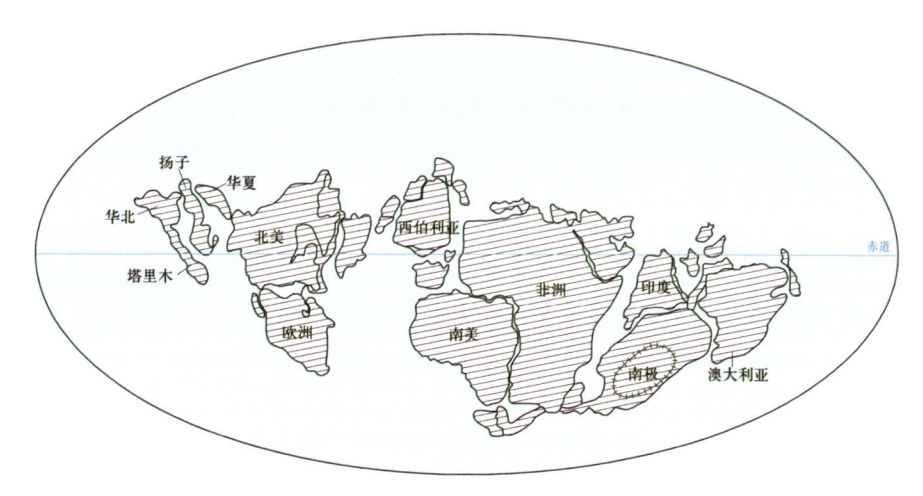

图2-2 罗迪尼亚大陆(距今850Ma±)再造图[17]

2. 寒武纪(510Ma±)

形成于550Ma±前的潘诺西亚超大陆,在540Ma±前开始分裂成四个大陆:劳伦大陆、波罗的大陆、西伯利亚大陆、冈瓦纳大陆,在劳伦(北美和格陵兰)、波罗的(东欧)和西伯利亚这几个古陆之间形成了一个新的海洋——巨神海(Iapetus Ocean),又名古大西洋。超大陆冈瓦纳则因泛非造山而形成当时最大的大陆,范围从赤道延伸到南极(图2-3)。冈瓦纳大陆作为一个整体运动,但此时的冈瓦纳尚没有增生出澳大利亚东部、南极西部的地区,相反冈瓦纳的另一侧包含有亚洲的许多块体。冈瓦纳两侧均开始发育主动大陆边缘，但结果不同，在澳大利亚—东南极的一侧导致增生，在亚洲块体的一侧导致离散。在510Ma±时世界范围内的大陆绝大部分分布在南半球，劳伦大陆、西伯利亚、波罗的等主要大陆相对离散分布。

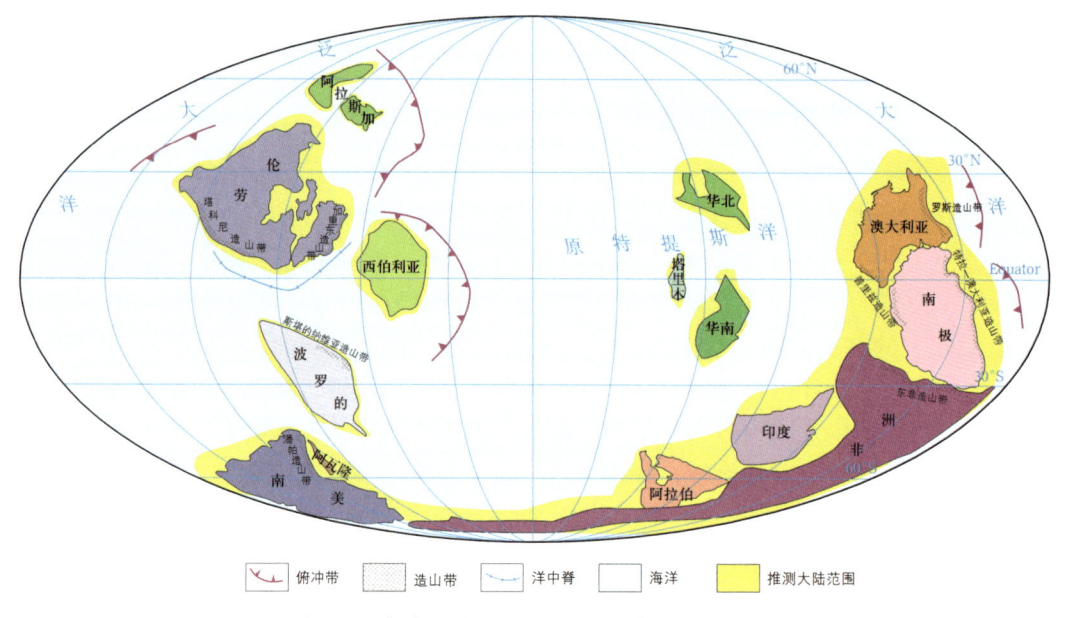

图2-3　寒武纪（510Ma±）全球古大陆再造图

3. 奥陶纪（485Ma±）

奥陶纪基本继承了寒武纪的特点，多数大陆位于南半球（参见图1-2）。扩张的大洋使劳伦、波罗的、西伯利亚离冈瓦纳大陆渐远，巨神海（古大西洋）隔开了北劳伦西亚和波罗的，古地中海隔开了冈瓦纳大陆和波罗的、西伯利亚，原特提斯洋（Paleo-Teyhys Ocean）分隔开冈瓦纳大陆、波罗的和西伯利亚大陆，古大洋则覆盖了北半球的大部分。早奥陶世古大西洋达到最宽，但稍后的Floian时期（479—472Ma±）可能就开始了收缩。到了奥陶纪结束时，气候进入了地球上最寒冷的时期之一，冰雪覆盖了整个冈瓦纳大陆的南半部。自晚奥陶世开始，大陆与大陆、地体之间持续发生碰撞，一直到晚二叠世和早三叠世早期，形成了新的全球性的超大陆——潘基亚超大陆。

4. 志留纪（425Ma±）

和奥陶纪相比，志留纪时期全球古大陆格局发生了根本性变化（图2-4），西伯利亚和波罗的古陆分别向北移动到北半球中纬度地区和赤道附近。哈萨克斯坦、塔里木和阿穆尔古陆作为一定规模的陆块出现在北半球。志留纪晚期波罗的和劳伦大陆之间的碰撞联合完成，形成了劳俄大陆，即红色古陆。巨神海从志留纪开始缩小，在缩小到闭合的过程中，出现了大陆边缘岛弧的上覆运动，形成了加里东造山运动、北美东部海岸的塔康造山运动和阿卡德造山运动。劳俄大陆和西冈瓦纳大陆之间表现为大洋扩张，称为瑞亚克洋（Rheic Ocean），并已达到最大规模。冈瓦纳大陆的另一侧和北方大陆的大陆边缘周围广泛地发育俯冲带。在澳大利亚东部为拉克兰（Lachlan）造山带主要增生的时期，华南的加里东造山带可能与其相关。西伯利亚大陆位于北半球中纬度，但在其以北更高纬度的地区可能发育有很大规模的俯冲岛弧为主的岩浆带，这些岩浆带后来由于走滑断裂的切割和构造重组，形成了复杂的中亚造山带。西伯利亚古陆和劳俄大陆之间也发生聚敛的板块作用。

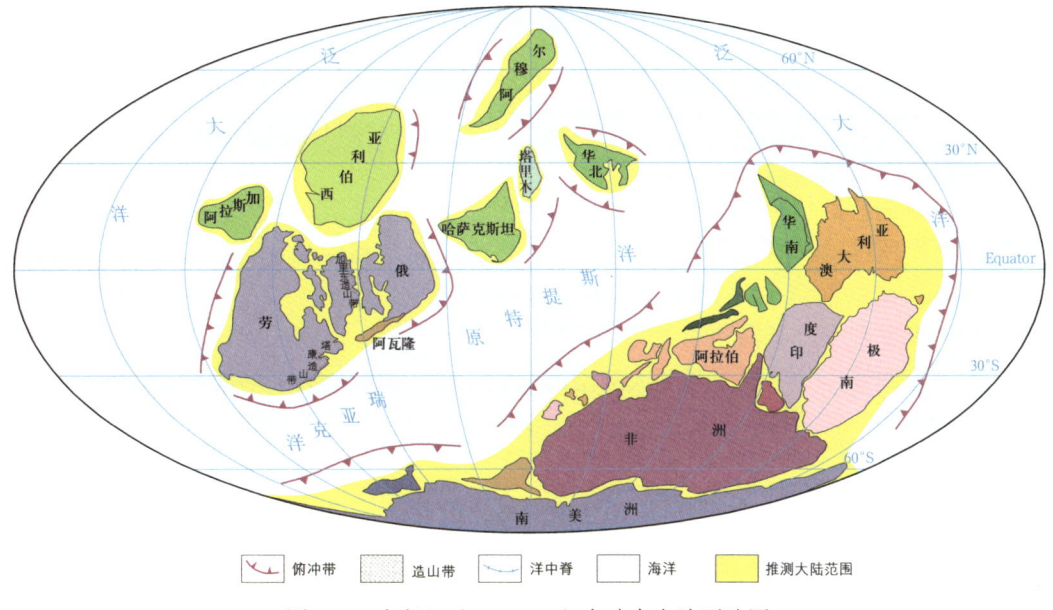

图 2-4 志留纪（425Ma±）全球古大陆再造图

5. 泥盆纪（380Ma±）

在潘基亚超大陆聚合的大地构造背景下，劳伦西亚（Laurentia）与波罗的（Baltica）陆块碰撞，形成劳俄大陆，南方为冈瓦纳古陆，古生代早期的海洋 Rheic Ocean 大规模地消减，在泥盆纪时期闭合，阿瓦隆尼亚与北美拼贴，发生阿卡德造山运动。北美东部发育活动大陆边缘（即阿巴拉契亚造山带）。全球古大陆相对密集地集中在中低纬度地区（图2-5）。此时华南开始从冈瓦纳大陆分离，但相距很近。

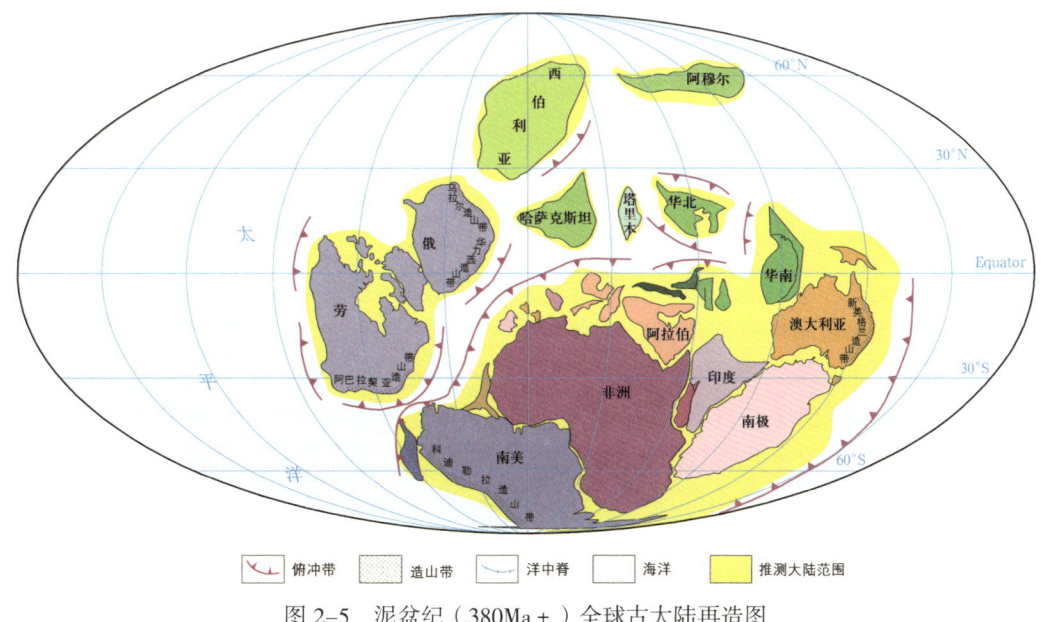

图 2-5 泥盆纪（380Ma±）全球古大陆再造图

6. 石炭纪（340Ma±）

从晚泥盆世到中石炭世，冈瓦纳大陆发生了大规模的顺时针旋转，整个大陆从南半球中纬度地区再度回到高纬度地区（参见图1-3），期间，华南、华北等亚洲地块和冈瓦纳裂离，长期徘徊在赤道附近的低纬度地区；劳俄大陆（Laurussia）及冈瓦纳大陆（Gondwana）之间的古生代海洋瑞亚克洋的东部闭合，形成了阿巴拉契亚造山带（Appalachian Mts.）；哈萨克斯坦陆块和劳俄大陆碰撞形成乌拉尔造山带。

7. 二叠纪（275Ma±）

二叠纪时期，沿乌拉尔造山带西伯利亚和劳俄大陆联合组成了劳亚大陆的主体。这一古大陆向北有所移动，但西冈瓦纳大陆大幅度的北向移动和劳亚大陆在赤道附近相撞，构成了潘基亚大陆的前身（图2-6）。在古特提斯洋的右侧，华南、华北陆块仍然游离于超大陆之外。晚二叠世，辛梅利亚大陆（包括今天的土耳其、伊朗、阿富汗、西藏、印度支那半岛和马来西亚部分）自潘基亚大陆南部分裂，在辛梅利亚大陆与潘基亚大陆东南部之间形成新的海洋，名为特提斯洋。

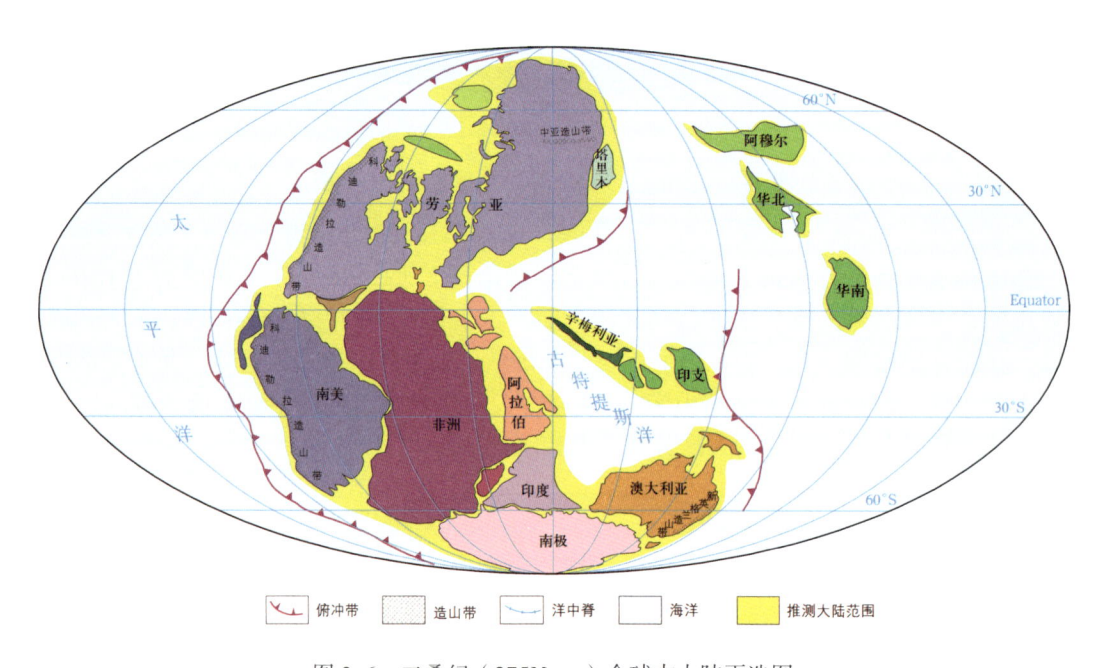

图2-6 二叠纪（275Ma±）全球古大陆再造图

8. 三叠纪（230Ma±）

三叠纪早期古大陆格局的最大特点为潘基亚超大陆的形成。大约自晚奥陶世开始，经由大陆与大陆彼此之间持续的碰撞，一直持续到早三叠世早期，终于导致了潘基亚大陆的形成（图2-7）。早三叠世和中三叠世，北方（劳亚）大陆和南方（冈瓦纳）大陆开始分裂。晚三叠世至早侏罗世，北美板块与欧亚板块之间的分裂，出现大西洋雏形。欧洲的西海岸约在北纬45°。劳亚大陆与冈瓦纳大陆之间的裂隙扩大，特提斯海将太平洋与大西洋沟通起来，同时冈瓦纳大陆内部出现分裂，印度、非洲、澳大利亚、南极洲之间分离，印度洋开始孕育。

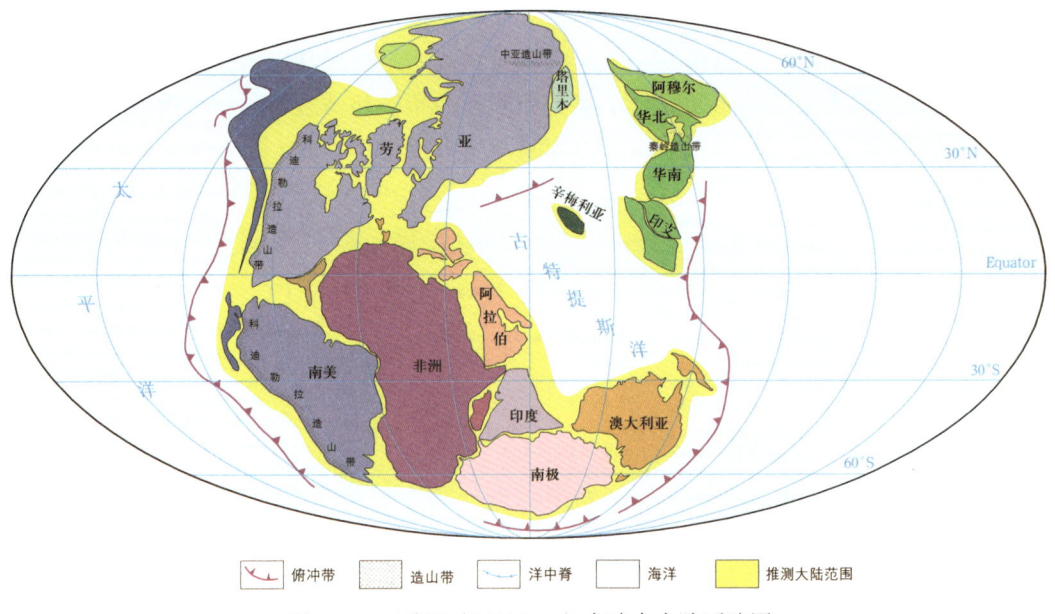

图 2-7 三叠纪（230Ma±）全球古大陆再造图

9. 侏罗纪（170Ma±）

早侏罗世早期是泛大陆潘基亚超大陆规模最大的时期，中侏罗世则开始明显地裂解，到了晚侏罗世，分裂为南北两个部分，即劳亚大陆与冈瓦纳大陆，中央大西洋（Central Atlantic Ocean）已经张裂成一狭窄的海洋，东冈瓦纳（Gondwana）也同时与西冈瓦纳开始分裂（图 2-8），至白垩纪裂解达到最强盛期。

在 140Ma± 时期，冈瓦纳大陆（Gondwana）不断地破碎，包括南大西洋的张裂，隔开了南美和非洲；印度和马达加斯加一起从南极洲漂移开来；澳洲西缘的东印度洋张裂等等。此时的南大西洋并没有立刻打开，而是像拉开拉链一般地由南向北渐渐张开。

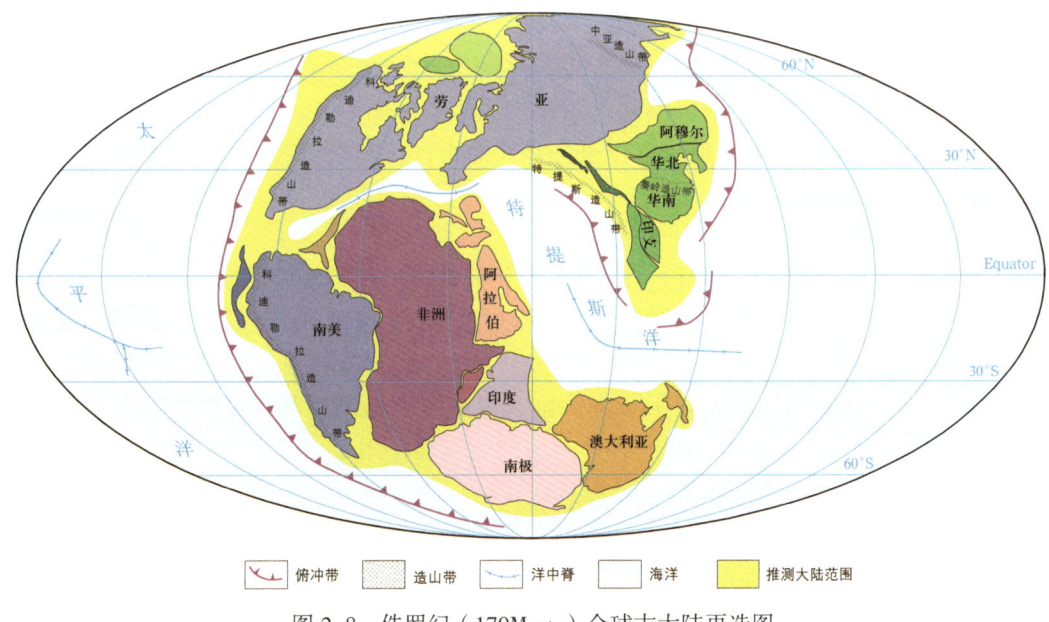

图 2-8 侏罗纪（170Ma±）全球古大陆再造图

10. 早白垩世（120Ma±）

潘基亚大陆分裂的第二阶段开始于早白垩世，白垩纪是海盆迅速张裂的时期。冈瓦纳大陆不断分裂，南大西洋的张裂隔开了南美和非洲；印度和马达加斯加从南极分离；澳洲西缘东印度洋开始张裂。劳亚大陆也开始分裂，北美与欧洲分离（图2-9）。

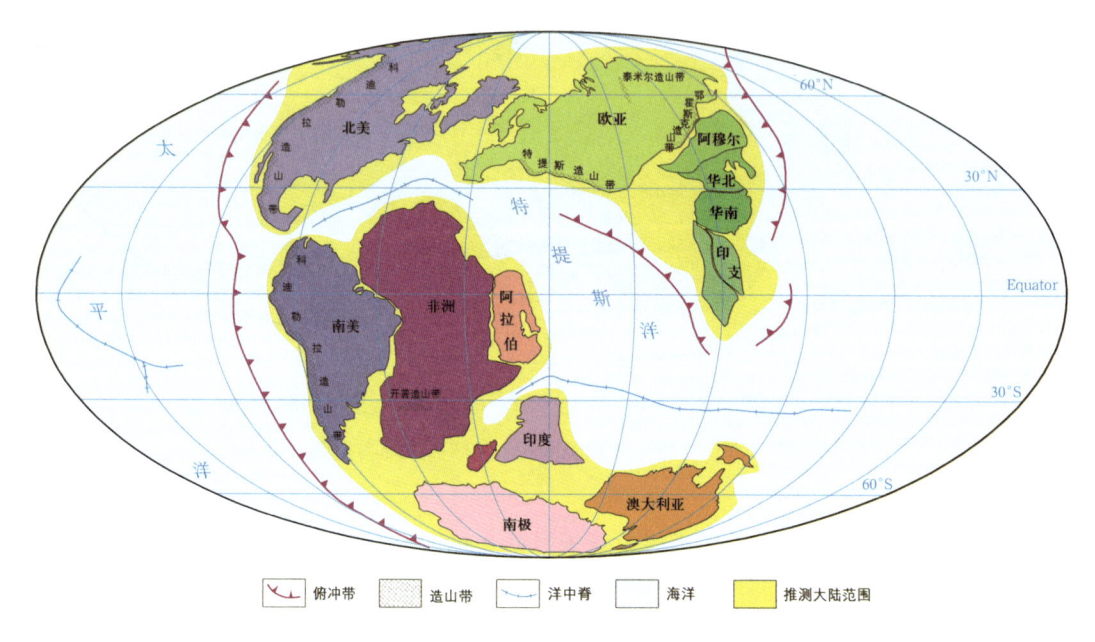

图2-9 早白垩世（120Ma±）全球古大陆再造图

白垩纪表现为北美向西漂移，大西洋加宽。格陵兰离开北美，南美和非洲分离，南大西洋诞生，印度在前阶段分离的基础上，向北漂移，特提斯海域面积缩小。澳大利亚与南极洲开始分开，向北漂移。这样印度洋比前期更为扩大，马达加斯加也离开非洲大陆，西班牙与葡萄牙则从欧洲旋转分离，阿拉斯加开始从加拿大北部旋转分离。北极海于此时开始形成。

11. 晚白垩世（80Ma±）

晚白垩世，格陵兰继续从北美分离，南美与非洲之间的距离扩大，当时的南大西洋宽度可达1000km。澳大利亚与南极洲间的距离加大（参见图1-4）。印度板块和非洲板块北移，更靠近亚洲和欧洲大陆，特提斯洋进一步又缩小，印度洋随之扩大，现代大陆与海洋的轮廓在白垩纪之末基本奠定。

12. 古近纪（40Ma±）

潘基亚超大陆分裂的第三阶段，也是最后一个阶段，在新生代早期开始发生。北美与格陵兰从欧洲漂移开来，南极大陆释放出澳洲陆块、印度板块，印度板块并迅速向北移动撞上欧亚板块的东南位置。

在60Ma±，印度板块开始撞上亚洲大陆，形成了西藏高原和喜马拉雅山脉。原本与南极大陆相连的澳洲陆块，也在此时开始迅速向北漂移（图2-10）。

13. 新近纪（15Ma±）

印度和非洲继续北移，阿尔卑斯山脉、扎格罗斯山脉及喜马拉雅山脉继续发育，阿拉伯半岛与伊朗碰撞；特提斯海进一步缩小，印度洋随之扩大。以及最后、也是最年轻的碰撞——澳洲撞上了印尼群岛（参见图1-5）。

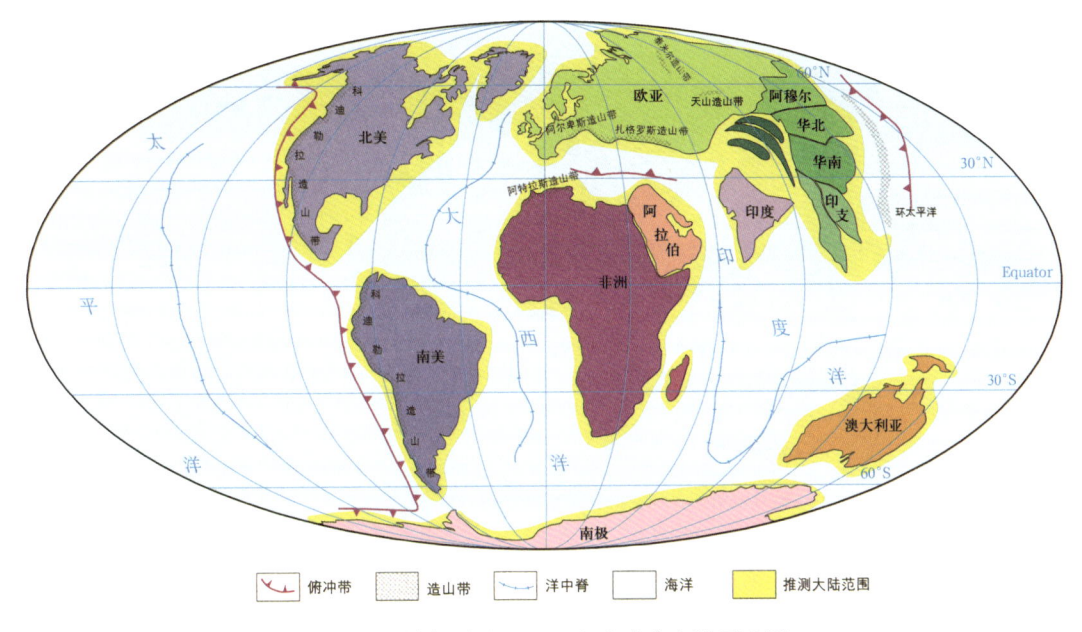

图 2-10　始新世（40Ma±）全球古大陆再造图

二、板块构造演化特征

综合前人对全球板块构造演化的研究，将全球板块构造演化划分为四个阶段：（1）罗迪尼亚超大陆的会聚（元古宙）；（2）罗迪尼亚超大陆的裂解（元古宙晚期—奥陶纪），期间，在罗迪尼亚超大陆裂解后出现过短暂的全球性超大陆——潘诺西亚超大陆；（3）潘基亚超大陆的会聚（志留纪—二叠纪）；（4）潘基亚超大陆的裂解（三叠纪至今）。

1. 罗迪尼亚超大陆的会聚（元古宙）

1990年McMenamin等首先提出新元古代罗迪尼亚超大陆的概念，指出罗迪尼亚超大陆是一个10亿年前由大陆碰撞形成的全球性的超大陆。在1100Ma±时（图2-11），劳伦古大陆、西伯利亚、华南、华夏古陆（现今华南的一部分）、拉普拉塔（RiodelaPlata）已经拼接在一起，扬子克拉通已开始与劳伦古大陆斜向碰撞。然而，所有其他大陆板块仍然以大洋与劳伦古大陆相隔。澳大利亚克拉通，包括莫森（Mawson）克拉通的东南极洲部分已经合并。它们可能接近于扬子地块和劳伦古大陆碰撞的地方。

在1000Ma±，卡拉哈里地块很可能已经与劳伦古大陆南部碰撞。扬子克拉通与劳伦古大陆西部的持续碰撞导致了1090—1030Ma±普赛尔超群带（Belt-Purcell Supergroup）侵入火成岩席的变质作用。大多数大陆之间都发育了聚合边缘，它们之间的大洋岩石圈在罗迪尼亚聚合期间被消耗了。除了印度、澳大利亚—东南极洲和塔里木，所有其他地块都已经加入劳伦古大陆中。大印度与西澳大利亚之间的平移挤压运动可以解释平贾拉（Pinjarra）造山运动形成的变质年龄为1100—1000Ma±。

到900Ma±，所有已知的大陆板块已经聚集在一起形成罗迪尼亚超级大陆。900Ma±造山事件的证据包括华南四堡造山带东部920—880Ma±的岛弧火山岩和蛇绿岩逆冲，扬子克拉通北缘的950—900Ma±的岛弧火山岩和印度东冈瓦纳带和相应的东南极洲雷纳省（Rayner Province）990—900Ma±的高级变质事件，均与罗迪尼亚超大陆形成有关。我国

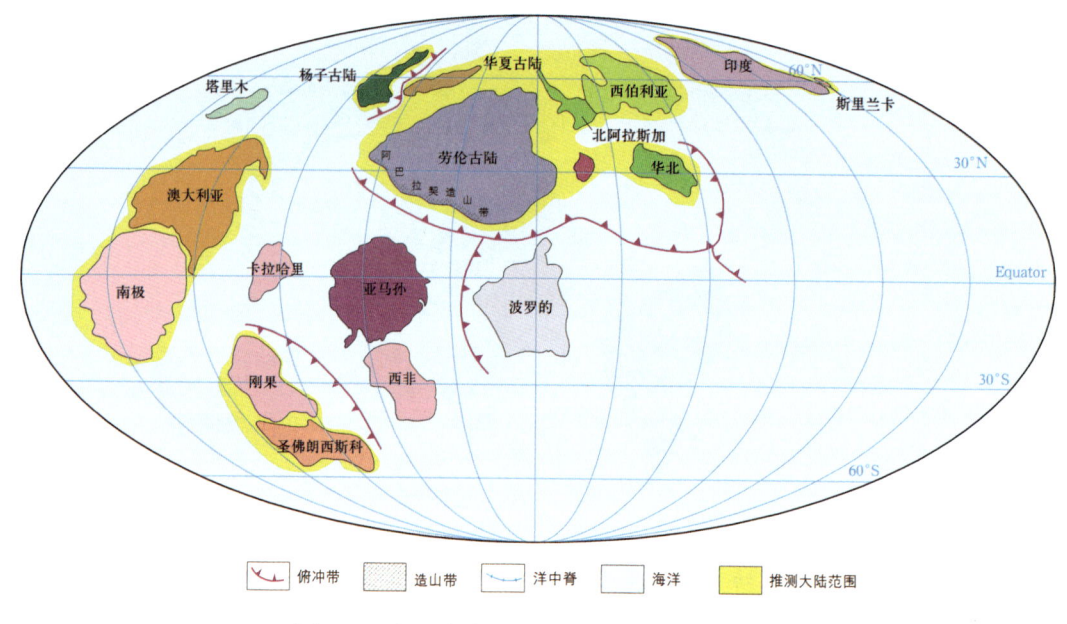

图 2-11 新元古代（1100Ma±）全球板块重建

塔里木盆地阿克苏出现了800Ma±前的镁铁质岩脉侵入和872—862Ma±的 ^{40}Ar—^{39}Ar 冷却年龄以及阿克苏蓝片岩的发育，表明在罗迪尼亚超级大陆的聚合时期塔里木与澳大利亚块体的结合。

罗迪尼亚超级大陆的聚合使原来罗迪尼亚大陆内那些老的造山带重新活动。证据表明，劳伦古陆西北的马更些山脉，在1000—750Ma±期间存在一个东西向的挤压事件。^{40}Ar—^{39}Ar 年龄表明，澳大利亚克拉通西部Capricorn造山带南部的Edmundian造山运动持续到900Ma±。

2. 罗迪尼亚超大陆的裂解（元古宙晚期—奥陶纪）

从全球看，中、新元古代之交的罗迪尼亚超级大陆鼎盛也极可能在新元古代的850Ma±，因为在此之前还没有裂解方面的证据[17]。

在斯堪的纳维亚加里东（Scandinavian Caledonides）、苏格兰均获得了845Ma±和870Ma±的双峰式侵入活动的证据，两者都被解释为代表罗迪尼亚分裂的开始，这些侵入活动可能是罗迪尼亚超级地幔柱的一个标志，因上升地幔柱使地热梯度变大，导致了地幔深源熔融上侵。

直到825Ma±才出现广泛分布的地幔柱活动，同时出现镁铁质岩墙群、镁铁质—超镁铁质侵入岩和由于地壳熔融或岩浆分异出现的长英质侵入岩。不过，这种岩浆作用仅仅在罗迪尼亚极的附近出现，包括澳大利亚、华南、塔里木、卡拉哈里和阿拉伯—努比亚地体。在这些地方，侵入岩上方不整合地覆盖着相似年龄的与裂解相关的火山碎屑岩，表明存在同时期的岩浆活动。该岩浆活动发生于900—880Ma±和820Ma±之间的全球普遍的沉积间断期，归因于地幔柱诱发的地壳蚀顶作用，其直接导致了罗迪尼亚超大陆的分裂。

825Ma±超级地幔柱事件和随后的大陆裂解，历时25Ma±的时间，期间有另一个较弱的岩浆活动高峰出现在800Ma±。似乎790±5Ma的地幔柱/大陆裂谷岩浆活动中存在一个全球性的间断，但是另一个超级地幔柱出现在780Ma±，最好的例子是劳伦古大陆西部的Gunbarrel事件和华南的康定事件。同期，罗迪尼亚超大陆已经从北极地区漂移出来。印度可能已经从罗迪尼亚超大陆分离。825Ma±后，罗迪尼亚发生了快速旋转，被解释为与高纬度超级地幔柱的出现有关的真极移（真正的极移，TPW）事件。TPW事件的旋转轴刚好在格陵兰东部，接近于斯堪的纳维亚和苏格兰，这两个地方的845Ma±和870Ma±的双峰式侵入活动的出现，可解释为罗迪尼亚解体的开始。可能这些岩浆事件表明了地幔柱顶峰的到来。

罗迪尼亚超级地幔柱的形成机制和古地磁数据表明，位于其上的超级地幔柱和罗迪尼亚可能在820—800Ma±和780—750Ma±期间从高纬位置移到了近赤道的位置，说明整个地幔的对流主要是由俯冲机制驱动的，这时罗迪尼亚开始了裂解。

在720Ma±时，澳大利亚—南极洲和华南很可能被广阔的海洋彼此分离。甚至卡拉哈里和西伯利亚在这个时间也可能已经开始与劳伦古大陆分离。北半部为冈瓦纳大陆，包括南极大陆、澳洲、印度、阿拉伯，以及华北、华南等，向北运动的同时逆时针旋转，穿越北极（参见图1-1）。

3. 潘基亚超大陆的会聚（志留纪—二叠纪）

伴随着罗迪尼亚超级大陆的解体，劳伦古大陆周围的地块和从劳伦古大陆裂离出的地块，随后与地球另一边的陆块相撞拼合，一起形成冈瓦纳大陆。在540—530Ma±期间，冈瓦纳古大陆通过莫桑比克洋的闭合最终合并。寒武纪时冈瓦纳大陆发生了逆时针的旋转（参见图2-3），而到了奥陶纪460Ma±时则转为顺时针的旋转（参见图1-2）。这种旋转方向的调整伴随着东冈瓦纳边缘发生了岩浆弧的后退，导致了沿古太平洋新的边缘海的张开。志留纪时（参见图2-4），冈瓦纳大陆绕着澳大利亚附近的一个轴发生了明显的顺时针旋转，到早泥盆世，古南极不在南美地块的最南点上。志留纪时冈瓦纳大陆的顺时针旋转可以解释冈瓦纳大陆与其邻近地块的横向位移。晚泥盆世至早石炭世，古南极移到非洲中部，打开了位于低纬度地区的冈瓦纳北西和劳伦大陆之间的莱茵洋。泥盆纪期间，原来是冈瓦纳西北部的阿莫里卡从冈瓦纳古陆分开，漂移到南纬高纬度地区（参见图2-5）。早泥盆世，华北和华南仍未完全与冈瓦纳古陆分开。至晚泥盆世，淡水鱼生物群类的相似性表明华南与华北才与东冈瓦纳相连。冈瓦纳与西伯利亚和哈萨克斯坦南部边缘的会聚较复杂，可能有若干个同时代的俯冲带存在。这个时段的冈瓦纳古陆以逆时针旋转为主，因此与邻近地块可能发生右行的剪切运动。早石炭世与晚泥盆世的构架总体相似。海西早期，冈瓦纳古陆开始快速地跨过南极。至320—310Ma±时，冈瓦纳与劳亚大陆碰撞形成了超大陆潘基亚超大陆。

晚二叠世（260Ma±），以潘基亚超大陆的存在为全球古地理特征（参见图2-6）。华北、华南和印支地块位于低纬度，而占据高纬度地区的则是冈瓦纳古陆。辛梅利亚大陆，其有一部分由土耳其、伊朗和西藏等地块构成。辛梅利亚大陆作为冈瓦纳古陆中的一个原始大陆，位于印度和阿拉伯大陆的北方，而位于辛梅利亚大陆北部的则为古特提斯洋。

4. 潘基亚超大陆的裂解及后续演化（三叠纪至今）

从晚古生代（260Ma±）开始，原特提斯洋的扩张，发生了一系列的构造运动。

中三叠世（240Ma±），西伯利亚和哈萨克斯坦与欧洲大陆碰撞拼合，形成了乌拉尔造山带。此时，特提斯洋正在扩张，辛梅利亚大陆位于冈瓦纳古陆和欧洲大陆之间（参见图2-7）。但伊朗的古地磁数据表明，当时伊朗已经与欧洲大陆拼合。华南和印支地块位于赤道附近，华北地块则北向漂移至北纬中纬度地区。早侏罗世时，特提斯洋完全形成。

当时的华南地块和华北地块没有拼合，位于欧洲大陆南缘。华北地块与西伯利亚地块被阿穆尔海域分隔。

冈瓦纳大陆开始裂解始于中侏罗世（160Ma±）。冈瓦纳大陆东部（南极洲、澳大利亚、印度和马达加斯加）以顺时针旋转的方式离开冈瓦纳大陆西部（非洲、阿拉伯和南美）（130Ma±），并裂解成4个大陆板块：南美、非洲—阿拉伯、印度—马达加斯加、澳大利亚—南极洲。印度—马达加斯加顺时针旋转远离非洲，直到119Ma±时期才停止。此时，非洲和马达加斯加之间的海底扩张停止。这时的印度和澳大利亚—南极洲之间的印度洋宽约800km。西伯利亚和哈萨克斯坦则位于高纬度但靠近欧洲大陆。

在中侏罗世至晚侏罗世（170—150Ma±），非洲板块与北美板块分离，潘基亚超大陆完全解体（参见图2-8）。冈瓦纳古陆的解体大致在160Ma±，这时南极洲（与大印度地块一道）与非洲板块分离。130Ma±北美板块与伊比利亚地块和南美板块分离后，与非洲板块分离。冈瓦纳古陆的东部（包括大印度板块、马达加斯加地块、南极洲板块和澳大利亚板块）首先向南漂移，与非洲板块分离。然后，在130Ma±时，大印度板块和马达加斯加地块与南极洲板块分离，并向北漂移。至晚白垩世早期（90Ma±），构成现代欧亚板块的主要地块，开始碰撞拼合，并发育了狭窄的北大西洋和南大西洋。

早白垩世期间，南大西洋和印度洋的海底扩张以相当缓慢的速率继续。在这个间隔期间，在印度和马达加斯加之间，沿着这两个大陆块体直线形的东部边缘，可能存在一些相对的平移运动（参见图2-9）。右旋的平移运动也可能已经沿着澳大利亚的东南海岸发生，相对澳大利亚，Lord Howe Rise和部分新西兰向西南方移动。与此运动有关的早白垩世地壳伸展沿着澳大利亚边缘、纳尔逊和新西兰的峡湾地区发生。印度洋的海底扩张速率在95Ma±发生了一次重要的改变，即在长期的白垩纪正极性期间，印度开始从中南纬向北迅速旋转，在澳大利亚和南极洲之间开始了缓慢的海底扩张。此时，非洲、南美、澳大利亚、南极洲和印度—马达加斯加是各自独立的大陆板块，虽然在南美和南极洲之间通过南极半岛仍存在陆地连接，澳大利亚和南极洲之间通过塔斯马尼亚也有连接（参见图2-9）。因为Lord Howe Rise（包括新西兰）相对澳大利亚作东北向的旋转，塔斯曼海在85Ma±时也开始打开。

到了晚白垩世（80Ma±），大印度板块与马达加斯加地块分离。马达加斯加与印度的界线几乎是直线，可能表明它与印度的分离是通过左行走滑开始，随着大印度板块迅速往北漂移而分离（参见图1-4），至此，特提斯洋最终消失。虽然澳大利亚板块与南极洲板块在90Ma±时开始分离，由于分离速率很低，于70Ma±时，它们间还比较靠近。格陵兰和北美之间的拉布拉多（Labrador）海于90Ma±开始形成，至60Ma±时仍为一个窄小的海域。南大西洋持续扩张，这时南美和非洲完全分离。直至60Ma±时，欧洲与格陵兰之间的北大西洋才开始形成。

到55Ma±，印度开始和欧亚大陆碰撞，而塔斯曼海已完全打开。印度和澳大利亚之间的海底扩张在中始新世已经停止，一个新的扩张脊从阿拉伯东部的Owen Fracture地区延伸进入澳大利亚和南极洲之间的南大洋（南极海），然后与成熟的东太平洋海隆连接。澳大利亚和南极洲之间海底扩张的现代模式就是在这个时候开始的，但直到渐新世，沿着塔斯马尼亚和北维多利亚之间的转换断层发生的位移足够让这两个大陆板块分离时，澳大利亚才完全失去与南极洲的陆地连接。

在白垩纪大部分时间里，澳大利亚和南极洲都处在南纬的中高纬度地区。45Ma±左右，当南大洋（南极海）的海底扩张速率从每年几毫米提高到每年几厘米时，澳大利亚开始向北旋转，而南极洲仍处在南纬的高纬度地区。

90—80Ma±期间，印度洋扩张开始，印度板块快速地滑移离开马达加斯加。非洲板块减速向北东向漂移和向特提斯海槽俯冲可能导致马达加斯加和印度的分离，90—88Ma±期间形成了印度洋中脊。

到渐新世（50—30Ma±），大印度板块与亚洲板块碰撞，印度板块俯冲于欧亚板块之下，导致喜马拉雅造山带的形成。南极洲板块和澳大利亚板块的分离仍在进行中，印度洋完全形成。渐新世期间，由于欧亚大陆的顺时针旋转和北美大陆的逆时针旋转，使得欧洲和格陵兰间的北大西洋、北美与格陵兰间的拉布拉多海继续扩张。

在中新世早期（25—20Ma±），澳大利亚继续向北漂移，穿过位于巴布亚新几内亚边缘的火山岛弧的界线和俯冲带，这个俯冲带自东南亚的Sundaland板块向东延伸。中新世早期（25—20Ma±）也是红海开始海底扩张的时间，因为阿拉伯板块相对非洲作缓慢的逆时针旋转。这个时间与喜马拉雅山脉的抬升时间一致，还与印度主要俯冲带形成的开始时间一致，该俯冲带位于西藏之下，沿着中央逆冲带近东西向展布。在更靠近澳大利亚的地方，新西兰的阿尔卑斯断层在28—24Ma±或15Ma±的时候形成。

在中新世（20—15Ma±），由于欧亚大陆受印度板块继续向北及北北东方向推挤，欧亚大陆向东位移，太平洋板块向西扩张俯冲，大陆东部岩石圈由扩张转为挤压，形成沟弧盆体系，在西太平洋出现一系列边缘海，形成了现代板块轮廓（参见图1-5）。

第三节 全球原型盆地分布及演化

盆地的形成与演化受控于全球板块构造演化，不同构造背景的板块构造单元决定盆地的性质和盆地油气资源潜力。在全球板块构造演化的不同阶段形成了以地球动力学为基础、分属于张、压、剪及垂直应力背景的原型盆地。在全球板块构造发展演化过程中，沉积盆地呈阶段性并且有世代的演化，如裂谷盆地接受沉降转变为被动陆缘盆地，被动陆缘盆地受洋壳和岛弧俯冲影响演化为弧后盆地，经碰撞造山后转变为前陆盆地等，而现今构造背景下的盆地构造沉降单元必然包容了历史上众多的、由不同沉降结构所组成的盆地。盆地在纵向上所具有的不同层次的系统，在横向上呈现多种形式的结构，决定了盆地生储盖组合上的多样性和盆地不同部位油气聚集条件的差异性。

一、原型盆地概念与分类

盆地"原型"（Proto-type）这一术语最早由Klemme[19]提出，他认为不同时代的原始沉积组合有不同的构造形式。国外许多学者已经利用这种观点对盆地进行分析，从Klemme[19]开始，先后有Dickinson、Bally、Kingston、Busby等对全球主要盆地进行了研究和类型划分[18, 20]。在国内，张文佑（1984）、朱夏（1986）、田在艺（1987）、童崇光（1989）、赵重远（1990）、李国玉（1995）、彭作林（1995）、李德生（2002）、罗志立（2002）、陆克政（2003）等先后从盆地形成和演化的阶段性、盆地成因、盆地结构的复杂性、板块运动性质等方面对中国的沉积盆地或含油气盆地进行了分类。

Dickinson（1974）的分类依据盆地相对岩石圈基底类型的位置、地壳类型、盆地相对板块边界的类型划分出5种[20]：洋盆、裂谷、大陆边缘、弧沟体系、缝合带、陆内盆地。Bally等（1980）的分类方案主要强调盆地与缝合带、岩石圈的刚性程度、板块边缘类型、B型俯冲带和A型俯冲带的关系[18]。板块构造学理论将盆地划分为：伸展型盆地、会聚型盆地和转换伸展型盆地。本书从含油气盆地构造类型出发，将含油气盆地划分为6种类型：裂谷盆地，被动陆缘盆地，克拉通内盆地，弧前盆地，弧后盆地，前陆盆地。并在全球古板块构造格局重建的基础上，分析了前寒武纪晚期以来全球13个主要地质时期（前寒武纪、寒武纪、奥陶纪、志留纪、泥盆纪、石炭纪、二叠纪、三叠纪、侏罗纪、早白垩世、晚白垩世、始新世、中新世）原型盆地的形成和演化规律。

二、古板块演化对原型盆地的控制作用

大陆漂移说、海底扩张说和板块构造学以及威尔逊旋回等理论为我们研究全球沉积盆地演化特征提供了理论依据。大洋的形成、发展到关闭造山的过程是岩石圈板块的分离和会聚运动的直接表现。地质历史时期内大洋张开和关闭的旋回运动导致全球各板块大地构造环境的转变，并导致大陆、洋底和过渡带不同类型的沉积盆地的形成，造成了不同地质历史时期内，不同板块位置的构造、沉积特征的差异。

在地质历史过程中，盆地的形成与全球古板块构造格局密切相关，其类型、位置都随着板块的运动而不断地发生变化。因此，原型盆地研究必然以构造分析为主线，构造环境是所有沉积盆地在演化过程中最根本的控制因素，不同时期全球古板块构造格局及同时期所形成盆地所处的大地构造背景严格控制着盆地的类型、几何形态、盆地内部沉积构造特征及其油气分布规律。对全球发育的468个盆地不同地质时期盆地类型统计分析（表2-1，图2-12），可知晚前寒武纪以来的两个构造旋回罗迪尼亚大陆裂解—潘基亚超大陆聚敛旋回和潘基亚超大陆裂解、特提斯、大西洋张开—新特提斯、太平洋收缩旋回对全球古板块构造格局及原型盆地的发育特征和演化规律具有严格的控制作用。全球绝大多数的盆地形成于三叠纪以后潘基亚超大陆解体—新特提斯、太平洋收缩旋回。

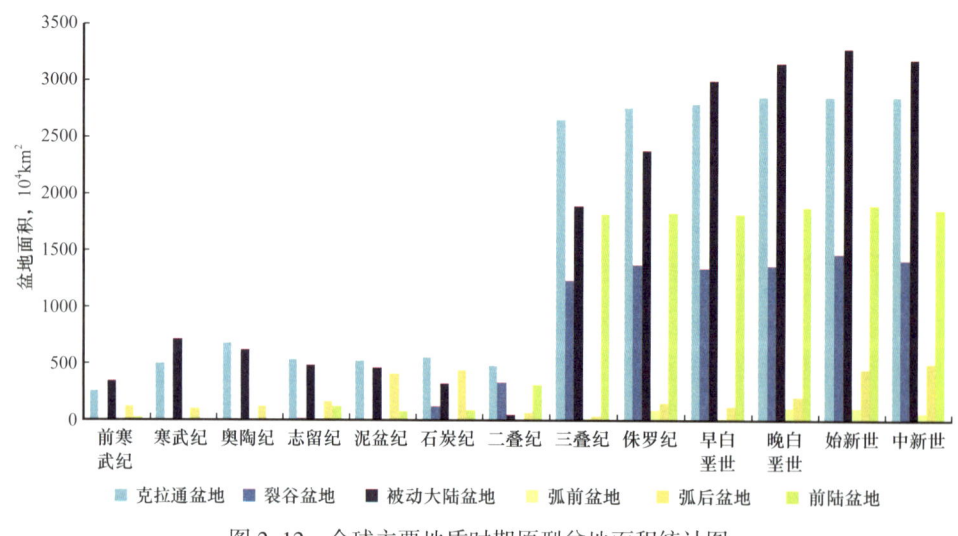

图2-12 全球主要地质时期原型盆地面积统计图

表 2-1　全球 468 个主要盆地不同地质时期盆地原型统计表

地质年代			克拉通盆地		裂谷盆地		被动大陆盆地		弧前盆地		弧后盆地		前陆盆地		合计	
距今 Ma	纪（世）		面积 km²	个数	面积 km²	个数	面积 km²	个数	面积 km²	个数	面积 km²	个数	面积 km²	个数	面积 km²	个数
15	中新世		28554572	57	14148773	79	31888075	122	603935.1	16	5027561	46	18620911	121	98843827.1	384
40	始新世		28554572	57	14670700	83	32829657	123	1067771	17	4487205	43	18998909	121	100608814	387
90	晚白垩世		28554572	57	13602929	76	31542807	115	1073960	15	2008111	24	18780693	119	95563072	349
125	早白垩世		27934942	56	13371205	74	29891104	106	145513.7	7	1191583	16	18169083	115	90703430.7	318
165	侏罗纪		27599310	56	13662884	75	23742316	91	913741.5	18	1498953	18	18206752	117	85623956.5	311
220	三叠纪		26508941	54	12327680	71	18939641	85	157209.4	10	370948.8	9	18171063	115	76475483.2	283
270	二叠纪		4803066	59	3320317	27	466489.9	13		3	643851.7	10	3133369	42	12367093.6	92
350	石炭纪		5580055	58	1196789	12	3210856	39			4412962	54	911965.6	8	15312627.6	113
390	泥盆纪		5232074	34			4600547	65			4046691	40	758783.2	8	14638095.2	113
430	志留纪		5272716	43	88239.1	2	4793983	65			1582335	20	1128936	6	12866209.1	93
480	奥陶纪		6798150	61			6187209	80			1154232	9			14139591	89
510	寒武纪		5006656	39			7070108	92			941449.9	5			13018213.9	97
630	前寒武纪		2566975	20	24332.4	3	3374207	27			1138326	14	237528.6	2	7341369	46

— 47 —

1. 罗迪尼亚大陆裂解—潘基亚超大陆聚敛旋回

罗迪尼亚泛大陆为存在于距今 10.5 亿—7 亿年前的古大陆，在 8.2 亿年前，伴随着泛大洋（Panthalassic Ocean）的打开而分裂为若干陆块。在 6 亿年前，由罗迪尼亚大陆裂解而形成的古陆块刚果克拉通、劳伦古陆与原冈瓦纳大陆，三者聚合成潘诺西亚大陆；在 5.4 亿年前，潘诺西亚大陆分裂成四个大陆：劳伦大陆、波罗的大陆、西伯利亚大陆、冈瓦纳大陆。劳伦、波罗的和西伯利亚古陆之间出现新的大洋巨神海（Iapetus Ocean），而古地中海则隔开了冈瓦纳大陆和劳伦、波罗的、西伯利亚大陆。自晚奥陶世开始，全球大陆、地体之间再次持续发生碰撞，一直到晚二叠世和早三叠世，形成了新的全球性的超大陆——潘基亚超大陆。

（1）罗迪尼亚大陆的裂解、分离，对克拉通盆地、被动陆缘盆地发育的控制。

罗迪尼亚大陆可能在 820—800Ma± 和 780—750Ma± 期间开始了裂解。在 820Ma± 时，澳大利亚—南极洲和华南很可能被广阔的海洋彼此分离。甚至卡拉哈里、华北和西伯利亚在这个时间也可能已经开始与劳伦古大陆分离。而波罗的到 600Ma± 才从劳伦古大陆分离。亚马孙地块很可能到 570Ma± 才从劳伦古大陆分离。罗迪尼亚超大陆裂解的构造背景及该背景下劳伦大陆的存在，这一时期从 820—800Ma± 持续到 570Ma±，受该构造背景控制前寒武纪时期全球主要发育克拉通盆地、被动陆缘盆地（图 2-12，图 2-13）。

劳伦、波罗的和西伯利亚板块从超大陆分离，板块边缘分布被动陆缘盆地。其他主要陆块组成冈瓦纳大陆。在北美东缘（现今方位）和波罗的之间发育裂谷盆地。克拉通盆地主要发育于西伯利亚、澳大利亚、非洲、南美的内部。因为这个时期没有大的造山运动，所以前陆盆地发育极少（图 2-12，图 2-13）。

（2）冈瓦纳大陆的形成，对前陆盆地发育的控制。

到 600Ma± 冈瓦纳大陆西部基本上连在一起，而澳大利亚—南极洲、印度、撒哈拉、刚果和卡拉哈里之间仍然存在大洋。到 550Ma±，根据平贾拉（Pinjarra）造山带左旋走滑运动的记录，印度已经漂移到冈瓦纳大陆澳大利亚西边的位置。卡拉哈里地块开始与刚果地块和里约热内卢地块碰撞，于是接近新元古代它们之间的 AdaMastor 洋闭合。在 540-530Ma± 期间，冈瓦纳古大陆通过莫桑比克洋（新元古代晚期罗迪尼亚大陆开裂后位于东、西冈瓦纳之间的大洋）的闭合最终合并，造成东非造山带的马尔加什（Malagasy）造山作用和沿着平贾拉造山带发生的印度与澳大利亚—东南极洲最终对接，最终冈瓦纳大陆形成。冈瓦纳大陆的形成控制了全球前寒武纪—寒武纪时期弧后盆地及前陆盆地的发育（图 2-12 至图 2-14）。

（3）冈瓦纳大陆的漂移及潘基亚超大陆的形成对古生代时期被动陆缘盆地和弧后盆地、前陆盆地共同发育的控制。

早寒武世时东冈瓦纳大陆位于低纬度地带，这时，塔里木地块从辛梅利亚地块分裂出来，而西伯利亚和劳伦古陆东部的其他地块，可能还包含亚马孙地块与劳伦古陆分离，华北可能与华南在古太平洋会聚，古太平洋沿南极边缘开始俯冲，前者导致了在冈瓦纳大陆边缘被动陆缘盆地的形成，后者控制了澳大利亚及南极地区弧后盆地的形成。

奥陶纪，全球陆块拉张环境中，劳伦和波罗的、冈瓦纳之间的古大西洋（巨神海）形成，西伯利亚、波罗的和冈瓦纳之间的原特提斯洋扩大，使全球海平面上升。被动陆缘盆地广泛分布在克拉通盆地的周围大陆边缘地区。劳伦、西伯利亚周缘，波罗的、南美西

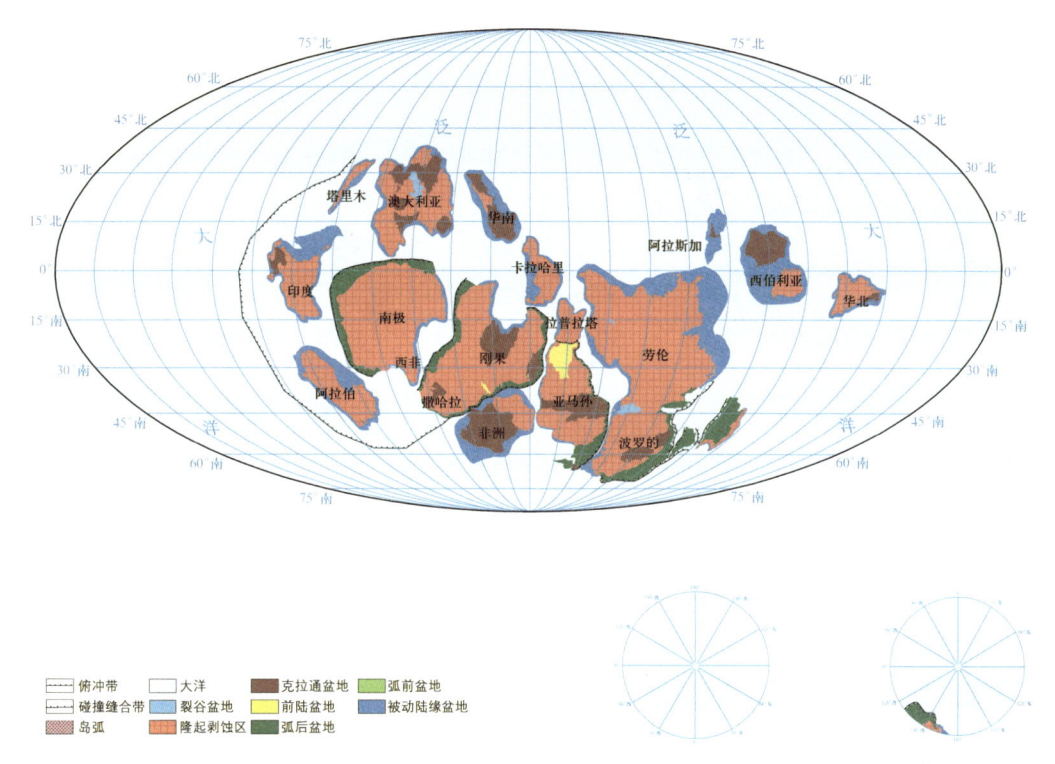

第二章 全球古板块演化与原型盆地

图 2-13 前寒武纪（630Ma±）原型盆地分布图（古位置，Mollweide 投影）[1]

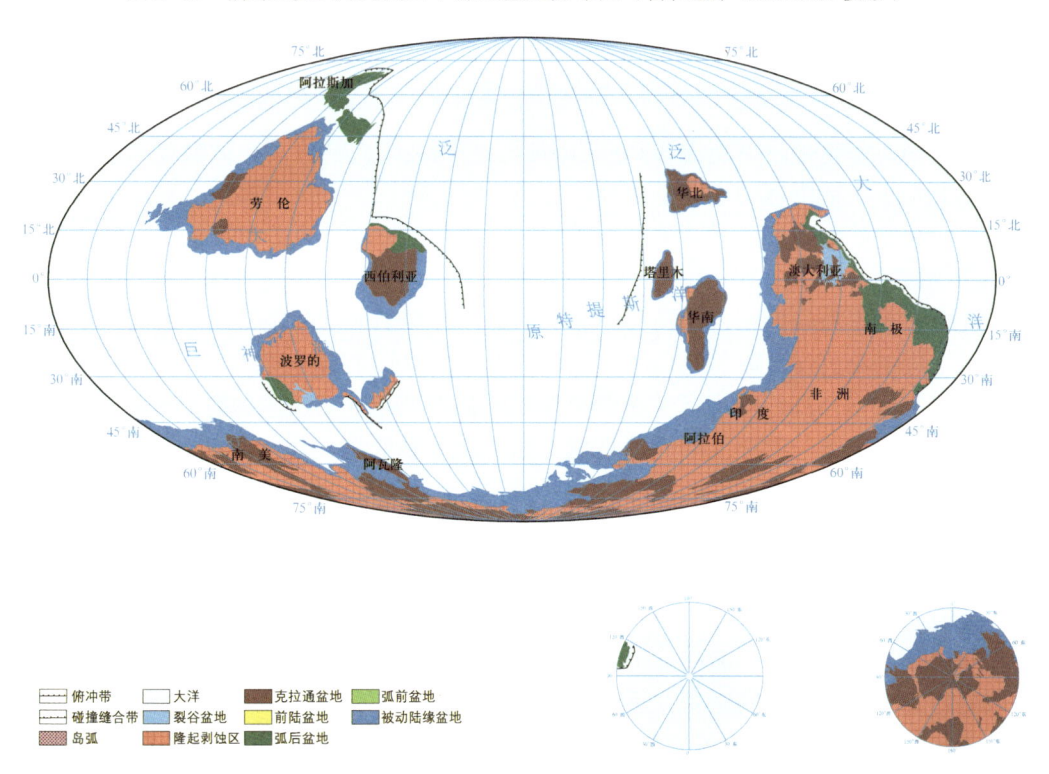

图 2-14 寒武纪（510Ma±）原型盆地分布图（古位置，Mollweide 投影）

---

[1] 本章图 2-13 至图 2-37 均为国家科技重大专项、中国石油重大科技专项"全球油气资源评价"研究成果。

缘、阿拉伯、印度、非洲北缘，澳大利亚东缘以及华北、华南周缘都发育被动陆缘盆地。南极板块北侧和劳伦东侧有岛弧俯冲发育弧后盆地（图2-15）。

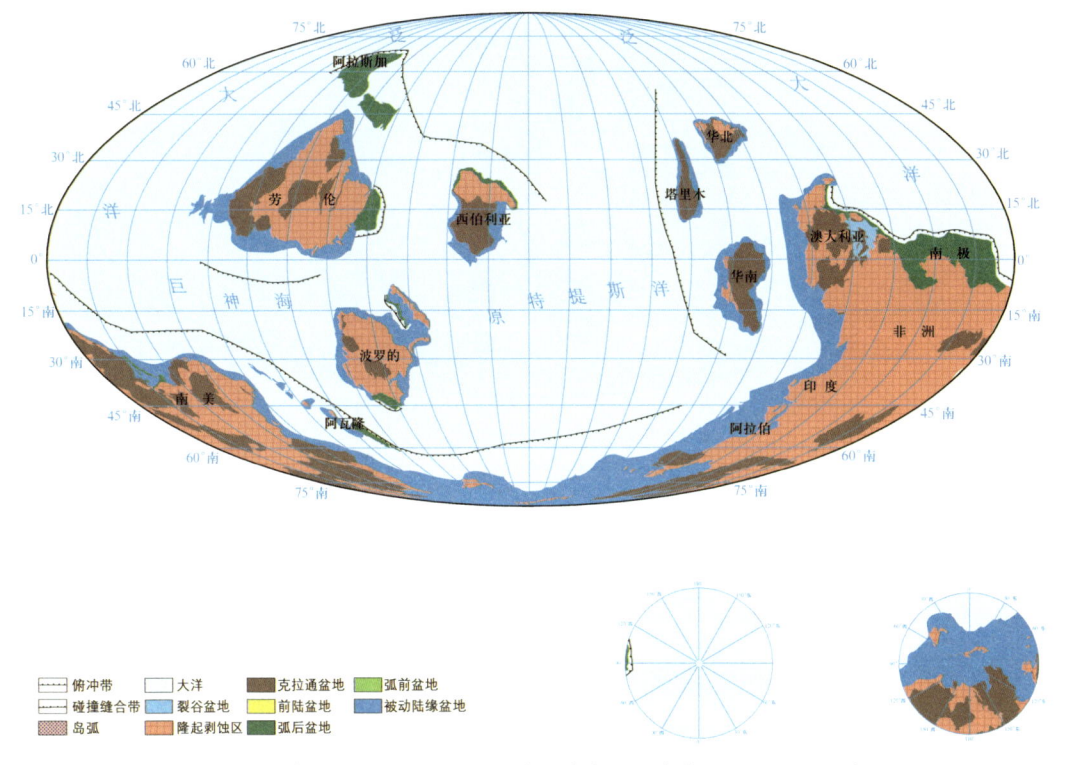

图2-15 奥陶纪（480Ma±）原型盆地分布图（古位置，Mollweide投影）

志留纪时，华南地块可能漂移到赤道附近，与冈瓦纳大陆分离。而晚奥陶世—志留纪华南和华北加里东造山运动可能是由旋转的冈瓦纳大陆板块边缘引起的。在加里东造山带周围发育大量前陆盆地。此时劳伦东南塔康岛弧拼贴，形成塔康造山带，周围发育前陆盆地（图2-16）。

晚泥盆世到早石炭世，古南极移到非洲中部，打开了位于低纬度地区的冈瓦纳北西和劳俄大陆之间的莱茵洋。泥盆纪期间，原来位于冈瓦纳西北部的阿莫里卡地块从冈瓦纳古陆分开，漂移到南纬高纬度地区。海西早期，冈瓦纳古陆开始快速地跨过南极。至320—310Ma±时，冈瓦纳与劳亚大陆碰撞形成了超大陆潘基亚超大陆。晚石炭世（300Ma±），冈瓦纳古陆和劳俄古陆之间的莱茵（Rheic）海闭合，潘基亚古陆开始形成。伴随着潘基亚超大陆形成，弧—陆、陆—陆碰撞和造山带的形成，弧后盆地、前陆盆地开始发育（图2-12，图2-17，图2-18）。

正是基于奥陶纪—石炭纪由拉张环境向挤压环境的过渡，该时期全球盆地类型体现出被动陆缘盆地和弧后盆地、前陆盆地共同发育的特点，并且从奥陶纪之后，之前以拉张型的被动陆缘盆地发育为主的格局，逐渐过渡为以挤压型的弧后盆地和前陆盆地为主。

2. 中生代潘基亚超大陆裂解、特提斯、大西洋张开—新生代新特提斯、太平洋收缩旋回

（1）中生代潘基亚超大陆裂解，特提斯、大西洋张开对全球裂谷盆地、被动陆缘盆地发育的控制。

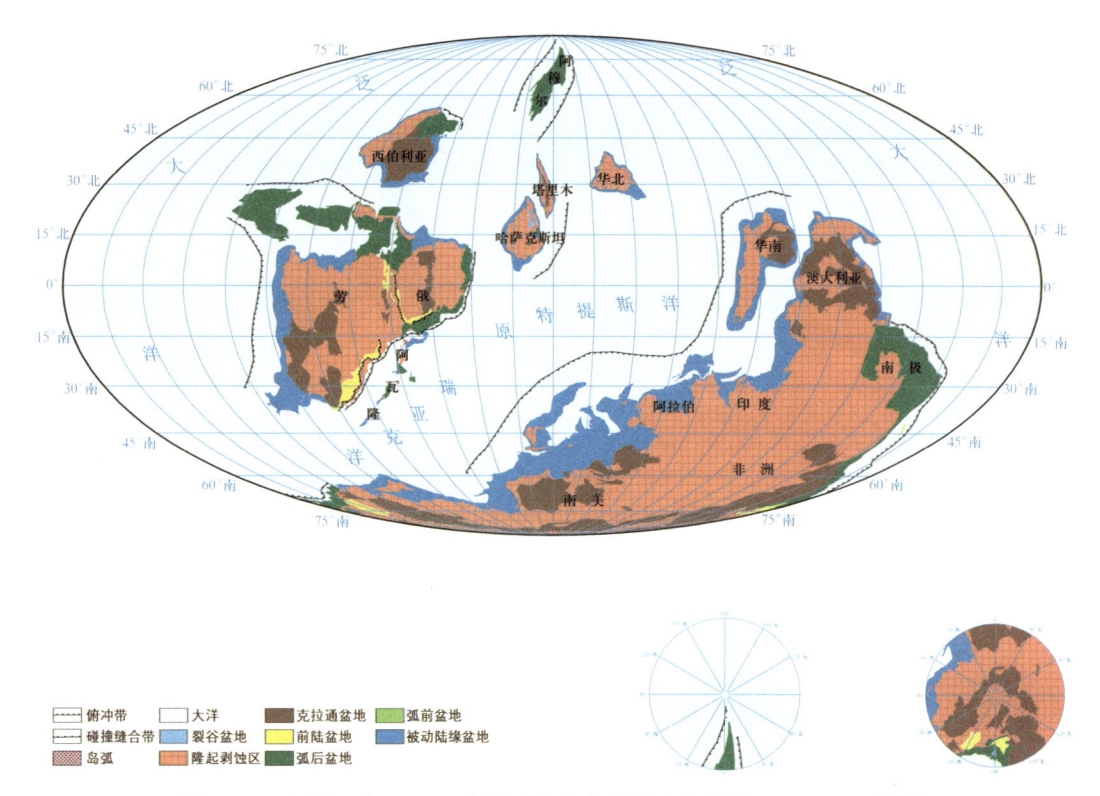

图 2-16 志留纪（430Ma±）原型盆地分布图（古位置，Mollweide 投影）

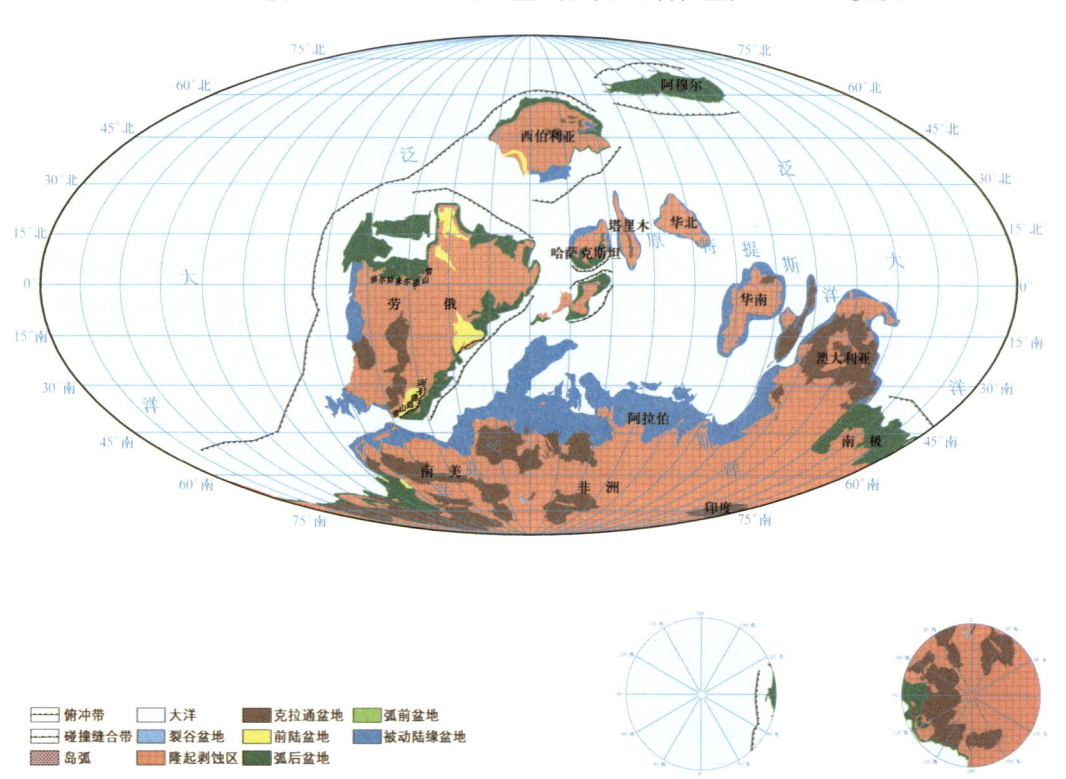

图 2-17 泥盆纪（390Ma±）原型盆地分布图（古位置，Mollweide 投影）

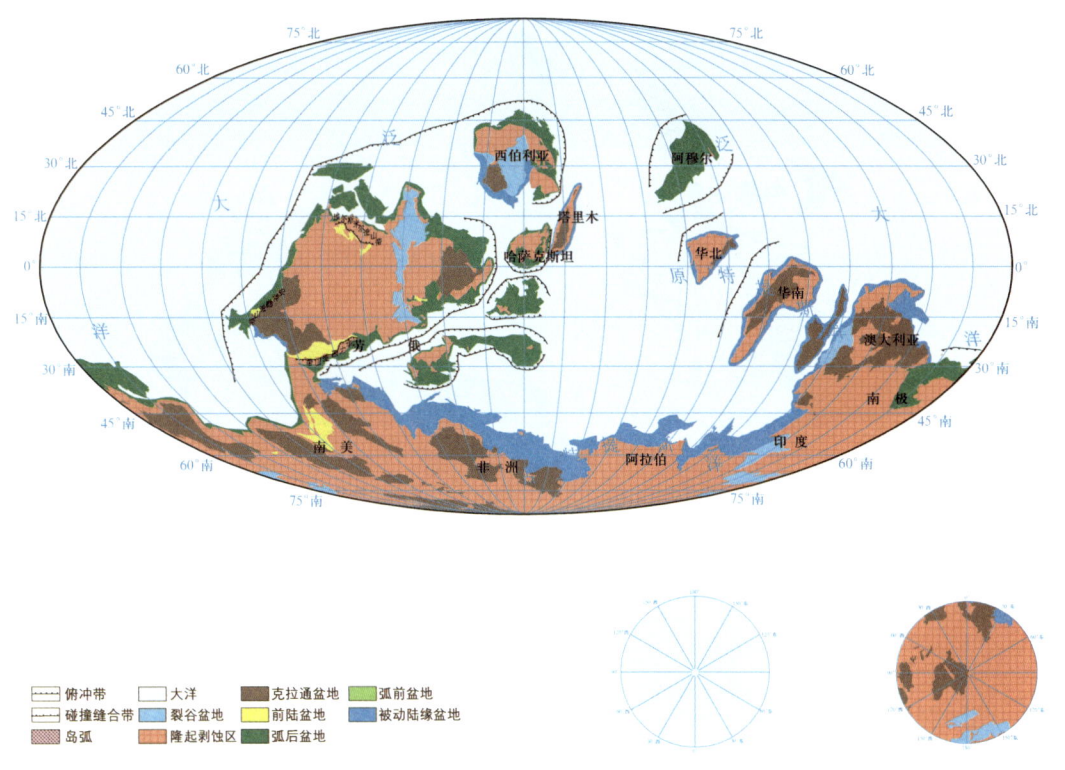

图 2-18　石炭纪（350Ma±）原型盆地分布图（古位置，Mollweide 投影）

从晚古生代（260Ma±）始，辛梅利亚大陆从冈瓦纳古陆分离，晚三叠世拉萨地块、晚侏罗世缅甸地块陆续从冈瓦纳大陆的印度—澳大利亚边缘裂离，导致原特提斯洋的扩开。在辛梅利亚陆块的周围及印度和阿拉伯的东侧发育的被动陆缘盆地呈扩大趋势（图 2-19，图 2-20）。

从中侏罗世（160Ma±）冈瓦纳大陆开始裂解，冈瓦纳大陆东部（南极洲、澳大利亚、印度和马达加斯加）顺时针旋转离开冈瓦纳大陆西部（非洲、阿拉伯和南美）（130Ma±），先前的冈瓦纳大陆开始裂解成4个大陆板块：南美、非洲—阿拉伯、印度—马达加斯加、澳大利亚—南极洲。印度—马达加斯加顺时针旋转远离非洲，直到119Ma±才停止。该时期在中大西洋周围大陆边缘普遍发育被动陆缘盆地，如非洲、阿拉伯、印度北缘和欧亚大陆南缘。中侏罗世，北大西洋洋壳已经形成，北美东缘发育被动陆缘盆地。南美东南缘与非洲西南缘，非洲东缘与印度西缘和澳大利亚西缘处在拉张环境下但未出现洋壳，所以发育的还是裂谷盆地（图 2-20）。

早白垩世期间，非洲、南美、澳大利亚、南极洲和印度—马达加斯加是各自独立的大陆板块，塔斯曼海在85Ma±时也开始打开，在南美与非洲之间发育裂谷盆地，在中大西洋、北大西洋和印度洋相邻的大陆边缘由于拉张广泛发育被动陆缘盆地（图 2-21）。

到了晚白垩世，大印度板块与马达加斯加地块分离，在南美东南缘与非洲西南缘，非洲东缘与印度西缘和澳大利亚西缘北缘均发育被动陆缘盆地（图 2-22）。

总的来看，三叠纪以来，包括整个中生代，正是缘于潘基亚超大陆的裂解，全球裂谷盆地、被动陆缘盆地开始广泛发育，全球相当数量的盆地也是从此才开始发育的（图 2-12，图 2-19）。

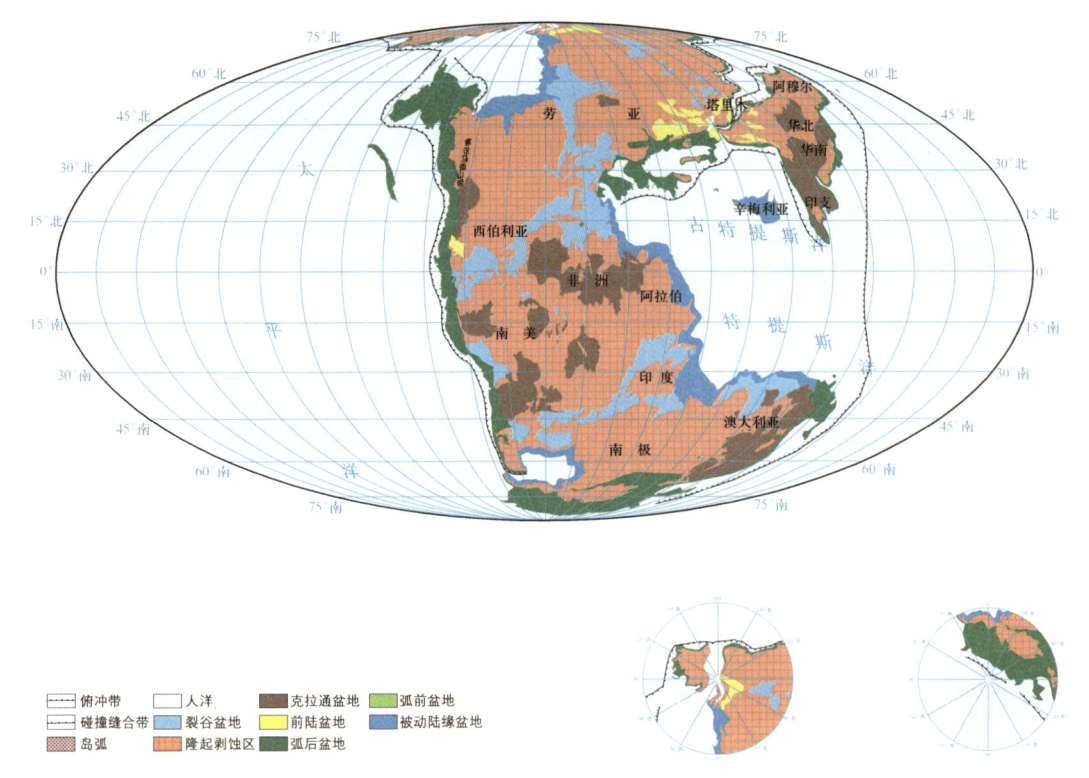

图 2-19 三叠纪（220Ma±）原型盆地分布图（古位置，Mollweide 投影）

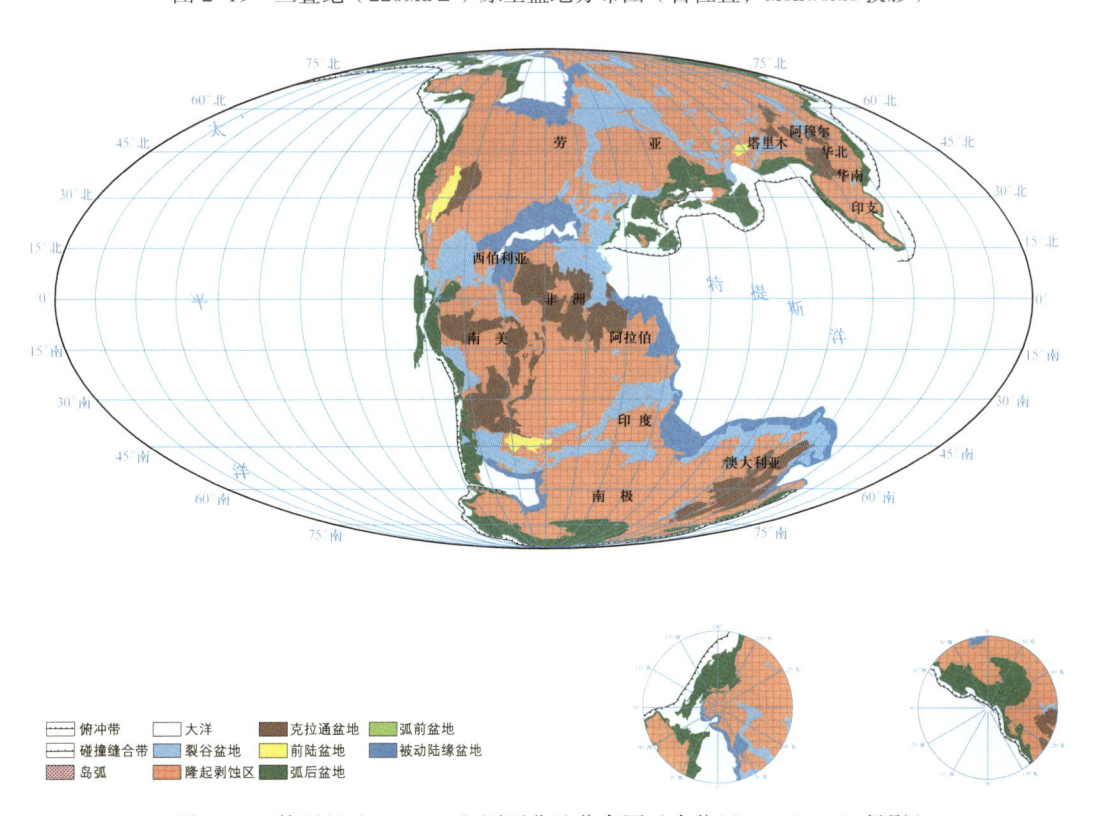

图 2-20 侏罗纪（165Ma±）原型盆地分布图（古位置，Mollweide 投影）

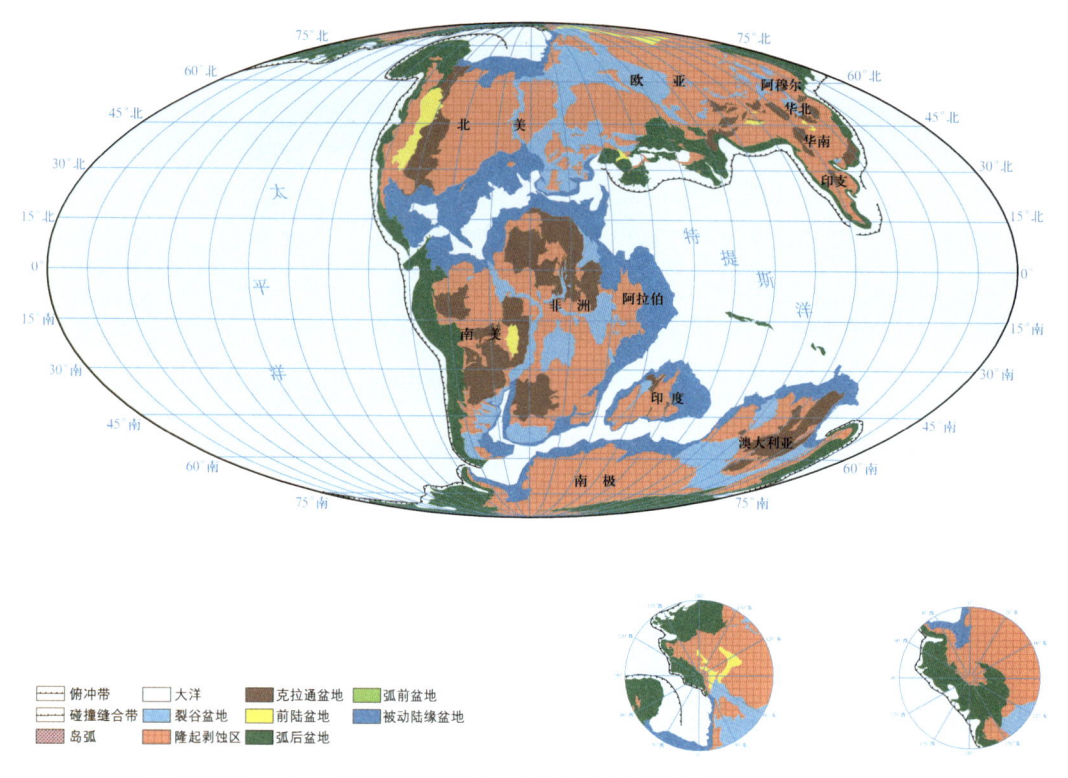

图 2-21　早白垩世（125Ma±）原型盆地分布图（古位置，Mollweide 投影）

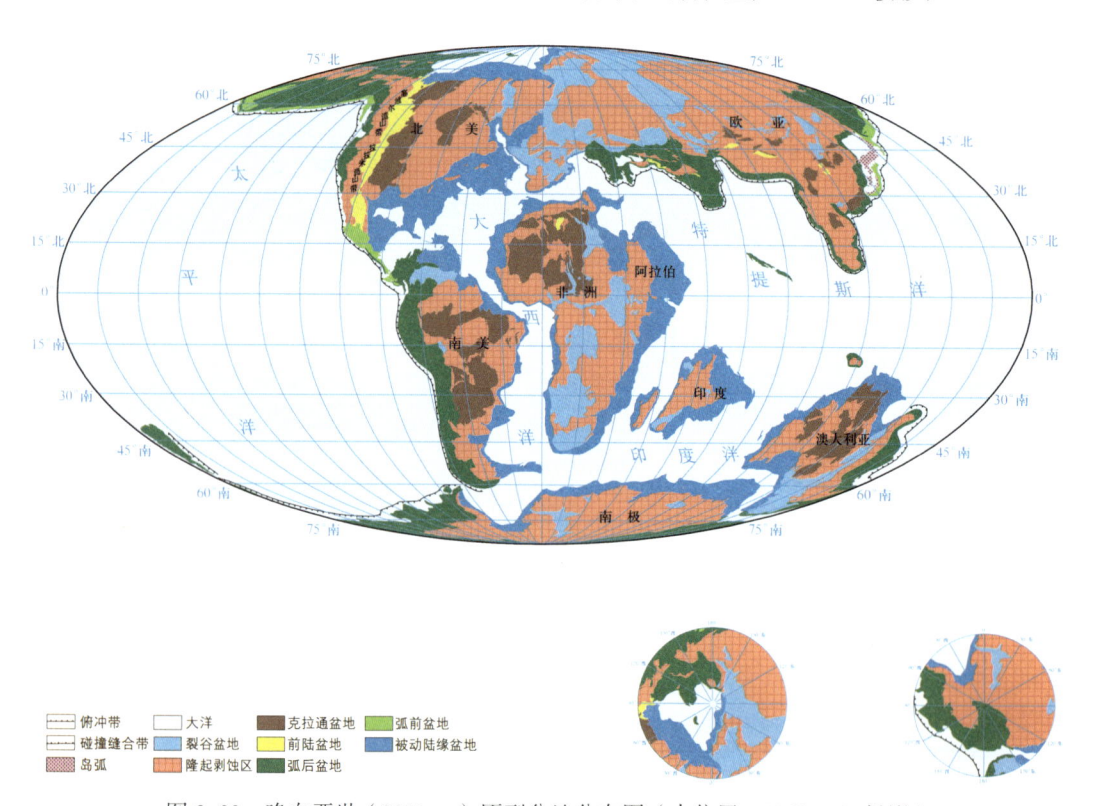

图 2-22　晚白垩世（90Ma±）原型盆地分布图（古位置，Mollweide 投影）

（2）新生代新特提斯、太平洋俯冲收缩对全球弧后盆地和前陆盆地发育的控制作用。

20世纪60年代，根据古地磁数据和新的地质资料，再造古生代末的泛大陆—潘基亚超大陆时，发现南北大陆之间存在一个向东张开的楔形海域，将这个三叠纪海域称为第一特提斯，或古特提斯洋，或永久特提斯，而把出现在冈瓦纳古陆北部，从冈瓦纳古陆分裂出的微陆块间的侏罗纪—白垩纪的深海区，如阿曼、扎格罗斯、印度和雅鲁藏布江等，称为新特提斯。白垩纪末—古近纪，特提斯洋盆最终碰撞、闭合，形成了全球最大的阿尔卑斯—喜马拉雅山链。

新生代，全球构造格局除承袭中生代时期大西洋的持续拉张外，太平洋板块的双向俯冲及由新特提斯洋俯冲削减消亡伴随的非洲、印度及阿拉伯块体和澳大利亚块体的北移为主的板块构造运动成为最主要的板块运动形式，并控制了该时期原型盆地的发育分布。新生代原型盆地发育演化与构造演化之间的关系，最主要的是体现为受新特提斯、太平洋俯冲收缩作用的影响发育了大范围的弧前、弧后盆地和前陆盆地。其中，受新特提斯俯冲或消亡控制，印度板块和欧亚板块碰撞，在欧亚大陆南缘喜马拉雅山脉及青藏高原发育弧后盆地和前陆盆地；受太平洋双向俯冲收敛控制，在南美西缘、北美西缘、欧亚大陆东部发育规模巨大的前陆盆地分布带，在澳洲东北缘发育大范围的弧后盆地和前陆盆地；受新特提斯、太平洋俯冲收缩共同影响，在东南亚、澳洲东南发育大范围的弧前盆地和弧后盆地。新生代广泛发育的前陆盆地与现今仍然活动的造山带密不可分，比如受控于科迪勒拉造山带的北美、南美西缘的前陆盆地群；东南亚地区的前陆盆地与澳大利亚向北的碰撞有关；欧亚大陆西部及南缘的新特提斯造山带附近前陆盆地也有发育（图2-23，图2-24）。

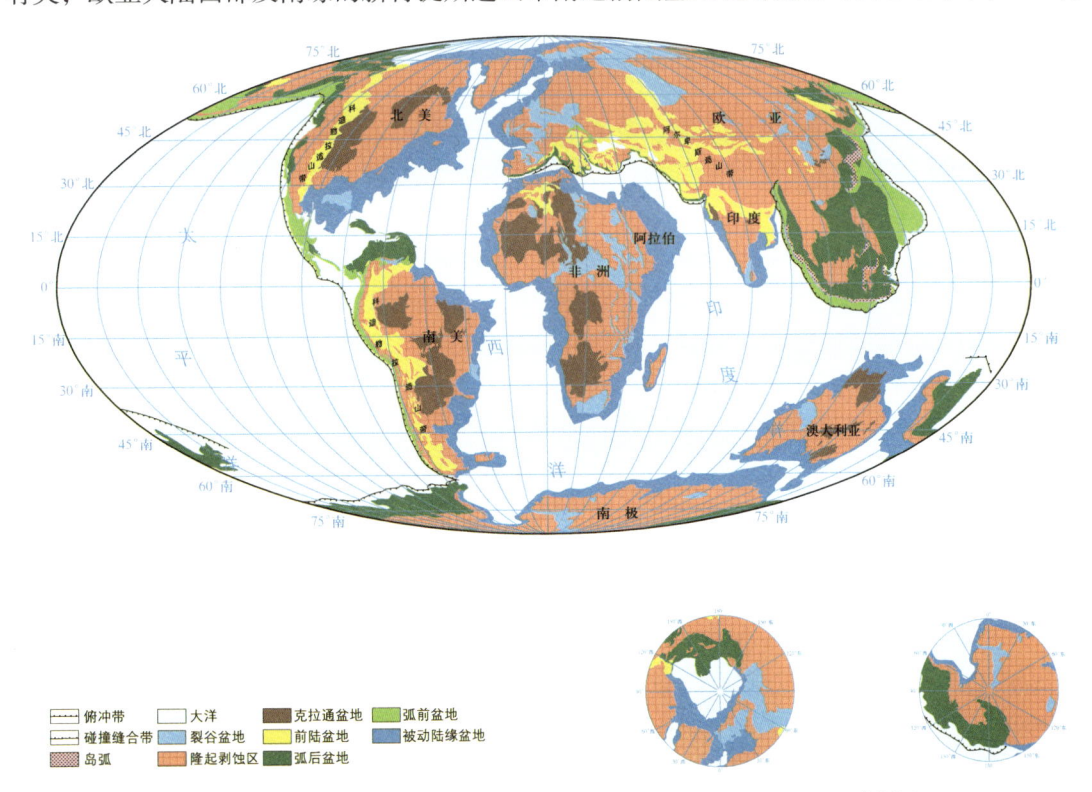

图2-23　始新世（40Ma±）原型盆地分布图（古位置，Mollweide投影）

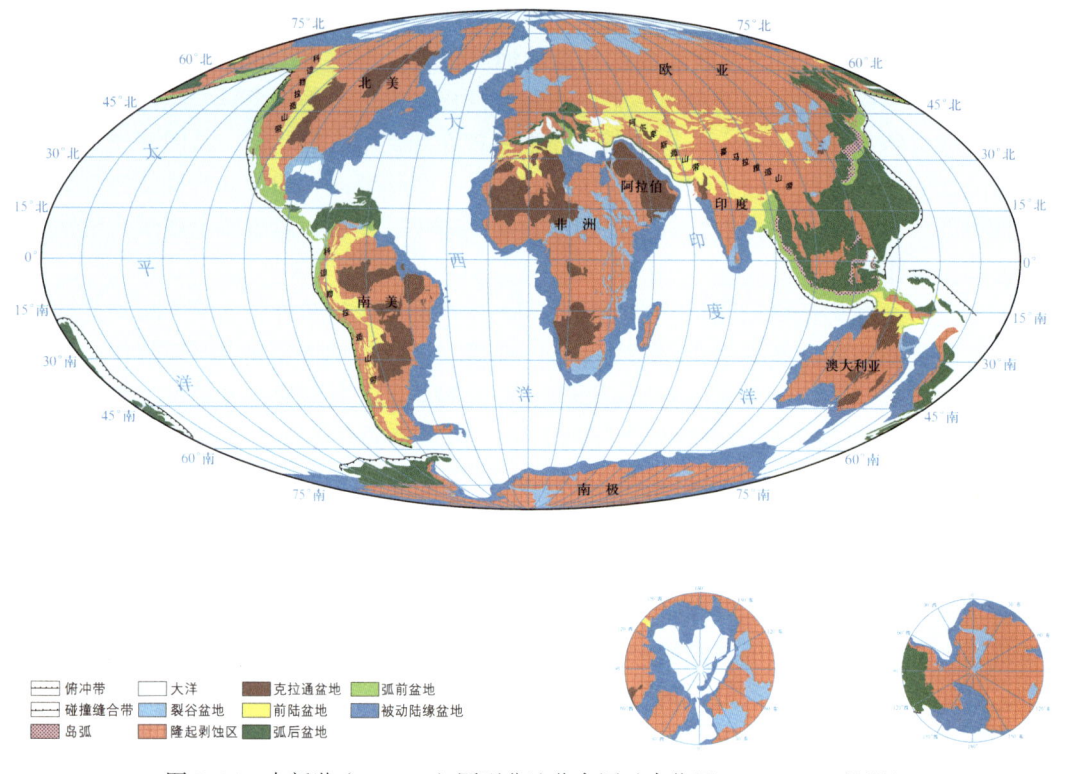

图 2-24　中新世（15Ma±）原型盆地分布图（古位置，Mollweide 投影）

三、不同时期原型盆地分布特征

晚前寒武纪以来共有罗迪尼亚、潘诺西亚和潘基亚三个超大陆，正是源于三个超大陆的聚合控制了地质历史时期原型盆地的发育演化及分布。

1. 前寒武纪

前寒武纪晚期盆地目前主要保留于前寒武纪克拉通内部，包括北美、南美、西非、澳洲中西部、东欧、西伯利亚、华北、塔里木等地，远离古生代以来的板块边界和现今板块边界。盆地类型包括：克拉通盆地、被动陆缘盆地、弧后盆地、裂谷盆地，并以克拉通盆地和被动陆缘盆地为主。

克拉通盆地，主要发育在各克拉通内部坳陷区域，是盆地内基底下陷最深的地区，范围通常较广阔，直径可达上千千米以上，之上发育新元古代—古生代的沉积地层，地层层序齐全、连续性好、厚度大，见于罗迪尼亚超大陆腹地的西伯利亚中部、澳洲中部、波罗的、华北、华南、非洲、南美等陆块；被动陆缘盆地则见于罗迪尼亚外缘的北美、西伯利亚、波罗的、巴西等板块；裂谷盆地发育在罗迪尼亚腹地北美、波罗的、西伯利亚的局部地区；少量弧后盆地主要位于欧亚大陆的北缘及西南缘（图 2-25）。主要盆地或盆地群包括：西伯利亚克拉通盆地（东西伯利亚盆地）、澳洲中部盆地群（Office, AMadeus, Georgina, McArthur, Polada 盆地）、北非（利比亚盆地、阿尔及利亚盆地）、阿拉伯（南阿曼盆地）、印度板块 [South Punjab (Bikner-Nagaur) 盆地]、北美中部（密执安盆地、阿巴拉契亚盆地、艾伯塔盆地）、南美（阿根廷—玻利维亚—巴拉圭盆地）。

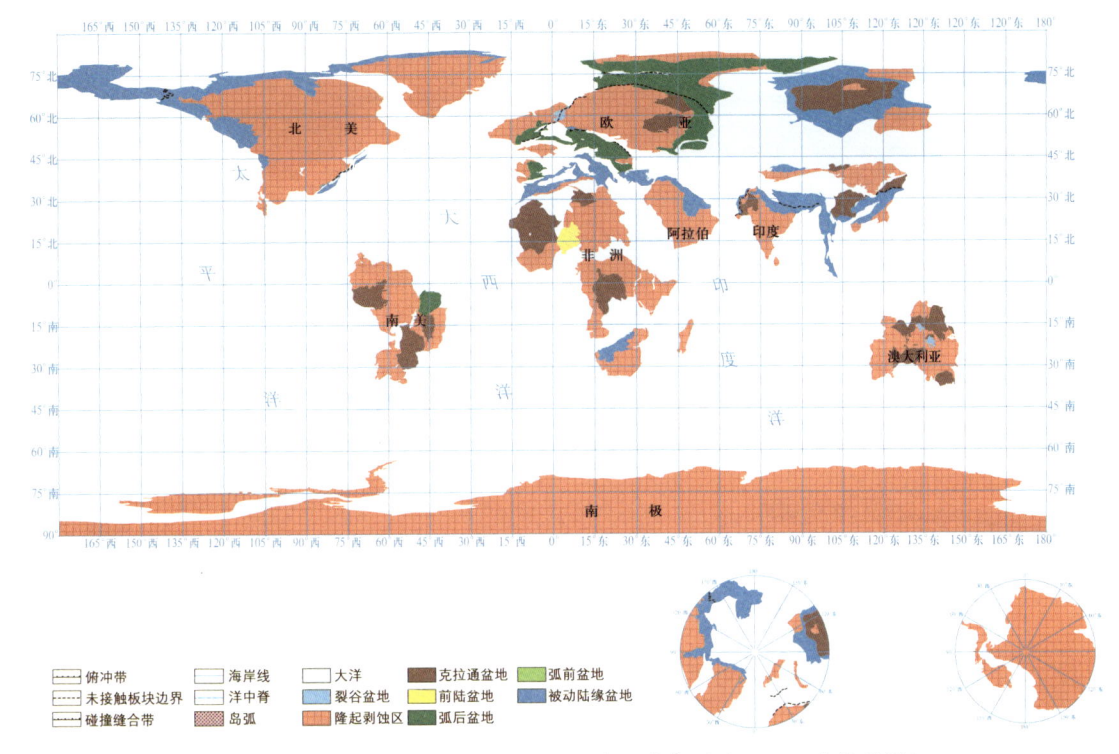

图 2-25　前寒武纪（630Ma±）原型盆地分布图（WGS84方格投影）

2. 寒武纪

主要盆地类型包括：克拉通盆地、被动陆缘盆地、弧后盆地、裂谷盆地，并以克拉通盆地和被动陆缘盆地为主。克拉通盆地主要发育于西伯利亚、澳大利亚、非洲、南美的内部；被动陆缘盆地主要发育于北美板块西缘、北缘、南缘，包括艾伯塔盆地、丹佛盆地、圣胡安盆地等，西伯利亚周缘、南美西缘、北缘、非洲、阿拉伯和印度的北缘也广泛发育被动陆缘盆地；在北美东缘、欧洲大陆、非洲、南美发育少量裂谷盆地；南极大陆和澳大利亚陆缘有少量弧后盆地发育（图2-26）。

3. 奥陶纪

奥陶纪，仍然主要发育被动陆缘盆地和克拉通盆地。被动陆缘盆地较寒武纪更加普遍，克拉通盆地分布范围明显扩大，如北美、南美、非洲、西伯利亚、波罗的、澳大利亚、华北、华南等都有发育，整体的分布仍然是克拉通盆地分布在各大陆的中部地区，被动陆缘盆地分布在克拉通盆地的周围大陆边缘地区。北美、西伯利亚周缘，波罗的、阿拉伯、印度、非洲北缘，澳大利亚东缘以及华北、华南都发育被动陆缘盆地。在波罗的、西伯利亚和南极板块有少量弧后盆地发育（图2-27）。

4. 志留纪

志留纪主要盆地类型包括：克拉通盆地、被动陆缘盆地、弧后盆地、前陆盆地，克拉通盆地和被动陆缘盆地为主要盆地类型，但较奥陶纪减少，弧后和前陆盆地发育数量较奥陶纪增加。因海水从内陆退去，克拉通盆地和被动陆缘盆地在各大陆分布情况与奥陶纪相近。但克拉通盆地在全球分布的范围相比奥陶纪明显缩小，如北美、波罗的、塔里木等板块。被动陆缘盆地的范围也相对减少，华北和华南大面积抬升隆起。志留纪最明显的特征

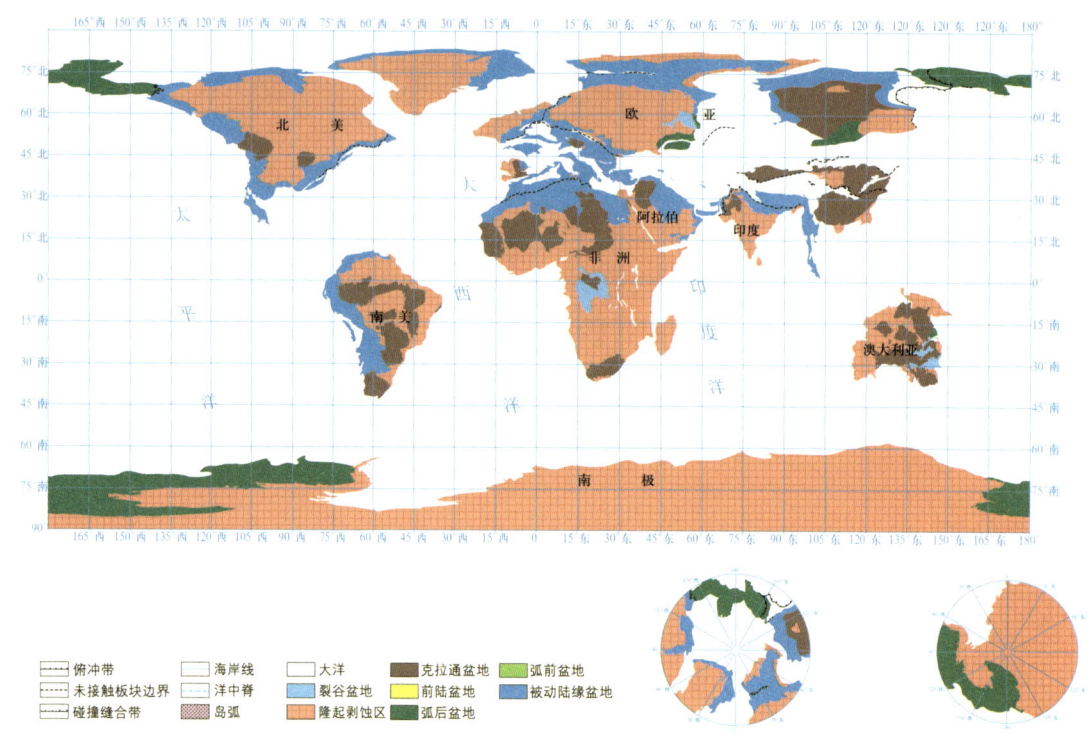

图 2-26　寒武纪（510Ma±）原型盆地分布图（WGS84 方格投影）

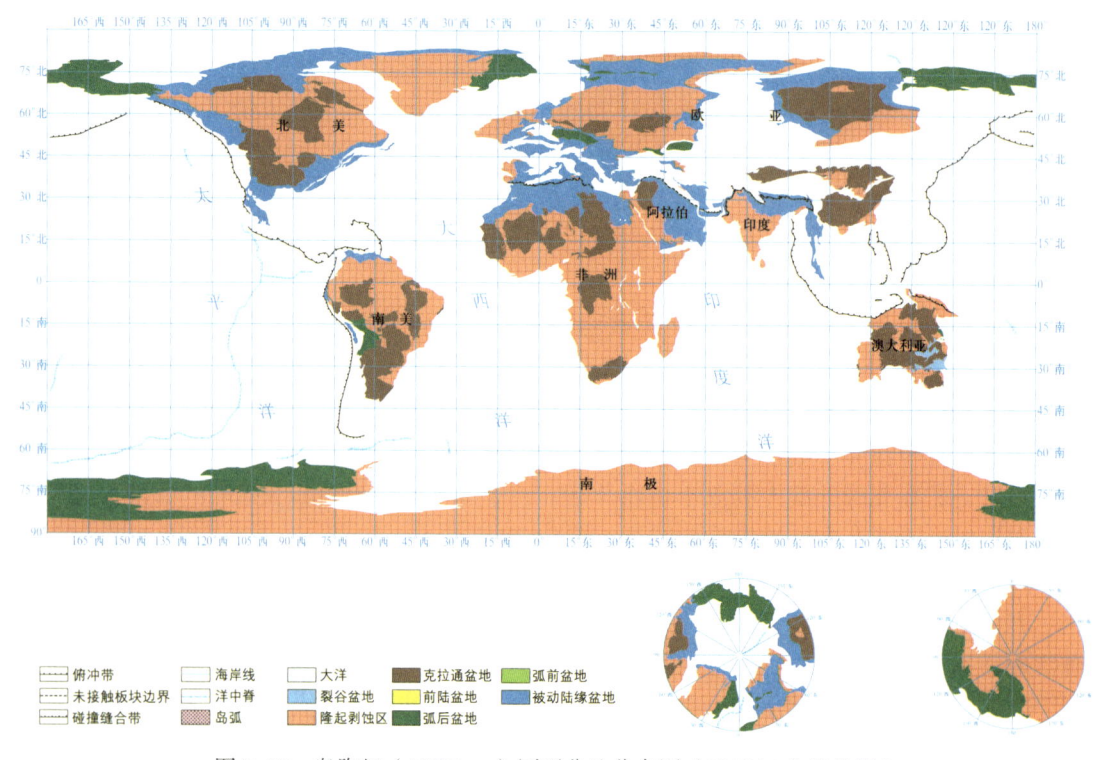

图 2-27　奥陶纪（480Ma±）原型盆地分布图（WGS84 方格投影）

是弧后盆地和前陆盆地范围的扩大，主要发育于北美东部及欧洲西部。受构造反转全球开始挤压为主的影响，志留纪，在北美东缘、欧洲大陆西缘、北缘以及西伯利亚西缘开始发育弧后盆地。弧后盆地还分布在南美西部、欧洲大陆北部和南部及西伯利亚北部。在北美大陆及欧洲大陆加里东造山带的内侧和北美大陆东南侧阿帕拉契亚山脉的内侧发育弧后盆地（图2-28）。

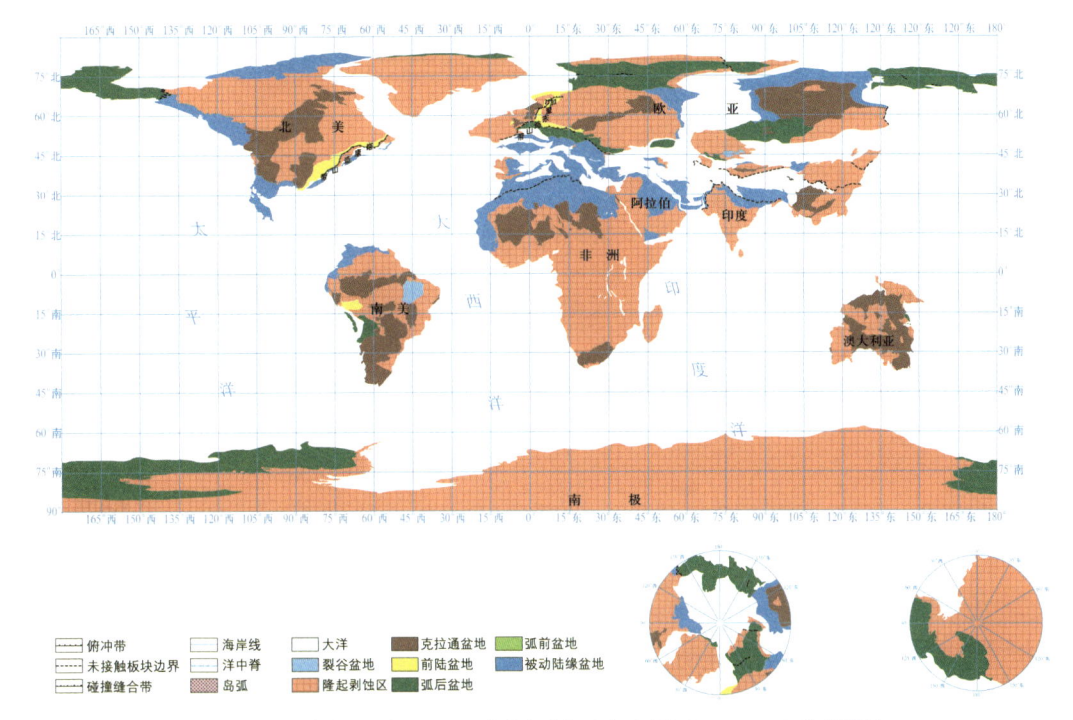

图2-28 志留纪（430Ma±）原型盆地分布图（WGS84方格投影）

5. 泥盆纪

泥盆纪全球主要发育克拉通盆地、被动陆缘盆地和弧后盆地及前陆盆地，另有极少的裂谷盆地。克拉通和被动陆缘盆地的范围进一步减小，一直广泛接受沉积的西伯利亚内陆的克拉通盆地也隆起遭受剥蚀。

弧后盆地发育于北美北缘、东缘，波罗的东缘、南缘，西伯利亚南缘、西缘以及南极板块（图2-29）。

6. 石炭纪

石炭纪克拉通盆地主要分布在非洲、澳大利亚、南美和北美大陆内部，以及波罗的、西伯利亚、华北、华南等；被动陆缘盆地主要发育于陆块的边缘，如非洲东北部、阿拉伯、印度西北部和澳大利亚西部，以及北美东北部、波罗的北部等（图2-30）。

裂谷盆地则分布在冈瓦纳大陆裂解的陆块之间，如非洲与印度板块之间、非洲与南极洲板块之间、印度与南极洲板块之间、南美与北美板块之间。另外，因西伯利亚向波罗的的挤压，导致波罗的板块与格陵兰加里东期已碰撞的缝合带处断裂，在格陵兰与波罗的之间形成裂谷盆地（图2-30）。

前陆盆地分布在潘基亚超大陆聚合过程伴随发育的造山带附近，如北美南缘的阿巴拉契亚盆地，波罗的板块上的伏尔加—乌拉尔盆地以及西北德国盆地和波罗的盆地、西伯利

- 59 -

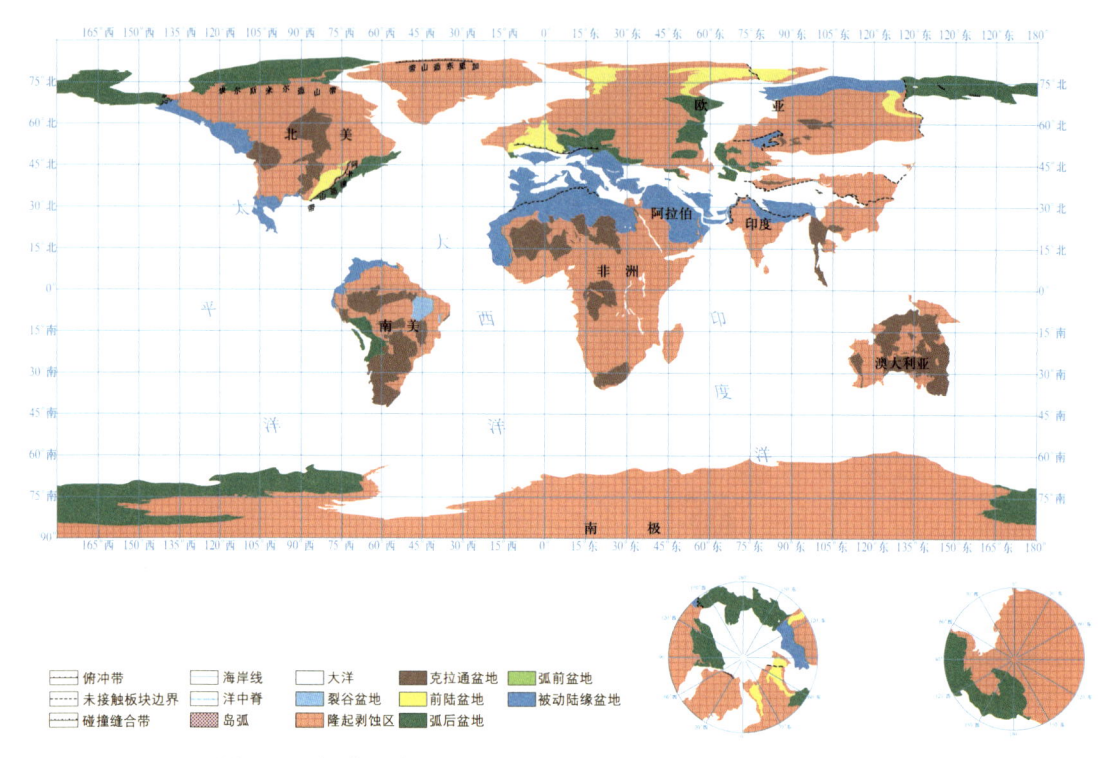

图 2-29 泥盆纪（390Ma±）原型盆地分布图（WGS84 方格投影）

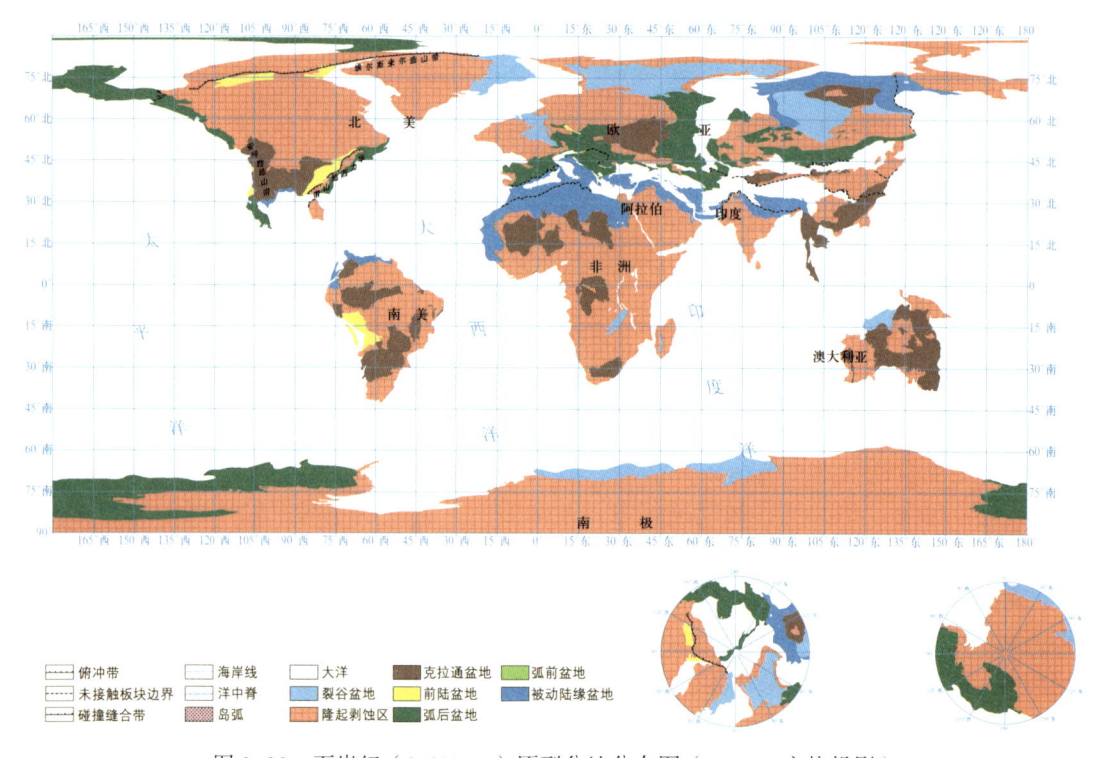

图 2-30 石炭纪（350Ma±）原型盆地分布图（WGS84 方格投影）

亚板块边缘的叶尼塞—哈坦加盆地等（图2-30）。

弧后盆地主要分布在北美西部的活动大陆边缘附近，东部的阿瓦隆尼亚小地块和岛弧在北美东缘的部分，以及西伯利亚与哈萨克斯坦之间。南极板块一直以来发育的弧后盆地在石炭纪转化为弧前盆地（图2-30）。

7. 二叠纪

这一时期的裂谷盆地主要发育于非洲与印度板块之间、非洲与南极洲板块之间、印度与南极洲板块之间，即新的特提斯洋将要拉开的位置（图2-31）。

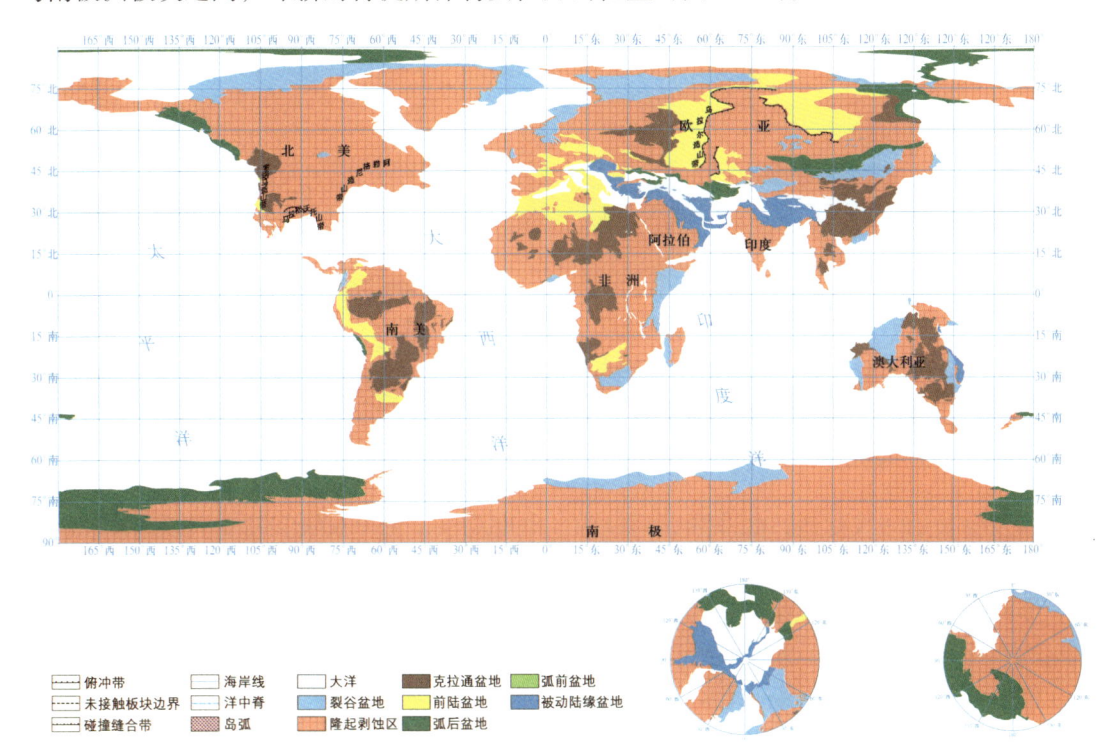

图2-31　二叠纪（270Ma±）原型盆地分布图（WGS84方格投影）

波罗的与北美之间的拉张环境形成的裂谷盆地仍发育，如东格陵兰盆地、斯沃德鲁普盆地等。波罗的与西伯利亚和哈萨克斯坦的碰撞形成乌拉尔造山带，造山带内侧盆地转变成前陆盆地，新形成的欧亚大陆上前陆盆地广泛发育。北美和南美西缘也有前陆盆地分布。古大洋的岛弧俯冲在北美西缘、南极板块、西伯利亚北缘形成弧后盆地（图2-31）。

8. 三叠纪

三叠纪主要盆地类型包括：克拉通盆地、被动陆缘盆地、裂谷盆地、弧前盆地、弧后盆地及前陆盆地。晚三叠世是泛大陆解体的开始，全球广泛分布裂谷盆地。裂谷盆地的位置集中在中大西洋和北大西洋两岸。被动陆缘盆地主要分布于北美、欧亚北缘。在北美西部、南美、非洲南部以及西伯利亚乌拉尔山脉内侧分布有前陆盆地。南极的弧后盆地再次转化为弧前盆地（图2-32）。

9. 侏罗纪

侏罗纪主要盆地类型包括：克拉通盆地、被动陆缘盆地、裂谷盆地、弧前盆地、弧后盆地及前陆盆地。以广泛发育被动陆缘盆地和裂谷盆地为特征，在中大西洋周围大陆边

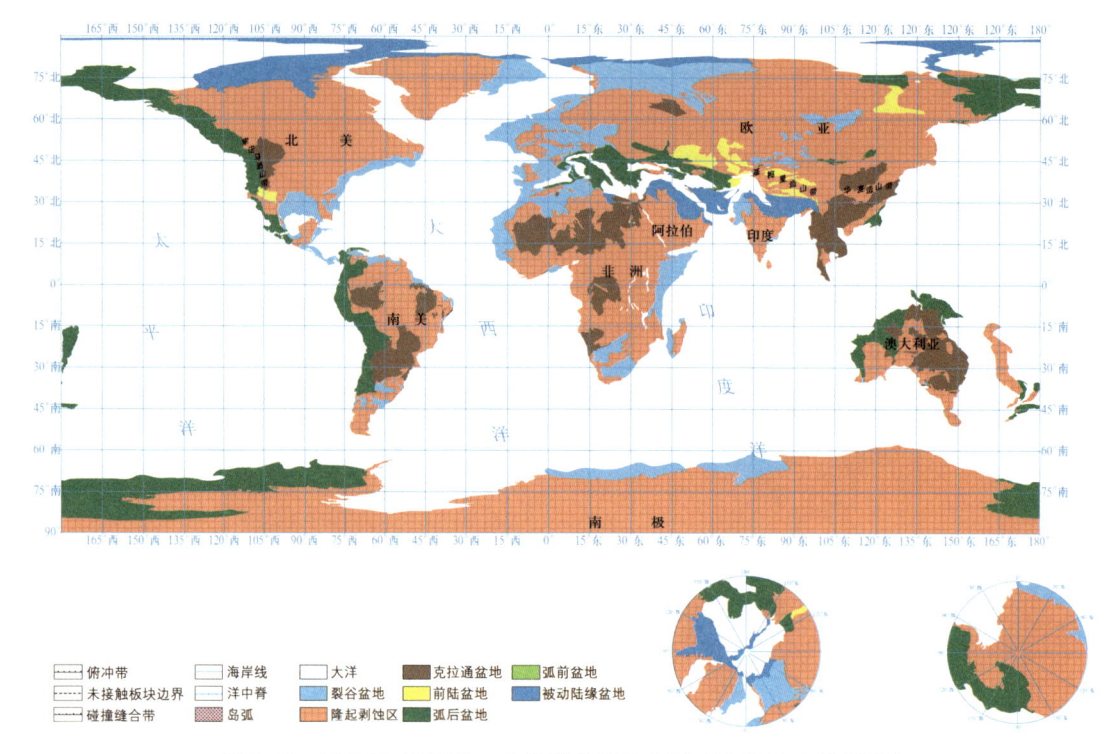

图 2-32　三叠纪（220Ma±）原型盆地分布图（WGS84 方格投影）

缘普遍发育被动陆缘盆地，如非洲、阿拉伯、印度北缘、北美东缘和欧亚大陆南缘。拉张环境中未形成洋壳的地方仍继承晚三叠世格局，发育裂谷盆地，如南美东南缘与非洲西南缘，非洲东缘与印度西缘和澳大利亚西缘。

大西洋张开的同时，太平洋开始消减，受太平洋岛弧俯冲影响，北美、南美西缘、欧亚东缘普遍发育弧后、弧前盆地。在岛弧或地块已与大陆拼合造山的内侧发育前陆盆地，如北美、南美（图 2-33）。

10. 早白垩世

白垩纪是海盆迅速扩张的时期。北大西洋和印度洋洋壳形成。在中大西洋、北大西洋和印度洋相邻的大陆边缘广泛发育被动陆缘盆地。南美与非洲之间开始发育裂谷盆地，断裂呈剪刀状在南美和非洲之间拉张（图 2-34）。其他主要盆地类型还包括：克拉通盆地、弧前盆地、弧后盆地及前陆盆地。弧前、弧后及前陆盆地的发育主要受太平洋板块的俯冲控制，主要分布在南、北美洲西海岸及欧亚大陆的东缘。克拉通盆地发育在北美、南美、非洲、澳大利亚及欧亚大陆腹地。

11. 晚白垩世

晚白垩世，泛大陆进一步解体，南大西洋洋壳张开，两个大陆的边缘迅速沉降，形成被动陆缘盆地。如南美东南缘与非洲西南缘，非洲东缘与印度西缘和澳大利亚西缘南缘的盆地。格陵兰岛和北美大陆之间进一步裂开，之间开始发育裂谷盆地。

晚白垩世的海侵范围达到奥陶纪以来的最大范围，海水侵入内陆地区，克拉通盆地的沉积范围明显变大，如北美西部和南美。在欧亚大陆内部裂谷盆地发育。

受太平洋板块俯冲影响，在其两侧的俯冲带：北美大陆及南美大陆西缘和欧亚板块东

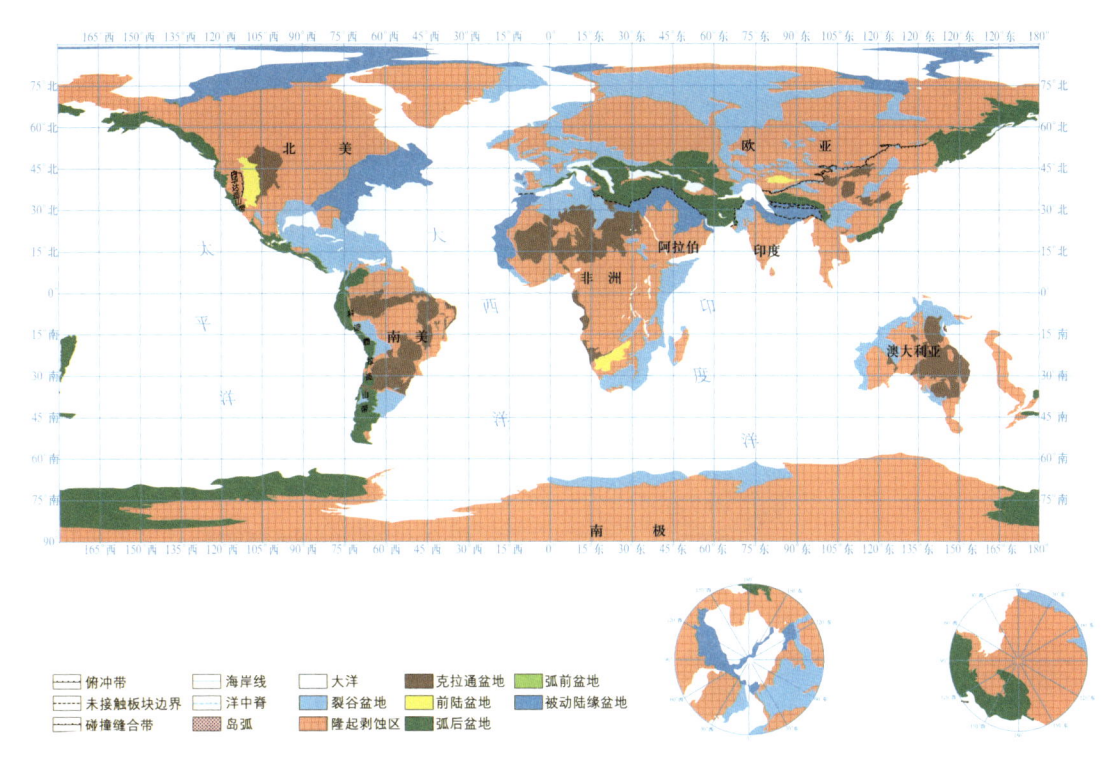

第二章　全球古板块演化与原型盆地

图 2-33　侏罗纪（165Ma±）原型盆地分布图（WGS84 方格投影）

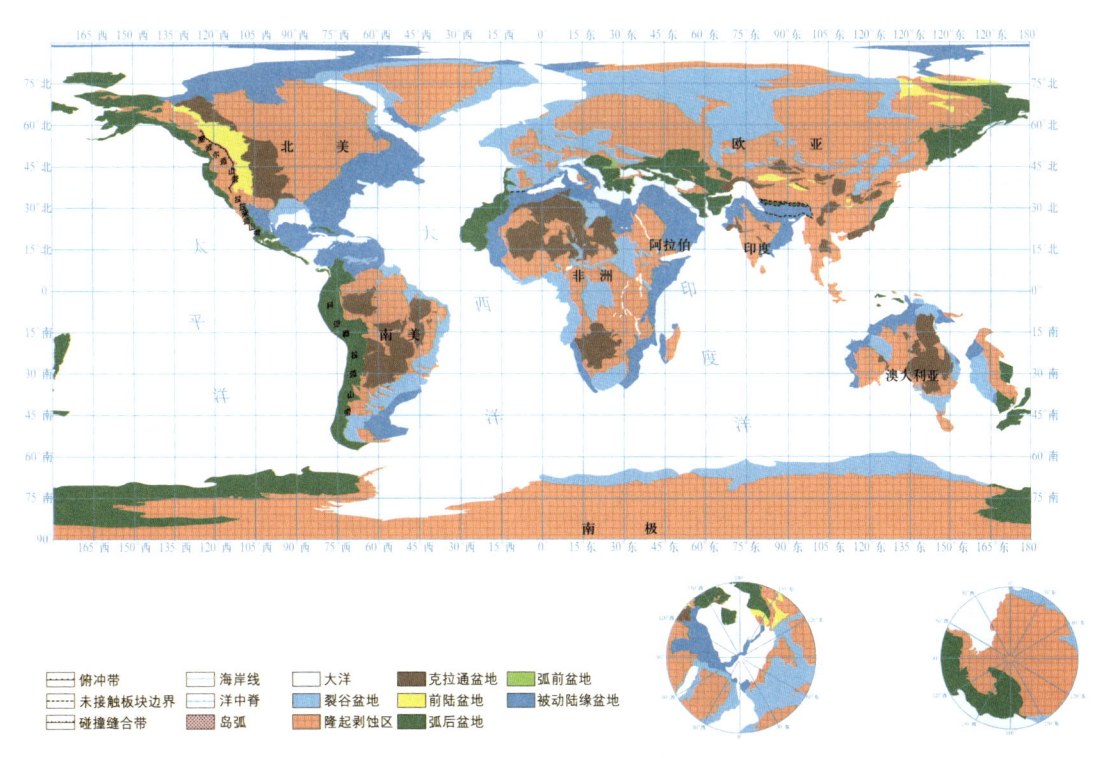

图 2-34　早白垩世（125Ma±）原型盆地分布图（WGS84 方格投影）

缘，发育挤压背景有关的盆地类型，包括弧前盆地、弧后盆地及前陆盆地，日本列岛的岛弧也开始发育（图2-35）。

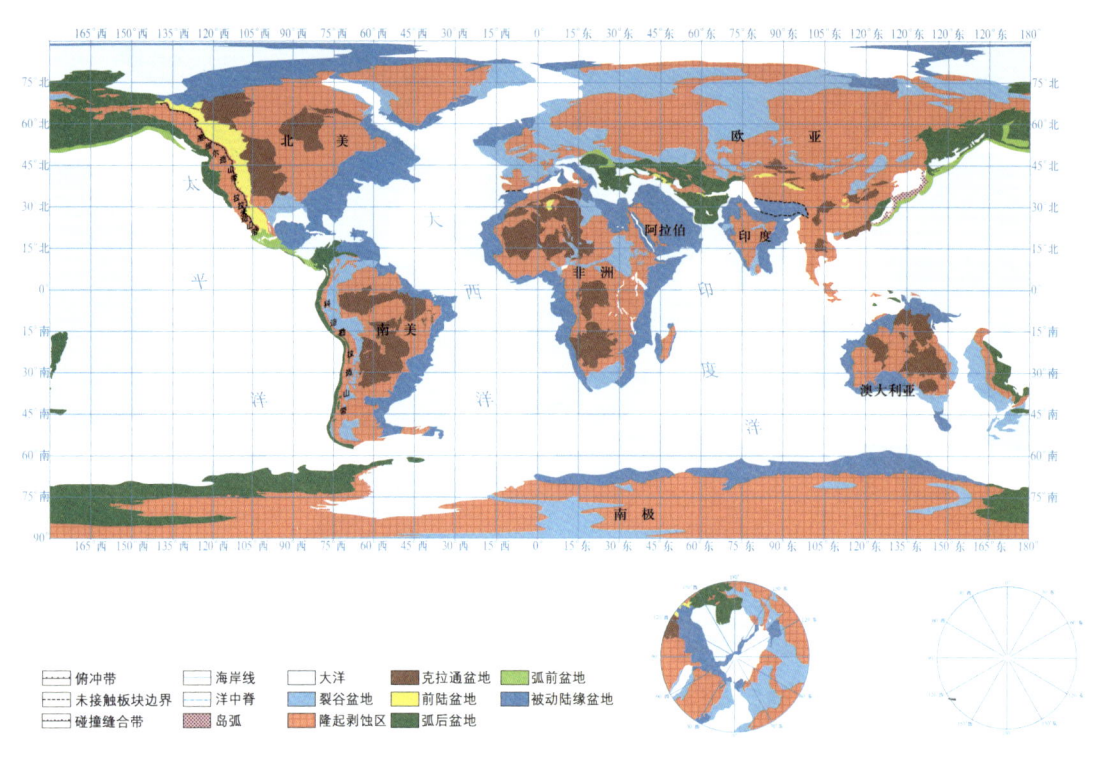

图2-35 晚白垩世（90Ma±）原型盆地分布图（WGS84方格投影）

12. 古近纪、新近纪

在新生代时期，全球盆地性质大致与现今盆地发育性质一致。原型盆地类型主要有被动陆缘盆地、前陆盆地、裂谷盆地、克拉通、弧前盆地和弧后盆地6种盆地类型，两个时期的原型盆地分布特征相近。

被动陆缘盆地主要发育在大西洋的共轭边缘、非洲东缘、澳大利亚南缘、西缘以及北冰洋周缘之上，这些盆地主要受控于中生代—新生代的大洋裂解；前陆盆地与现今仍然活动的造山带密不可分，主要分布在受控于科迪勒拉造山带的北美、南美西缘的前陆盆地群，以及受控于阿尔卑斯造山带和喜马拉雅造山带的欧亚大陆西部及南缘前陆盆地群；裂谷盆地仍然发育在非洲、欧亚地区；弧后与弧前盆地范围相对来说比较小，主要分布在太平洋周缘，比如安第斯弧的弧前，新西兰周边，比较典型的就是东南亚地区，印度洋向东南亚下俯冲形成岛弧，使得东南亚地区的弧前盆地和弧后盆地极其发育（图2-36，图2-37）。

四、大陆裂解—聚合控制原型盆地发育程度与分布

晚前寒武纪以来的两个构造旋回，罗迪尼亚大陆裂解、形成冈瓦纳和劳伦西亚、潘诺西亚大陆—潘基亚超大陆旋回和潘基亚超大陆裂解、特提斯、大西洋张开—新特提斯、太平洋收缩旋回，对全球古板块构造格局及原型盆地的发育特征和演化规律的控制作用，充分表明了大陆裂解—聚合对原型盆地发育与分布的控制作用。分析全球不同地质时期各种

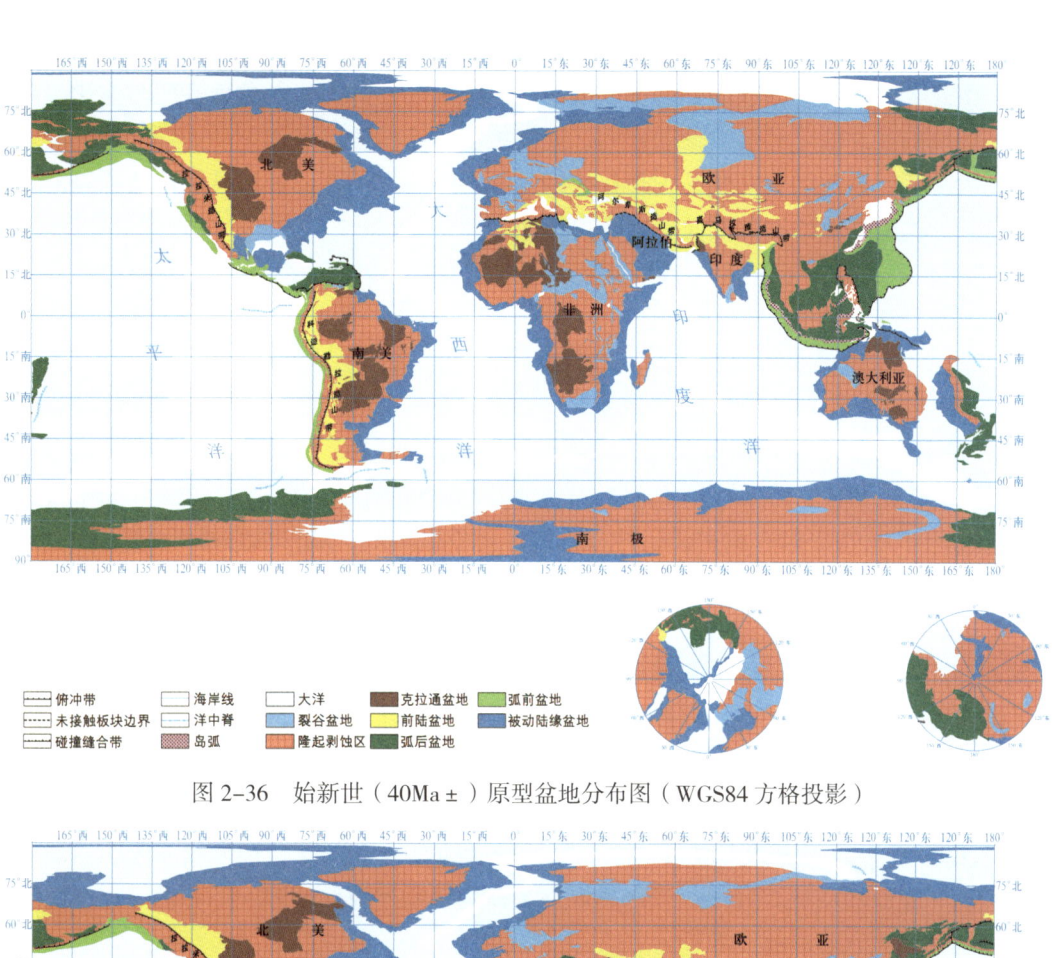

图 2-36　始新世（40Ma±）原型盆地分布图（WGS84 方格投影）

图 2-37　中新世（15Ma±）原型盆地分布图（WGS84 方格投影）

- 65 -

类型盆地的分布特点，并结合同时期全球板块构造演化特点，可以发现：

（1）地质时期全球板块构造开—合旋回控制了不同动力学背景盆地的发育与叠合。显生宙，南北大陆的不同构造演化历史，控制了不同板块及其周边的盆地性质与演化。劳亚大陆中板块的独立演化和多期聚散作用，使得板块边缘发育以多类型动力学背景的复杂叠合盆地为特征；冈瓦纳大陆及其内部板块间的相对整一性演化，使得其板块边缘以简单动力学背景的盆地继承性发育或简单叠合为特征。

① 晚前寒武纪—早古生代—罗迪尼亚超大陆裂解、分离，各陆块及其周边发育克拉通盆地及被动陆缘盆地；

② 晚古生代—早中生代各大陆块又一次开始逐渐聚合，形成潘基亚超大陆，伴随着弧—陆、陆—陆碰撞和造山带的形成，弧后盆地、前陆盆地、克拉通盆地以及被动陆缘盆地发育；

③ 晚中生代、新生代潘基亚超大陆裂解，伴随着特提斯、大西洋张开新洋壳的形成和老洋壳的消亡，发育了相应的裂谷盆地、被动陆缘盆地和前陆盆地、弧前盆地、弧后盆地。

④ 新生代新特提斯、太平洋俯冲收缩，伴随着弧—陆、陆—陆碰撞和造山带的形成，弧前、弧后盆地、前陆盆地广泛发育。太平洋向西俯冲形成的科迪勒拉造山带控制了北美、南美西部的前陆盆地群的发育。印度洋向欧亚大陆板块之下的俯冲在东南亚地区形成大量的岛弧，使得东南亚地区的弧前盆地和弧后盆地极其发育。

（2）弧—陆和陆—陆碰撞，控制了全球三大巨型前陆盆地发育带的形成。

① 二叠纪欧洲大陆与西伯利亚和哈萨克斯坦的陆—陆碰撞，形成了乌拉尔造山带及相应的前陆盆地。

② 新生代非洲和印度大陆与欧亚大陆的陆—陆碰撞，导致新特提斯洋关闭，形成了特提斯域巨型前陆盆地发育带。美洲西侧太平洋板块俯冲造成的弧—陆碰撞，形成了科迪勒拉造山带及相应的前陆盆地带。

（3）新生洋盆的扩张导致了全球规模被动陆缘盆地的发育，而古老洋盆的俯冲消减控制了大量弧后盆地的分布。

① 伴随潘基亚超大陆裂解，全球原型盆地分布呈现出两大显著特点，即新生洋盆边缘的被动陆缘盆地发育带和古老洋盆边缘俯冲消减带的弧后盆地发育带。

② 大西洋的扩张控制了现今大西洋两侧被动陆缘带形成。

③ 太平洋的俯冲消减形成了现今环太平洋弧后盆地发育带。

综上所述，在全球板块构造背景研究的基础上，分析全球13个主要地质时期原型盆地发育演化特征，将盆地原型恢复置于全球板块构造演化的过程中，从原型盆地空间及时间的演化角度来分析不同类型盆地的发育特征与叠合过程，并首次编制了不同时期全球原型盆地古位置图，突破了用现今盆地地理位置进行盆地类型编图的局限。

参 考 文 献

[1] Chase C G. Plate Kinematics: The Americas, East Africa, and the Rest of the World [J]. Earth & Planetary Science Letters, 1978, 37（3）: 355-368.

[2] Minster J B, Jordan T H. Present-day Plate Motion [J]. Journal of Geophysical Research Solid Earth,

1978, 83 (B11): 5331-5354.

[3] Demets C, Gordon R G, Argus D F, et al. Current Plate Motions [J]. Geophysical Journal International, 1990, 101 (2): 425-478.

[4] Cogne J P. Paleomac: A Macintosh™ Application for Treating Paleomagnetic Data and Making Plate Reconstructions [J]. Geochemistry Geophysics Geosystems, 2003, 4 (1): 233-236.

[5] Ron Blakey. Paleogeography from Ron Blakey. 2008.

[6] Torsvik T H, Dietmar M R, Rob V D V, et al. Global Plate Motion Frames: Toward a Unified Model [J]. Reviews of Geophysics, 2008, 46 (3): RG3004.

[7] Torsvik T H, et al. The Tornquist Sea and Baltica-Avalonia docking [J]. Tectonophysics, 2003, 362 (1): 67-82.

[8] Bird J M, Dewey J F. Lithosphere Plate-Continental Margin Tectonics and the Evolution of the Appalachian Orogen [J]. Geological Society of America Bulletin, 1970, 81 (4): 1031-1059.

[9] Rowley D B, Lottes A L. Plate-kinematic Reconstructions of the North Atlantic and Arctic: Late Jurassic to Present [J]. Tectonophysics, 1988, 155 (1): 73-120.

[10] Bullard E C. Fit of the Continents around the Atlantic [J]. Science, 1965, 148 (3670): 664.

[11] 陈智梁, 刘宇平. 藏南拆离系 [J]. 沉积与特提斯地质, 1996 (20): 40-42.

[12] Powell, Z X Li, A Trench, Palaeozoic Global Reconstructions, 1993.

[13] Weil A B, Voo R V D, Niocaill C M, et al. The Proterozoic Supercontinent Rodinia: PaleoMagnetically Derived Reconstructions for 1100 to 800Ma [J]. Earth & Planetary Science Letters, 1998, 154 (1~4): 13-24.

[14] Wingate M T D, Giddings J W. Age and Palaeomagnetism of the Mundine Well Dyke Swarm, Western Australia: Implications for an Australia-Laurentia Connection at 755Ma [J]. Precambrian Research, 2000, 100 (1~3): 335-357.

[15] 尹赞勋. 板块构造述评 [J]. 地质科学, 1973, 8 (1): 56-88.

[16] 李春昱, 王荃, 张之孟, 刘雪亚. 中国板块构造的轮廓 [J]. 中国地质科学院院报, 1980 (1): 11-19.

[17] 王鸿祯, 张世红. 全球前寒武纪基底构造格局与古大陆再造问题 [J]. 地球科学, 2002, 27 (5): 467-481.

[18] Bally A W, Bender P L, Mcgetchin T R, et al. Dynamics of Plate Interiors [M]. Dynamics of plate interiors. American Geophysical Union, 1980.

[19] Klemme. H. To Find a Giant, Find the Right Basin. Oil & Gas Journal, 1971, 69 (10): 103-110.

[20] Dickinson, William R. Tectonics and Sedimentation: [M]. Society of Economic Paleontologists and Mineralogi, 1974.

第三章　全球岩相古地理分布及演化

全球地质时期岩相古地理是直接决定油气分布的关键因素。在漫长的地质历史时期中，全球经历复杂的规模不等的板块及地块分离、聚敛，地壳沉降、隆升，海平面升降以及气候的变化等复杂因素叠加，形成了现今全球地质时期的岩相古地理格局。在全球地质时期岩相古地理研究中，以板块构造地质学、沉积学、岩相古地理学为指导，综合地质、地球物理、地球化学、古生物等资料，借鉴前人研究成果，从全球基本构造单元基础地质特征入手，以盆地解剖为重点，力求重点突出、去粗取精、去伪存真。

第一节　全球岩相古地理恢复方法与进展

一、全球岩相古地理研究历史与现状

全球古地理研究可以追溯到 20 世纪 70 年代。美国芝加哥大学 Ziegler 教授的研究团队从 1975 年开始全球古地理编图研究，将地球表面区分为高山、低山丘陵、冲积平原+滨岸、浅海、深海、海沟 6 种古地理单元。古地理的恢复主要依据古地磁资料，同时也利用古气候、古生物及大地构造资料。1977 年，他们应石油公司要求，采用大气环流模式来恢复不同地质时期洋流形式及洋流涌升地带，进一步预测生油岩的分布规律。以后又对磷酸盐、煤、蒸发盐岩、碳酸盐岩及礁块的分布规律进行了预测，得到产业部门的好评[1—4]。

随后，全球岩相古地理研究引起国际地学界许多学者的高度关注。Scotese 教授是"Paleomap 项目"的创办人，1985 年创办个人网站"http://www.scotese.com/earth.htm"，及时发布其全球古地理研究成果。2017 年 1 月发布了新元古代晚期（650Ma）以来全球古地理复原图，把地球表面区分为高山、低山、浅海、深海盆地 4 种主要古地理单元。以 Stampfli 为代表的瑞士洛桑大学 Geopolis 地球科学研究院和弗莱堡大学地球科学学院联合研究团队，近 10 年来建立了 1000 余个地球动力学单元数据库[5]。Stampfli 等（2013）发表了《The formation of Pangea》一文，讨论了古生代全球构造的演化和古板块重建，重点刻画了板块及其边界属性，区分为大陆板块、大洋板块、被动大陆边缘、洋内俯冲带、洋中脊、活动大陆边缘[6]。澳大利亚悉尼大学地球科学学院 EarthByte 团队，2007 年创建了网站"http://www.earthbyte.org"，公布了全球数字地球板块清单的基础数据及在全球板块构造重建等方面的最新研究进展。该团队的 Seton 等（2012）在《Earth-Science Review》杂志上发表了《Global continental and ocean basin reconstructions since 200Ma》，以 20Ma 的间隔详细讨论了 200Ma 以来全球大陆、大洋盆地主要板块及其运动方向和速率的演化[7]。

目前，全球岩相古地理研究成果多侧重于板块构造古地理分布与演化，而且古地理单元划分也非常粗略，基本上不涉及岩相。全球范围的岩相古地理研究成果鲜见报道，更难发现今位置全球范围的岩相古地理研究成果。公开发表的岩相古地理（古位置）也主要是区域性的[8]，或特殊地质时期的[9]。Vai（2003）发表了今位置 Pangaea 超大陆晚石炭世

至早二叠世古地理研究成果[10]，没有对岩相进行讨论。

二、本次岩相古地理研究方法特点及主要进展

1. 细化了全球岩相古地理编图的基本地质构造单元

2007 年，澳大利亚悉尼大学的 EarthByte 网站"http://www.earthbyte.org"公布了全球数字地球 438 个基本地质构造单元清单。我们在全球岩相古地理研究中，将全球基本地质构造单元进行细化。将全球大陆划分为 4981（包括 438）个基本构造单元，实现了全球基本地质构造单元无缝拼接。

2. 基本地质构造单元岩相古地理属性数值化

岩相古地理编图多采用位图定性描绘编图或拼图[11]。本文在岩相古地理研究中，充分利用 ArcGis 属性表的强大成图功能，深入研究全球各基本地质构造单元不同时期的岩相及古地理特征（把全球前寒武系以新的地质记录归并为砾岩+砂岩+泥岩、砂岩+泥岩、砂岩+泥岩+碳酸盐岩、蒸发岩+碳酸盐岩、蒸发岩+碎屑岩、蒸发岩、碳酸盐岩、泥岩、冰碛岩等 22 种岩相组合，把全球尺度区分为隆起剥蚀区、深海区、浅海区、湖泊区、盐沼区、冲积区等 10 种古地理单元），并将各基本地质构造单元不同时期的岩相古地理特征数值化，填写 ArcGis 属性表。以 ArcGis 属性表为基础，实现今位置和古位置全球地质时期岩相古地理成图，保证了今位置全球基本地质构造单元岩相古地理图的可靠性及今位置和古位置全球基本地质构造单元岩相古地理相互印证、一致。

3. 编绘了首套今位置全球十三个地质时期岩相古地理图

据网站和文献等公开信息，目前，尚无今位置全球地质历史时期岩相古地理图公布或发表，已发表、出版的今位置全球地质历史时期岩相古地理图多局限于国家[11—13]或现存大陆[14]。可见，由于技术的限制和工作量巨大，今位置全球地质历史时期岩相古地理编图成为世界难题。"十一五"期间，笔者团队开展了今位置全球五个地质时期岩相古地理编图，积累了大量珍贵资料，但由于采用的是位图定性描绘编图或拼图方法，编绘的今位置全球五个地质时期岩相古地理图存在许多缺憾，未能公布或投入应用。

本次研究编绘了首套今位置全球 13 个地质时期岩相古地理图，为全球地质时期油气资源，乃至地质资源预测奠定重要基础，也为全球地质研究提供了重要参考。

4. 实现了今位置和古位置全球基本地质构造单元岩相古地理相互印证

古位置全球地质历史时期板块再造和岩相古地理研究是全球研究的热点。代表性研究成果有：（1）罗迪尼亚的形成与解体历史[15]；（2）古生代和中生代板块构造模式[5]；（3）盘古大陆的形成[6]；（4）200Ma 以来全球大陆与大洋重建[7]；（5）地球历史图集；（6）全球古板块再造、岩相古地理及古环境[16]。这些研究成果均以全球公认的 438 个基本地质构造单元的古地磁和地质资料为基础。前 4 项成果聚焦于古位置古板块再造。第 5 项成果重点是古位置古板块再造，并分析了古地貌及古气候。第 6 项成果是在古位置古板块再造基础上，分析了岩相古地理及古环境。这些研究成果均以全球公认的、有古地磁数据的 438 个基本地质构造单元为基础，以古板块再造为研究重点，不涉及岩相古地理，或是在古板块再造基础上，根据海陆分布格局，示意性对地质历史时期的岩相古地理进行描绘，古位置的岩相古地理缺乏今位置相应地质时期岩相古地理的印证。

本次在古位置全球地质历史时期岩相古地理研究中，借鉴前人研究成果，先利用全

球公认的、有古地磁数据的438个基本地质构造单元作为骨架，再深入研究、确定全球4981个基本地质构造单元与全球公认的438个骨架基本地质构造单元的亲缘关系，在现今位置全球13个地质时期岩相古地理ArcGis属性表中，对全球4981个基本地质构造单元进行编码，通过Gplate古板块恢复软件，对现今位置全球13个地质时期岩相古地理ArcGis属性表进行运算，形成不同地质时期古位置全球岩相古地理属性表，实现不同地质时期古位置全球岩相古地理成图。保证了不同地质时期今位置和古位置全球基本地质构造单元岩相古地理的一致和相互印证。

第二节 全球岩相古地理分布特征

基于4981个基本构造单元各地质时期岩相古地理资料和信息，绘制出13个地质时期的岩相古地理图，并细致描述各地质时期岩相古地理特征，总结规律。其中，基底特征体现为：环绕前寒武系地盾、地台为古生界基底，周边为中生界基底，洋底主要为新生界。岩相古地理特征体现为：（1）地盾和克拉通内发育碎屑岩、滨浅海碎屑岩、碎屑岩—碳酸盐岩、碳酸盐岩（陆表海）；（2）地盾和克拉通边缘发育滨浅海碎屑岩、碎屑岩—碳酸盐岩、碳酸盐岩；（3）蒸发岩主要发育在克拉通内及边缘；（4）板块聚敛鼎盛阶段陆源碎屑岩占优势；（5）大洋扩展鼎盛阶段碳酸盐岩占优势。

一、全球前寒武岩相古地理分布

1. 现今位置前寒武纪岩相古地理分布（图3–1）[1]

前寒武纪（630Ma±），波罗的、北美、南极地盾为古隆起剥蚀区。欧亚地区，波罗的地盾东侧为以碎屑岩为主的湖泊相；东部边缘为以变质碎屑岩为主的冲积相—滨海相，如伏尔加—乌拉尔盆地；北缘等地区为变质火山岩和碳酸盐岩浅海相，如叶马克盆地。欧洲南部阿瓦隆地体为变质碎屑岩、变质碳酸盐岩和变质火山岩浅海相，如伊比利亚地块。北喀拉海地台为变质碎屑岩和变质碳酸盐岩浅海相。蒂曼—伯朝拉盆地为火山岩和碳酸盐岩的浅海相。西伯利亚地台为蒸发岩和碳酸盐岩为主的滨海相。楚科奇北部盆地为变质碎屑岩和变质碳酸盐岩浅海相。波罗的、阿拉伯、印度及西伯利亚板块之间的半深海—深海区主要为造山带变质杂岩指示的古大洋及大洋中漂移的微陆块、岛弧。

由北美地盾向外，依次发育以碎屑岩为主的冲积相（如大熊盆地），变质碎屑岩碳酸岩为主的浅海区（如北坡盆地），以砂岩、泥岩为主的浅海相（如奇瓦瓦盆地）。北美地盾边缘发育变质碎屑岩浅海相。阿尔法海岭和北美南部为变质岩构成的大洋沉积。

南美地区以变质碎屑岩构成的大洋沉积为主。隆起剥蚀区局限于克拉通内部，如里奥拉普拉塔克拉通。克拉通主要是以砂岩和泥岩为主的冲积相和浅海相，如索利莫伊斯盆地，砂岩、泥岩和碳酸盐岩混积浅海相，如圣弗朗西斯科盆地。

非洲地区以变质碎屑岩构成的大洋沉积为主。地盾及克拉通高部位为隆起剥蚀区，如中非地盾、乍得盆地等。隆起剥蚀区周缘发育以砾岩、砂岩、泥岩为主的冲积相，如古达米斯盆地。地盾及克拉通的边缘为砂岩、泥岩和碳酸盐岩混积浅海相，如扎伊尔盆地。非洲和欧亚之间主要为砂岩、泥岩为主的浅海相和大洋沉积。

---

[1] 本章图3–1至图3–26均为国家科技重大专项、中国石油重大科技专项"全球油气资源评价"研究成果。

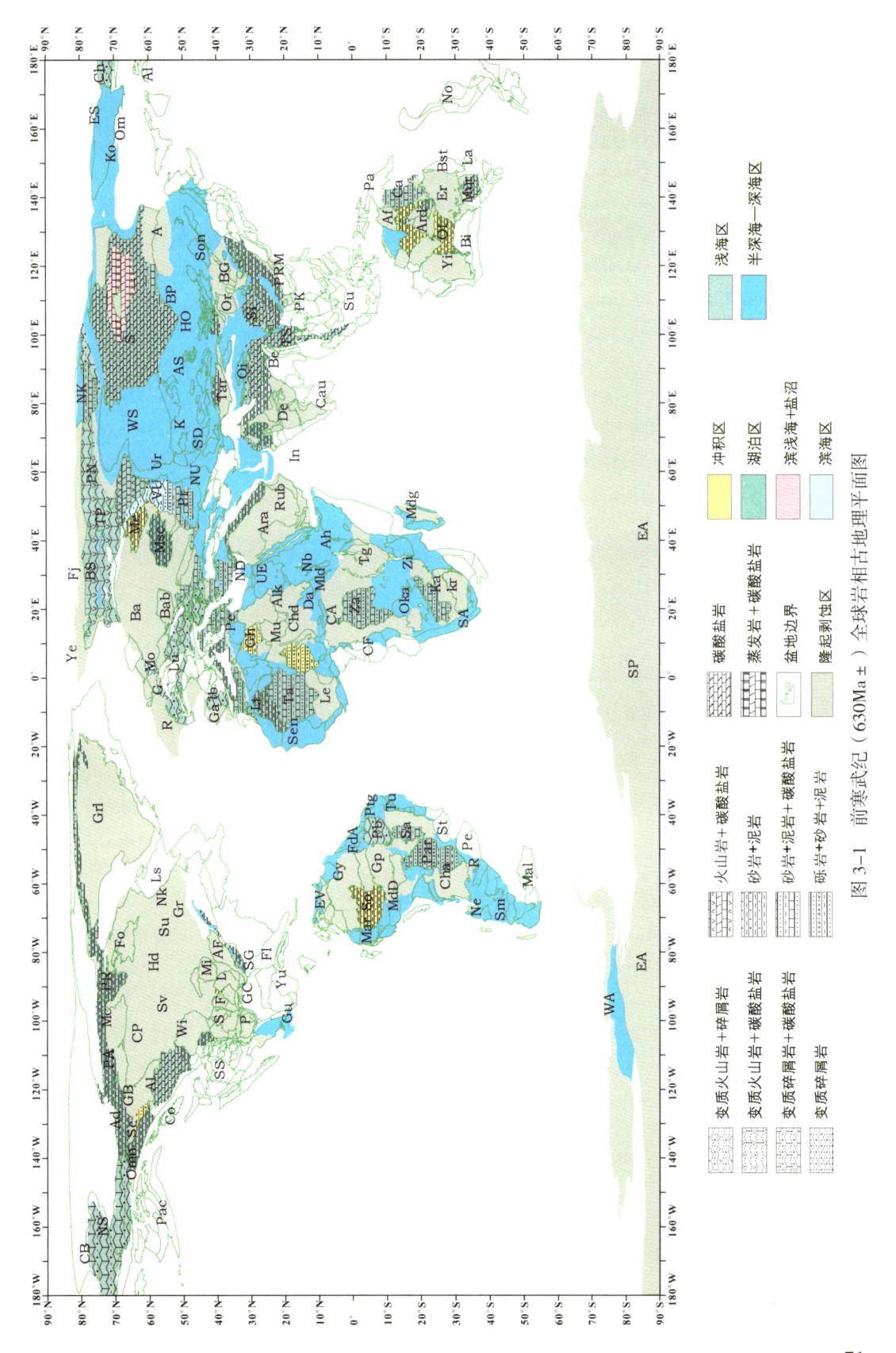

第三章 全球岩相古地理分布及演化

图 3-1 前寒武纪（630Ma±）全球岩相古地理平面图

图中缩略词：

欧亚区：A—阿尔丹地盾，Al—阿留申盆地，Am—阿蒙森盆地，Ar—阿摩力克地块，Ara—阿拉伯地盾，AS—阿尔泰—萨扬褶皱带，Ba—波罗的地盾，Bal—波罗的坳陷，Be—孟加拉盆地，BG—渤海湾盆地，Bo—波西米亚地块，BP—贝加尔—帕托姆褶皱带，Bs—黑海盆地，BS—巴伦支海，Cau—高韦里盆地，Ch—楚科奇北部盆地，De—德干高原，ES—东海陆架盆地，FJ—法兰兹约瑟夫高地，G—格兰扁隆起，Ga—加利西亚盆地，Gk—加科尔海岭，HO—杭雅恩—亨廷恩和鄂嫩—阿尔贡褶皱带，I—爱尔兰地块，Ib—伊比利亚地块，In—印度扇，K—哈萨克斯坦地盾，Ko—科雷马地块，LB—伦敦—布拉班特地台，Lf—罗弗敦深海盆地，Lo—罗蒙索诺夫海岭，Ma—马卡洛夫盆地，Md—麦德拉深海平原，Me—梅津盆地，Ml—马尔代夫—拉沙沙盆地，Mo—莫斯科盆地，Mor—摩尔盆地，Na—南森盆地，NC—北高加索地台，NG—东北德国—波兰盆地，NK—北喀拉海地台，NO—北鄂霍茨克海盆地，NU—北乌斯丘尔特盆地，Nw—挪威盆地，Ok—鄂霍茨克地块，Om—奥姆龙地块，Or—鄂尔多斯盆地，PK—中津南盆地，PN—新地岛前渊，Po—波丘派恩深海平原，Pr—滨里海盆地，PRM—珠江口盆地，PV—帕里西维拉盆地，Qi—羌塘盆地，R—罗卡尔槽，Rub—鲁卡哈利盆地，S—西伯利亚地台，SD—锡尔河盆地，Si—四川盆地，Son—松辽盆地，Su—苏丹陆架，Tar—塔里木盆地，TP—蒂曼—伯朝拉盆地，TS—泰掸地体，U—乌克兰地盾，Ur—乌拉尔褶皱带，VU—伏尔加—乌拉尔盆地，WP—菲律宾西部盆地，WS—西西伯利亚盆地，Ye—叶马克盆地，Zag—扎格罗斯省

北美—格陵兰区：Ad—安德森平原，Alb—艾伯塔盆地，AF—阿巴拉契亚前陆盆地，Ak—阿拉斯加山脉，Aph—阿尔法海岭，C—奇瓦瓦盆地，CB—楚科奇边缘盆地，Co—海岸结晶基底，CP—丘吉尔省，D—丹佛盆地，F—森林城市盆地，Fo—福克斯盆地，FP—佛罗里达台地，GB—大熊盆地，GC—墨西哥湾盆地，Gr—格伦维尔省，Grl—格陵兰地盾，Gu—格雷罗盆地，Hd—哈德逊地台，I—伊利诺斯盆地，Lo—罗蒙索诺夫海岭，LS—拉布拉多陆架，Mc—麦克林托克盆地，Mi—密歇根盆地，NK—北基瓦丁地块，NS—北坡盆地，Omi—多米尼加带，P—二叠盆地，PA—普林尼亚伯达单斜，Pac—太平洋边缘古近—新近纪盆地，PR—普林斯里真特盆地，S—萨莱纳盆地，Sc—斯科舍盆地，Se—赛尔温褶皱带，SG—南乔治亚盆地，SS—砂泉谷盆地，Su—苏必利尔省，Sv—赛尔文古隆起，Sve—斯沃德鲁普盆地，Wi—威利斯顿盆地，Yu—尤卡坦台地

南美区：Ag—阿根廷盆地，Alt—阿尔蒂法诺盆地，Am—亚马孙盆地，Au—麦哲伦盆地，Cha—查科—巴拉那盆地，EV—东委内瑞拉盆地，FdA—福林亚马孙盆地，FP—福克兰高原盆地，Gp—瓜波雷地盾，Gu—圭亚那地盾，LB—亚诺斯盆地，Mal—马维纳斯地台，Mar—马拉开波盆地，MdD—玛德莱德迪奥斯盆地，Ne—内马肯盆地，Par—巴拉那盆地，Pe—佩罗塔斯盆地，Pb—巴纳伊巴盆地，Po—波蒂瓜尔盆地，R—拉普拉塔克拉通，Sa—圣弗朗西斯科盆地，Sm—索姆库拉地块，So—索利莫伊斯盆地，St—桑托斯盆地，Tu—土坎诺盆地

非洲区：Ah—阿姆哈拉地块，Alk—库夫拉盆地，Ang—安哥拉深海盆地，CA—中非地盾，Cap—坎普深海盆地，CF—下刚果盆地，Cha—乍得盆地，Da—达尔富尔—瓦达伊地块，Gh—古达米斯盆地，I—尤利未丹盆地，Ka—卡普瓦尔地块，Ko—卡鲁盆地，Le—里奥地块，Ma—马达加斯加地块，Mad—马德拉深海平原，Mu—穆祖克盆地，Na—纳马—卡拉巴里盆地，Nb—努巴地块，ND—尼罗河三角洲盆地，Ni—尼日利亚地盾，Oka—奥科万戈盆地，Pel—佩拉杰盆地，RP—拉尔勃盆地，SA—非洲西海岸盆地，Sen—塞内加尔盆地，So—索马里盆地，SO—南奥兰梅塞塔，Ta—陶丹尼盆地，Tg—坦桑尼喀地盾，Ti—廷多夫盆地，UE—上埃及盆地，Za—扎伊尔盆地，Zi—津巴布韦地盾

大洋洲—南极洲：Af—阿拉弗拉—钱滩盆地，Au—阿兰达地块，Bi—拜特盆地，Br—布劳斯盆地，BS—鲍恩—苏拉特盆地，Ca—卡奔塔利亚盆地，Can—坎宁盆地，Cf—切斯特菲尔德高原，Cl—查木杰高原，EA—东南极地盾，Er—伊罗曼加盆地，La—拉克兰褶皱带，Mu—默里盆地，NC—新加勒多尼亚盆地，No—诺福克盆地，Of—奥菲瑟盆地，P—南极盆地，Pa—巴布亚盆地，Qu—昆士兰高原，SAD—南澳大利亚深海盆地，So—南塔斯曼高地，Tas—塔斯曼海洋底，WA—西南极地盾，Yi—伊尔冈地块

大洋洲和南极洲主体为隆起剥蚀区。大洋洲奥菲瑟盆地、阿兰达地块以北发育以砂岩、泥岩为主的冲积相。卡奔塔利亚盆地为砂岩、泥岩和碳酸盐岩混积浅海相。南极洲东南极地盾和西南极地盾之间发育由变质碎屑岩构成的大洋沉积。

2. 前寒武纪岩相古地理古位置恢复及古气候分析

前寒武纪（630Ma±），所有大陆板块处于赤道附近及南半球。塔里木、澳大利亚和华南板块位于北纬30°附近，为暖温带气候。各板块中部均发育隆起剥蚀区。塔里木和华南板块周缘为碎屑滨浅海。澳大利亚板块内部发育碎屑岩，周缘为碎屑滨浅海。印度、卡拉哈里、西伯利亚、华北和阿拉斯加板块位于赤道附近，为干旱带或热带气候。各板块中部均发育隆起剥蚀区。阿拉斯加和华北板块周缘为碎屑滨浅海。印度板块内部发育湖相碎屑岩，中南部周缘为碎屑滨浅海，北部发育碳酸盐岩滨浅海相。西伯利亚板块南部为碎屑岩滨浅海相，北部为碳酸盐岩及蒸发岩滨浅海相，指示干旱气候。阿拉伯、南极、撒哈拉、西非、刚果、拉普拉塔、亚马孙、劳伦板块处于南纬30°附近，为暖温带气候。各板块中部均发育隆起剥蚀区，周缘均以碎屑滨浅海相为主。拉普拉塔和劳伦板块内部发育碎屑岩。斯瓦尔巴特、波罗的板块处于南纬60°附近，为寒温带气候。各板块中部均发育隆起剥蚀区，发育的冰碛岩指示寒冷气候。波罗的板块内部发育湖相碎屑岩，周缘为碎屑滨浅海相为主。斯瓦尔巴特板块东南为隆起区，西北大部为碎屑岩和碳酸盐岩滨浅海（图3-2）。

图3-2 前寒武纪（630Ma±）全球岩相古地理复原平面图

二、全球寒武纪岩相古地理分布

1. 现今位置寒武纪岩相古地理分布（图3-3）

寒武纪第二世末（510Ma±），欧亚地区的波罗的、乌克兰、阿拉伯等为隆起剥蚀

图 3-3 寒武纪第二世末（510Ma±）全球岩相古地理平面图（缩略词说明参见图 3-1）

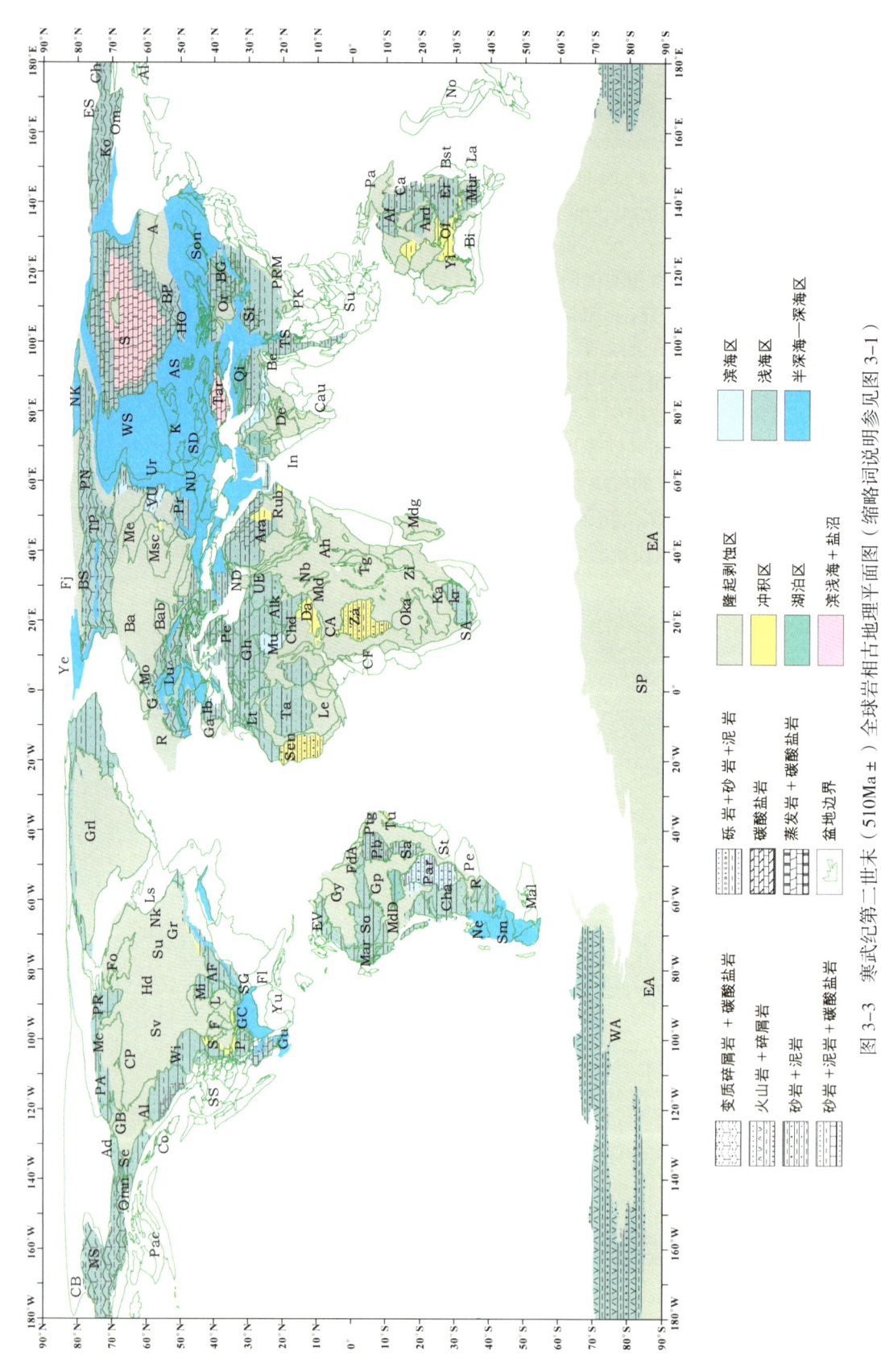

区。波罗的地盾东缘发育小范围碎屑岩浅海相,如蒂曼—伯朝拉盆地。波罗的地盾东南缘发育砂岩、泥岩和碳酸盐岩混积浅海相。波罗的地盾边缘为变质碎屑岩和变质碳酸盐岩混积浅海相,如叶马克盆地。北喀拉海地台为碎屑岩和碳酸盐岩混积的浅海相。环绕阿尔巴纳地盾发育了广泛的以蒸发岩和白云岩为主的滨浅海相,西伯利亚地台周缘为以碳酸盐岩为主的浅海相。西西伯利亚地区为以变质碎屑岩和变质碳酸盐岩为主的浅海相。与波罗的地盾南部相邻的阿瓦隆地体为变质碎屑岩为主的浅海相(如伊比利亚地块),以火山岩和碎屑岩为主的浅海相(如阿摩力克地块)。乌克兰地盾南缘为碎屑岩滨浅海相。阿拉伯板块北部主要为以蒸发岩为特色滨浅海相。印度板块内部发育湖泊相、北侧发育碎屑岩滨海相、东北侧和西北侧发育砂岩、泥岩和碳酸盐岩混积浅海相。Moesian地块—黑海盆地为碳酸盐岩为主的浅海相。波罗的、阿拉伯、印度及西伯利亚板块之间的半深海—深海区主要为造山带变质杂岩指示的古大洋及大洋中漂移的微陆块、岛弧。

北美—格陵兰区主要为隆起剥蚀区。紧邻剥蚀区南缘发育以碎屑岩为主的冲积相,如塞莱纳盆地与丹佛盆地之间。向大陆边缘,依次发育以砂岩、泥岩为主的浅海相(如丹佛盆地、密歇根盆地、帕米亚盆地、格陵兰东北缘),以变质碎屑岩、变质碳酸盐岩为主的混积浅海区(如楚科奇边缘盆地、北坡盆地)。墨西哥湾盆地、尤卡坦台地和南乔治亚盆地、阿拉斯加山脉—奇瓦瓦盆地一带主要为变质岩指示的大洋沉积。

南美的圭亚那地盾、瓜波雷地盾等地区为隆起剥蚀区。剥蚀区之间和边缘发育:(1)以砾岩、砂岩、泥岩为主的冲积—湖泊相(巴拉那和巴纳伊巴盆地);(2)以砂岩、泥岩为主的滨海相(瓜波雷地盾和巴拉那盆地之间);(3)以砂岩、泥岩为主的浅海相(查科—巴拉那盆地、索利莫伊斯盆地及南美北缘);(4)砂岩、泥岩和碳酸盐岩混积浅海相(圣弗朗西斯科盆地)。

非洲的中南部主要为隆起剥蚀区,局部为:(1)以砾岩、砂岩、泥岩为主的冲积相(扎伊尔盆地和塞内加尔盆地);(2)以砂岩、泥岩为主的冲积相(达尔富尔地块)。非洲北部和南缘发育:(1)砂岩、泥岩为主的滨海相(穆祖克盆地);(2)以砂岩、泥岩为主的浅海相(如古达米斯盆地、卡鲁盆地)。

澳大利亚中西部和巴布亚盆地为隆起剥蚀区,以砂岩、泥岩为主的冲积相发育隆起区内部和东南侧(如奥菲瑟盆地)。澳大利亚东部主要为:(1)砂岩、泥岩和碳酸盐岩混积浅海相(卡奔塔利亚盆地);(2)砂岩、泥岩为主的浅海相(伊罗曼加盆地);(3)碳酸盐岩浅海相(默里盆地)。

南极洲主体为隆起剥蚀区。南极地盾濒临太平洋地带发育火山岩和碎屑岩浅海相。

2. 寒武纪岩相古地理古位置恢复及古气候分析

寒武纪第二世末(510Ma±),阿拉斯加板块位于北纬60°附近,为寒温带气候。阿拉斯加板块为变质碎屑岩和碳酸盐岩浅海相。华北、劳伦板块位于北纬30°附近,为暖温带气候。华北板块局部发育小规模隆起剥蚀区,周缘发育碎屑岩浅海区。劳伦板块及其东部的格陵兰板块为隆起剥蚀区,其周缘为碎屑岩浅海区,西缘局部发育碎屑岩冲积区。西伯利亚、塔里木板块位于赤道附近,为干旱气候。西伯利亚板块东部发育小规模隆起剥蚀区。各板块周缘为碎屑滨浅海,中部滨海和盐沼区,指示干旱气候。华南、澳大利亚和南极板块位于赤道附近,为热带气候。华南板块为碎屑滨浅海,局部发育小规模隆起剥蚀区。澳大利亚板块南部是隆起剥蚀区，为现今澳大利亚西部区域，局部发育小规模陆相碎屑冲积区，其余地区为碎屑滨浅海。南极板块是隆起剥蚀区，其周缘地区为碎屑滨浅海。澳大利亚板块与南极板块之间的小板块为隆起剥蚀区。波罗的、印度、阿拉伯北部和非洲板块位于南纬30°附近，为暖温带气候。波罗的、印度及阿拉伯板块中部为隆起剥蚀区，局部发育陆相碎屑冲积区，周缘为碎屑滨浅海；阿拉伯板块内部发育小规模湖泊区。非洲板块为隆起剥蚀区，其周缘为碎屑滨浅海。阿拉伯南部、阿瓦隆和南美板块位于南纬45°以南，为寒温带气候。阿拉伯南部和阿瓦隆板块为碎屑滨浅海相，局部发育陆相碎屑冲积相和隆起剥蚀区。南美板块中部以碎屑滨浅海为主，两侧地区为隆起剥蚀区，其西北部发育湖泊相碎屑岩，周缘为碎屑滨浅海（图3-4）。

图3-4 寒武纪第二世末（510Ma±）全球岩相古地理复原平面图

三、全球奥陶纪岩相古地理分布

1. 现今位置奥陶纪岩相古地理分布（图3-5）

早奥陶世（480Ma±），欧亚大陆的波罗的、阿尔丹、阿拉伯、印度等地盾及法兰兹约瑟夫高地、罗卡尔槽等为隆起剥蚀区。波罗的地盾东缘为以粗碎屑岩为主的滨浅海相（如蒂曼—伯朝拉盆地）；东南部滨里海盆地为碎屑岩与碳酸盐岩混积浅海相；波罗的地盾内部发育碳酸盐岩滨浅海相（莫斯科盆地），碎屑岩为主的滨浅海相（波罗的坳陷）；波罗的地盾北缘、西缘和南缘为以变质岩为特征的滨浅海相（如巴伦支海盆地、摩尔盆地、德国西北盆地）。爱尔兰地块—波希米亚地块一带为加里东期增生到波罗的南缘的阿瓦隆地块，为变质火山岩和碎屑岩为主的浅海相。乌克兰地盾西侧和南侧为以砂岩、泥岩和碳酸盐岩占优势的浅海相。西伯利亚地台阿尔丹地盾北侧为砂岩、泥岩和碳酸盐岩混积

第三章 全球岩相古地理分布及演化

图 3-5 早奥陶世（480Ma±）全球岩相古地理平面图（缩略词说明参见图 3-1）

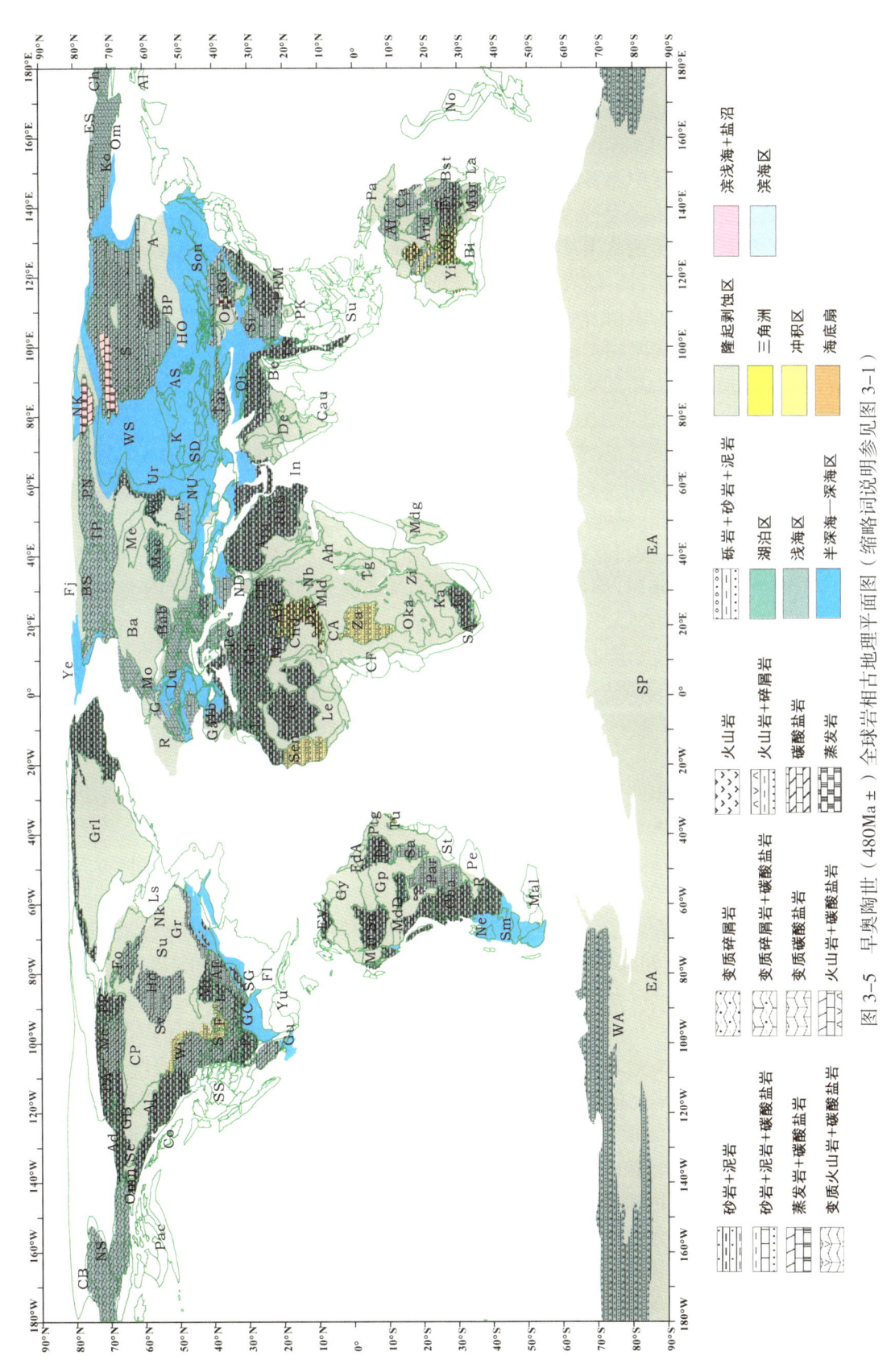

— 77 —

滨浅海相，大部分地带为以碳酸盐岩为主的滨浅海相。西伯利亚地台西北部局部及北喀拉海台地发育蒸发岩。阿拉伯地盾和印度地盾的东北侧主要为陆源碎屑岩滨浅海相。塔里木盆地、华北板块以碳酸盐岩浅海相为主。华南板块和拉萨地块为碎屑岩和碳酸盐岩混积滨浅海相。波罗的、阿拉伯、印度及西伯利亚板块之间的半深海—深海区主要为造山带变质杂岩指示的古大洋及大洋中漂移的微陆块、岛弧。

北美地盾（赛尔文古隆起—大熊盆地、格伦威尔省—北赛瓦丁地块）及格陵兰地盾等地区为隆起剥蚀区。北美地盾南部坳陷区（哈德逊地台）发育碳酸盐岩滨浅海相。北美地盾的周缘发育：（1）以砾岩、砂岩、泥岩为主的冲积相（塞莱纳盆地、森林城市盆地等）；（2）以砂岩、泥岩为主的滨浅海相（赛尔温褶皱带、密歇根盆地、帕米亚盆地、艾伯塔盆地等）；（3）碳酸盐岩浅海相（福克斯盆地、伊利诺斯盆地等）。楚科奇边缘盆地、北坡盆地等地区为变质碎屑岩和变质碳酸盐岩混积浅海相。格陵兰地盾东北缘为以砂岩和泥岩为主的滨浅海相。

南美洲的圭亚那地盾、瓜波雷地盾、里奥拉普拉塔克拉通为隆起剥蚀区。隆起区之间以及西北、西南缘发育：（1）以砂岩、泥岩为主的湖泊相（瓜波雷地盾和巴拉那盆地之间）；（2）以砾岩、砂岩、泥岩为主的滨浅海相（巴拉那盆地）；（3）以砂岩、泥岩为主的浅海相（阿根廷盆地、索利莫伊斯盆地、巴纳伊巴盆地）；（4）泥岩和碳酸盐岩混积浅海相（圣弗朗西斯科盆地）。南美洲南端的索姆库拉地块和马维纳斯地台为半深海—深海沉积。

非洲中部和南部主要为隆起剥蚀区。隆起区间发育以砾岩、砂岩、泥岩为主的冲积相（扎伊尔盆地、塞内加尔盆地）。隆起区北部发育：（1）以砂岩、泥岩为主的冲积相（如库夫拉盆地）；（2）砂岩、泥岩为主的滨海相（如穆祖克盆地）。非洲区南缘主要为以砂岩、泥岩为主的浅海相。

澳大利亚中西部和东部局部、巴布亚盆地、南塔斯曼高地为隆起剥蚀区。隆起区间发育以砂岩、泥岩为主的冲积相（如奥菲瑟盆地）。澳大利亚东北部主要为砂岩、泥岩和碳酸盐岩混积滨浅海相，东南部伊罗曼加盆地发育砂岩、泥岩为主的浅海相，东南缘发育碳酸盐岩浅海相。

南极洲主体为隆起剥蚀区。东部局部发育火山岩和碎屑岩浅海相。南极盆地北部发育砂岩、泥岩为主的浅海相。东南极地盾西北角、东部西侧和北部发育火山岩和碎屑岩浅海相。

2. 早奥陶世岩相古地理古位置恢复及古气候分析

早奥陶世（480Ma±），阿拉斯加板块位于北纬60°附近，为寒温带气候。阿拉斯加板块为变质碎屑岩和碳酸盐岩浅海相。华北、劳伦、西伯利亚和塔里木板块位于北纬30°附近，为暖温带气候。华北板块局部发育小规模隆起剥蚀区，周缘发育碎屑岩浅海区。劳伦板块及其东部的格陵兰板块为隆起剥蚀区，其周缘为碎屑岩浅海区，西缘局部发育碎屑岩冲积区。西伯利亚板块北部发育小规模隆起剥蚀区，周缘为碎屑滨浅海，塔里木板块为碎屑滨浅海。波罗的板块东北部分地区位于赤道附近，为干旱气候。发育碳酸盐岩及蒸发岩滨浅海相，指示干旱气候。华南、澳大利亚和南极板块位于赤道及南纬15°附近，为热带气候。华南板块为碎屑滨浅海，局部发育小规模隆起剥蚀区。澳大利亚板块南部是隆起剥蚀区，为现今澳大利亚西部区域，局部发育小规模陆相碎屑冲积区，其余地区为碎屑滨浅海。南极板块是隆起剥蚀区，其周缘地区为碎屑滨浅海。澳大利亚板块与南极板块之间的小板块为隆起剥蚀区。波罗的、印度、阿拉伯北部、非洲和阿瓦隆板块位于南纬30°附近，为暖温带气候。波罗的、印度、阿拉伯和阿瓦隆板块中部为隆起剥蚀区，局部发育陆相碎屑冲积相，周缘为碎屑滨浅海。非洲板块为隆起剥蚀区，其周缘为碎屑滨浅海。阿拉伯南部和南美板块位于南纬45°以南，寒温带气候。阿拉伯南部板块为碎屑滨浅海相，局部发育陆相碎屑冲积相和隆起剥蚀区。南美板块中部以碎屑滨浅海为主，两侧地区为隆起剥蚀区，其西北部较小的板块为湖泊相碎屑岩，周缘为碎屑滨浅海（图3-6）。

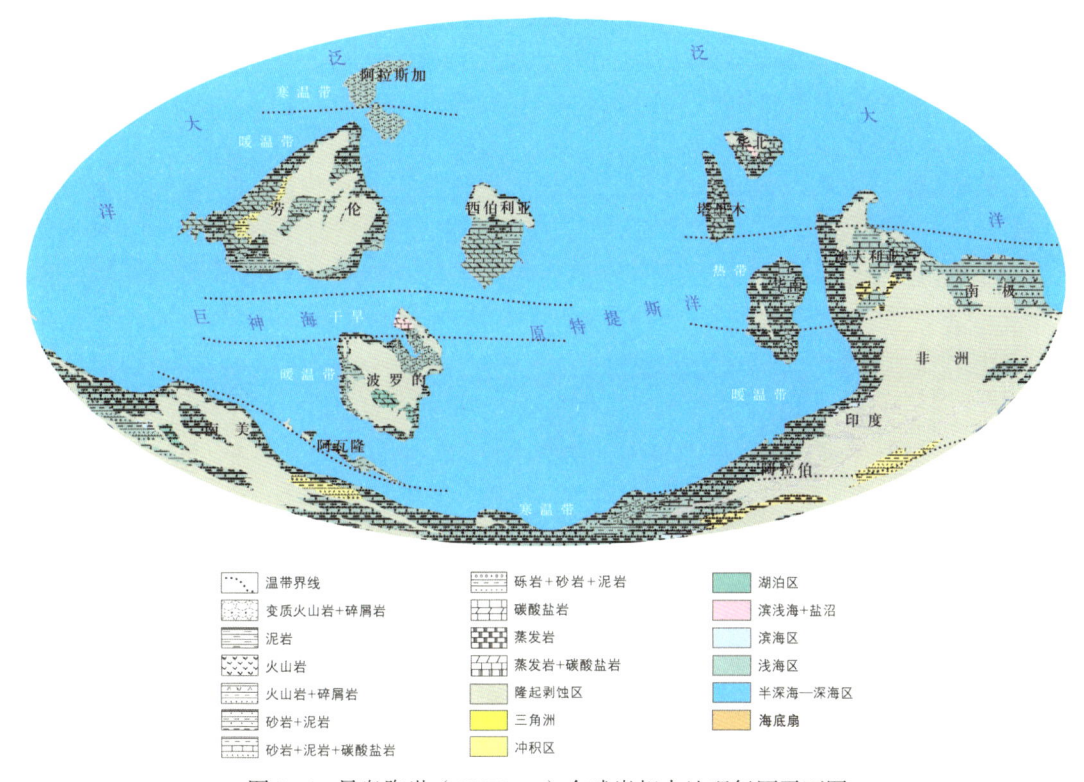

图3-6　早奥陶世（480Ma±）全球岩相古地理复原平面图

四、全球志留纪岩相古地理分布

1. 现今位置志留纪岩相古地理分布（图3-7）

早志留世（430Ma±），欧亚大陆的波罗的、阿尔丹、阿拉伯、印度等地盾及法兰兹约瑟夫高地、罗卡尔槽、哈萨克地块等为隆起剥蚀区。波罗的地盾东缘为以碳酸盐岩为主的滨浅海相（如蒂曼—伯朝拉盆地）；东南部滨里海盆地为碎屑岩与碳酸盐岩混积浅海相；波罗的地盾内部发育砂岩、泥岩为主的湖泊相（莫斯科盆地），变质碎屑岩为主的滨浅海相（波罗的坳陷）；波罗的地盾北缘、西缘和南缘为变质岩为特征的滨浅海相（如巴伦支海盆地、摩尔盆地、德国西北盆地）。爱尔兰地块—波希米亚地块一带为加里东期增生到波罗的南缘的阿瓦隆地块，为变质碎屑岩为主的浅海相。乌克兰地盾西侧和南侧为以砂岩、泥岩和碳酸盐岩占优势的混积浅海相。西伯利亚地台阿尔丹地盾北侧为砂岩、泥岩和碳酸盐岩及火山岩混积滨浅海相，大部分地带为以碳酸盐岩为主的滨浅海相。西伯利亚

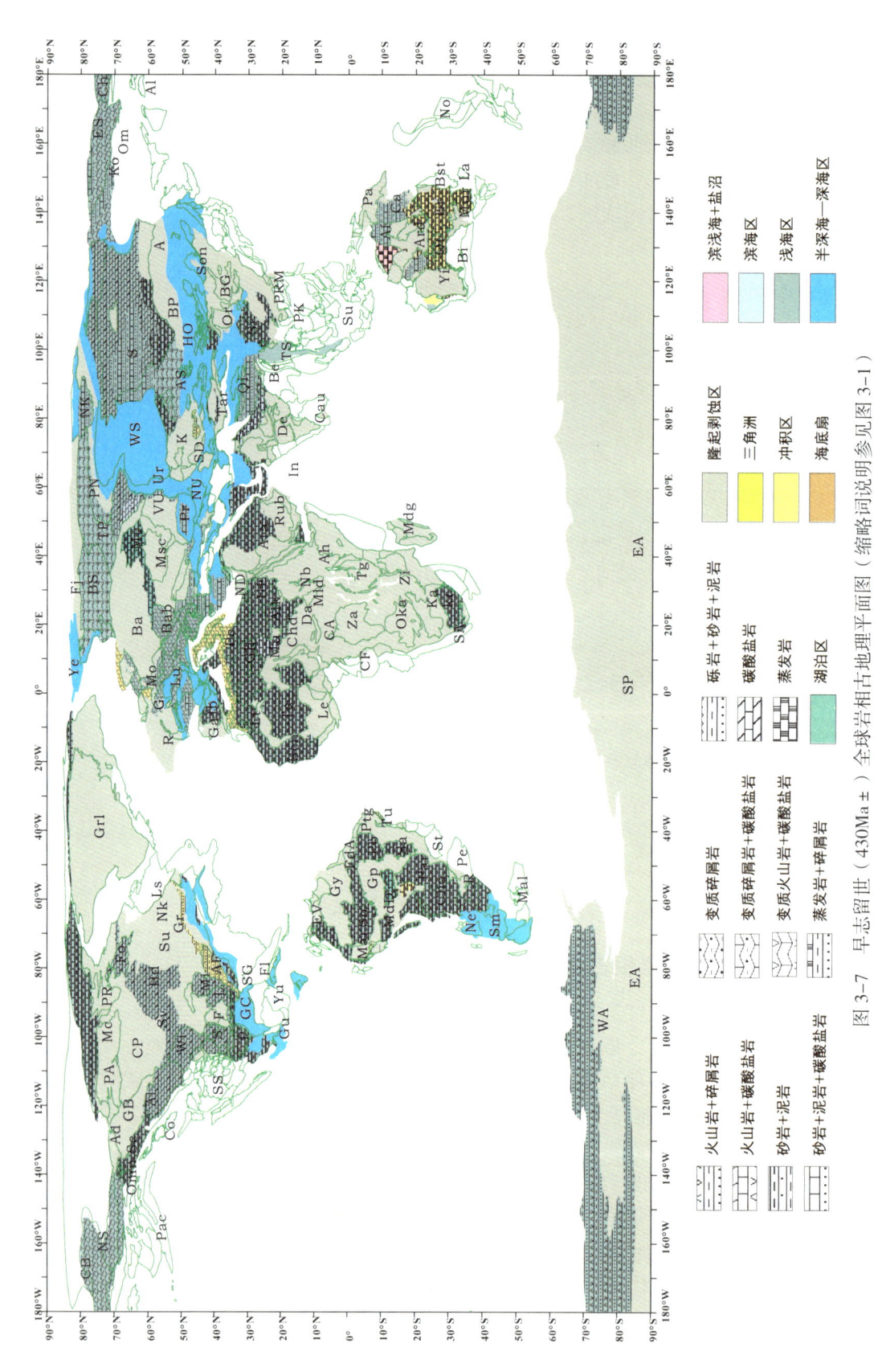

图3-7 早志留世（430Ma±）全球岩相古地理平面图（缩略词说明参见图3-1）

地台西部及北喀拉海台地发育碎屑岩和碳酸盐岩混积浅海相。阿拉伯地盾和印度地盾的东北侧主要为陆源碎屑岩滨浅海相。塔里木盆地以碎屑岩滨浅海相为主。华南板块和拉萨地块为碎屑岩和碳酸盐岩混积滨浅海相。波罗的、阿拉伯、印度及西伯利亚板块之间的半深海—深海区主要为造山带变质杂岩指示的古大洋及大洋中漂移的微陆块、岛弧。

北美地盾（普林斯—里真特盆地、格伦威尔省—北赛瓦丁地块、森林城市盆地、北美东北缘和东南缘、麦克林托克盆地）及格陵兰地盾等地区为隆起剥蚀区。隆起区之间发育：（1）以砾岩、砂岩、泥岩为主的冲积相（阿巴拉契亚前陆盆地）；（2）碳酸盐岩滨浅海相（如福克斯盆地、哈德逊地台）。北美地盾周缘发育：（1）砂岩、泥岩为主的浅海相（如斯沃德鲁普盆地）；（2）碳酸盐岩浅海相（如艾伯塔盆地）；（3）砂岩、泥岩和碳酸盐岩混积浅海相（如二叠盆地）。楚科奇边缘盆地、北坡盆地为以变质碎屑岩和碳酸盐岩为主的浅海相。奇瓦瓦盆地与尤卡坦台地之间及西部为砂岩、泥岩浅海相。阿尔法海岭、格陵兰东南缘、格陵兰北缘和东缘、墨西哥湾盆地等地区为大洋沉积。

南美洲东缘、圭亚那地盾、瓜波雷地盾、里奥拉普拉塔克拉通为隆起剥蚀区。隆起区间发育：（1）砂岩和泥岩为主的冲积相（巴拉那盆地西北部）；（2）砂岩、泥岩为主的湖泊相（瓜波雷地盾和巴拉那盆地之间）；（3）砂岩、泥岩为主的浅海相（如圣弗朗西斯科盆地）。南美洲西南缘和西北缘为以砂岩、泥岩为主的浅海相。索姆库拉地块为大洋沉积。

非洲中部和南部主要为隆起剥蚀区。非洲区南缘和北部、陶丹尼盆地、塞内加尔盆地为以砂岩、泥岩为主的浅海相。穆祖克盆地为砂岩、泥岩为主的滨海相。

大洋洲—南极洲的伊尔冈地块、阿兰达地块、巴布亚盆地为隆起剥蚀区。奥菲瑟盆地、伊洛曼加盆地、默里盆地、伊尔冈地块西侧，以及巴布亚盆地西南侧局部为以砂岩、泥岩为主的冲积相。布劳斯盆地东北侧发育以蒸发岩为主的滨浅海和盐沼相。大洋洲北部、伊尔冈地块与布劳斯地块之间主要为砂岩、泥岩和碳酸盐岩混积浅海相。南极洲主体为隆起剥蚀区，濒临太平洋地区发育大范围火山岩和碎屑岩浅海相。

2. 志留纪岩相古地理古位置恢复及古气候分析

早志留世（430Ma±），阿穆尔板块位于北纬60°以北，为寒温带气候。阿穆尔板块为碎屑滨浅海区。华北、西伯利亚和塔里木板块位于北纬30°附近，为暖温带气候。华北板块为小规模隆起剥蚀区，周缘发育碎屑岩浅海区。西伯利亚板块西北部发育小规模隆起剥蚀区，周缘为碎屑滨浅海，塔里木板块发育小部分隆起剥蚀，周缘为碎屑滨浅海。劳伦北部、华南及澳大利亚北部、阿拉斯加和哈萨克斯坦板块位于赤道附近，为热带气候。劳伦板块北部以隆起剥蚀区为主，中部发育湖泊相碎屑岩和小规模陆源碎屑冲积相。阿拉斯加板块主要为碎屑岩滨浅海。华南及澳大利亚北部和哈萨克斯坦板块中部均发育隆起剥蚀，周缘为碎屑岩滨浅海相。澳大利亚中部和华南南部位于赤道附近，为干旱气候。华南板块中部为隆起剥蚀，周缘为碎屑岩滨浅海。澳大利亚板块发育较大规模碎屑岩冲积区，西部发育碳酸盐岩及蒸发岩滨浅海相，指示干旱气候，周缘为碎屑岩滨浅海。劳伦南部、阿瓦隆、印度、阿拉伯、非洲北部和南极板块位于南纬30°附近，为暖温带气候。各板块内部均发育隆起剥蚀区，周缘为碎屑岩滨浅海相。劳伦板块南部和澳大利亚板块局部发育碎屑岩冲积区。南美和非洲南部板块位于南纬60°以南，为寒温带气候。板块内部均发育隆起剥蚀区，周缘为碎屑岩滨浅海，局部发育碎屑岩冲积区（图3-8）。

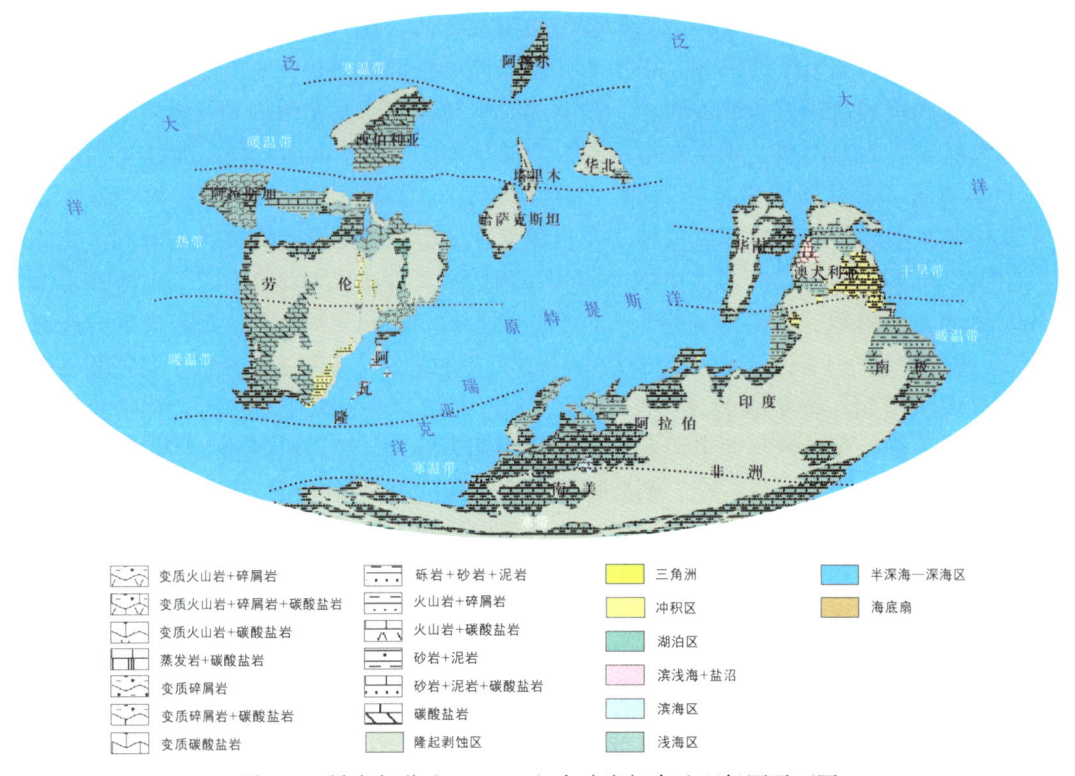

图 3-8 早志留世（430Ma±）全球岩相古地理复原平面图

五、全球泥盆纪岩相古地理分布

1. 现今位置泥盆纪岩相古地理分布（图 3-9）

中泥盆世（390Ma±），欧亚大陆的大部分地区为隆起剥蚀区。欧洲西北、西南部是以砾岩、砂岩、泥岩为主的冲积区（如摩尔盆地和爱尔兰地块南部、伊比利亚地块等地区）。波罗的地盾东缘为以碳酸盐岩为主的滨浅海相（如蒂曼—伯朝拉盆地）；东南部滨里海盆地为碎屑岩湖泊相；波罗的地盾内部发育砂岩、泥岩为主的湖泊相（波罗的坳陷）；波罗的地盾南缘为变质岩为特征的滨浅海相（如德国西北盆地、波希米亚地块等）。乌克兰地盾西侧和南侧为以砂岩、泥岩和碳酸盐岩占优势的混积浅海相。西伯利亚地台内部局部为以砂岩泥岩为主的冲积相。北喀拉海台地发育碎屑岩浅海相。阿拉伯地盾和印度地盾的东北侧主要为陆源碎屑岩滨浅海相，局部发育蒸发岩。塔里木盆地以碎屑岩滨浅海相为主。拉萨地块为碎屑岩和碳酸盐岩混积滨浅海相。波罗的、阿拉伯、华北、印度及西伯利亚板块之间的半深海—深海区主要为造山带变质杂岩指示的古大洋及大洋中漂移的微陆块、岛弧。

北美地区（丘吉尔省—安德森平原、赛尔文古隆起—塞莱纳盆地）和格陵兰地盾主要为隆起剥蚀区。北美板块内部发育：（1）蒸发岩和碳酸盐岩为主的滨海区和盐沼（哈德逊地台）；（2）砾岩、砂岩、泥岩为主的冲积相（阿巴拉契亚前陆盆地）；（3）碳酸盐岩滨浅海相（如密歇根盆地）。北美板块周缘发育：（1）砂岩、泥岩为主的浅海相（如赛尔温褶皱带、二叠盆地等）；（2）碳酸盐岩浅海相（如艾伯塔盆地）。麦克林托克盆地—普林斯—里真特盆地以北发育变质碎屑岩浅海相。楚科奇边缘盆地和北坡盆地为以变质碎屑

第三章 全球岩相古地理分布及演化

图 3-9 中泥盆世（390Ma±）全球岩相古地理平面图（缩略词说明参见图 3-1）

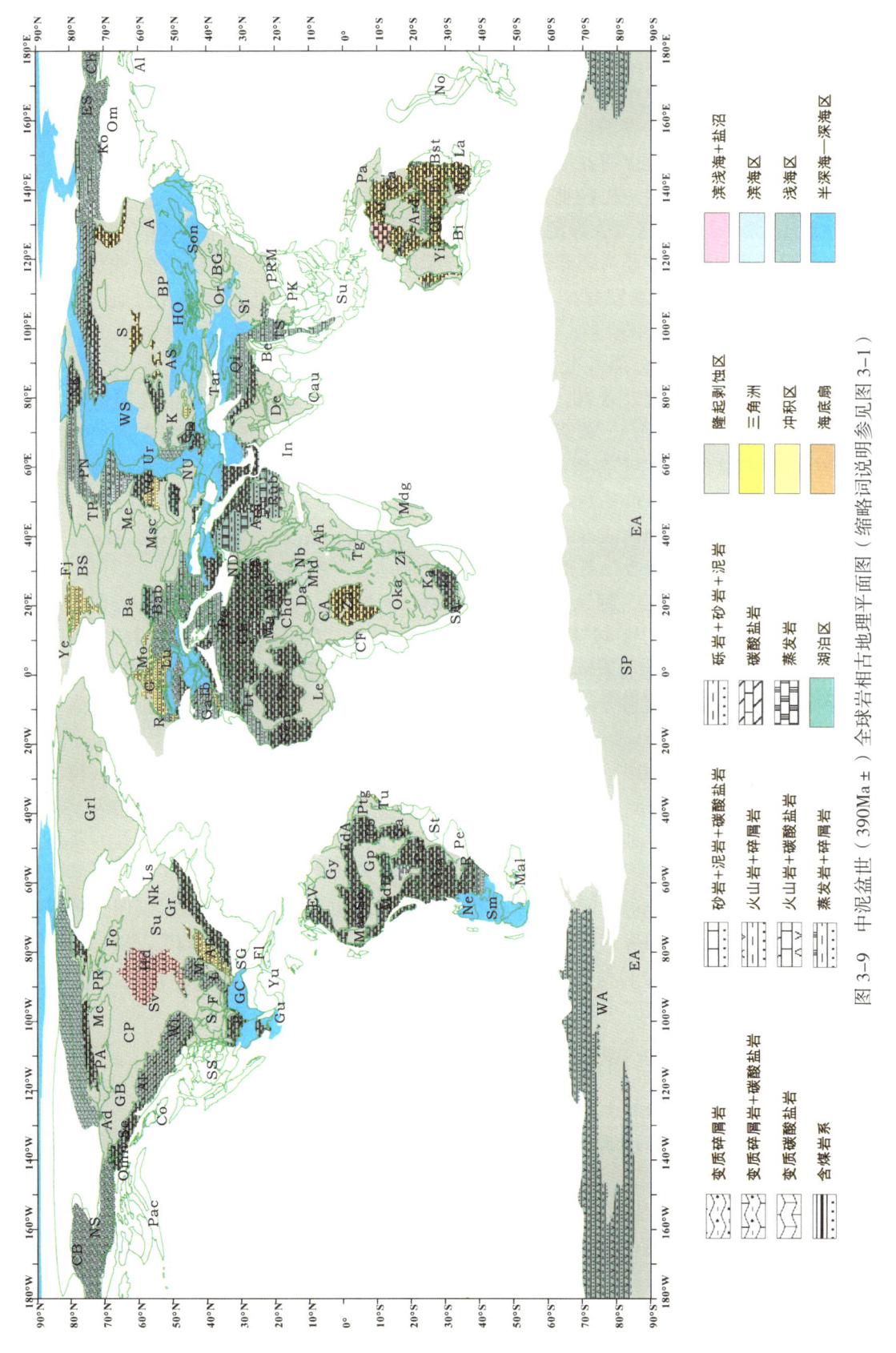

岩和碳酸盐岩为主的浅海区。墨西哥湾盆地—南乔治亚盆地及北美区东南缘、阿拉斯加山脉—奥米尼卡带一带为变质杂岩指示的大洋沉积。

南美洲隆起剥蚀区分布分散（东缘、圭亚那地盾、瓜波雷地盾等）。隆起区之间发育：（1）以砂岩、泥岩为主的湖泊相（瓜波雷地盾和巴拉那盆地之间）；（2）以砂岩、泥岩为主的滨浅海相（如索利莫伊斯盆地、巴拉那盆地等）。南美洲西缘发育：（1）砾岩、砂岩、泥岩为主的浅海相（查科—巴拉那盆地）；（2）砂岩、泥岩、碳酸盐岩混积浅海相（马拉开波盆地）。索姆库拉地区为大洋沉积。

非洲区中部和南部主要为隆起剥蚀区。隆起区内发育以砂岩、泥岩为主的冲积相（乍得盆地）。非洲北部和南缘发育：（1）砂岩、泥岩为主的滨海相（如穆祖克盆地、陶丹尼盆地、卡鲁盆地等）；（2）砂岩、泥岩和碳酸盐岩混积浅海相（如廷多夫盆地）。

大洋洲隆起剥蚀区分隔性分布（伊尔冈地块、阿兰达地块、布劳斯地块、巴布亚盆地）。隆起区间主要为以砂岩、泥岩为主的冲积相（奥菲瑟盆地、伊洛曼加盆地、默里盆地、卡奔塔利亚盆地）。布劳斯地块与阿拉弗拉盆地之间发育以蒸发岩为主的滨海相和盐沼。大洋洲西侧、卡奔塔利亚盆地与昆士兰高原之间发育以砂岩、泥岩为主的浅海相。

南极洲主体为隆起剥蚀区，南极濒临太平洋地带发育大范围火山岩和碎屑岩浅海相。

2. 泥盆纪岩相古地理古位置恢复及古气候分析

中泥盆世（390Ma±），阿穆尔板块位于北纬60°以北，为寒温带气候，为碎屑滨浅海区。西伯利亚板块位于北纬45°附近，为暖温带气候，中部为隆起剥蚀区，局部发育碎屑岩冲积区，其余地区为碎屑岩滨浅海。劳俄北部、加拉提亚北部、哈萨克斯坦、塔里木、华南和华北板块位于赤道附近，为热带气候；劳俄大陆北部主要发育隆起剥蚀区，内部发育碎屑岩湖泊相，边缘为碎屑岩滨浅海；加拉提亚北部、哈萨克斯坦、塔里木、华南和华北板块内均发育隆起剥蚀区，周缘为碎屑岩滨浅海。劳俄南部、加拉提亚南部、阿拉伯和澳大利亚板块位于南纬15°附近，为干旱气候；加拉提亚板块南部主要为碎屑岩滨浅海。劳俄南部、阿拉伯和澳大利亚板块内均发育隆起剥蚀区，并发育较大规模碳酸盐岩及蒸发岩滨浅海相，周缘均为碎屑岩滨浅海。劳俄南部和澳大利亚板块内部发育较大规模的碎屑岩冲积区。南美及非洲北部、印度和南极板块位于南纬45°附近，为暖温带气候；各板块内均发育隆起剥蚀区，周缘为碎屑岩滨浅海。南美及非洲南部位于南纬60°以南，为寒温带气候；板块内主要为隆起剥蚀区，周缘为碎屑岩滨浅海。南美内陆发育碎屑岩湖泊相，非洲内陆发育碎屑岩冲积区（图3-10）。

六、全球石炭纪岩相古地理分布

1. 现今位置石炭纪岩相古地理分布（图3-11）

早石炭世（350Ma±），欧洲西部、亚洲中部多为隆起剥蚀区。西伯利亚地台中部和南部是含煤层系的冲积区。西伯利亚地台周缘为浅海相，东部和中部偏南地区砂岩、泥岩为主，北缘和西部为以砂岩、泥岩和碳酸盐岩、西部为砂岩、泥岩和碳酸盐岩。波罗的地盾南部与乌克兰地盾之间、北喀拉海地台、新地岛、伊比利亚地块等地区是砂岩、泥岩和碳酸盐岩混积浅海相。蒂曼—伯朝拉、伏尔加—乌拉尔盆地北部等地区为以碳酸盐岩为主的滨浅海相。滨里海盆地是砂岩、泥岩为主浅海相。波希米亚地块为火山岩和碎屑岩为主

图 3-10　中泥盆世（390Ma±）全球岩相古地理复原平面图

的浅海区。西西伯利亚盆地以变质火山岩和变质碎屑岩浅海相为主，西部为变质碎屑岩和变质碳酸盐岩浅海相。东北德国—波兰盆地为变质碎屑岩和变质碳酸盐岩为主的浅海相。阿尔泰—阿尔丹南侧为变质岩指示的浅海相，塔里木、华北边缘、羌塘发育碎屑岩与碳酸盐岩混积浅海相。扎格罗斯、华南以碳酸盐岩浅海相为主。印度板块北缘主要为碎屑岩浅海相。乌拉尔、中亚褶皱带和西西伯利亚盆地北部为半深海—深海沉积。

北美和格陵兰板块主要为隆起剥蚀区。北美南部、赛尔温褶皱带和艾伯塔盆地西南部为碳酸盐岩浅海相。楚科奇边缘盆地和北坡盆地发育变质碎屑岩和碳酸盐岩浅海相。罗蒙索诺夫海岭为以砂岩和泥岩为主构成的浅海相。墨西哥湾盆地—南乔治亚盆地西部、北美区东南缘、阿拉斯加山脉—奇瓦瓦盆地一带为半深海—深海。

南美洲内陆隆起剥蚀区分隔性发育。查科—巴拉那盆地、巴拉那盆地为以砾岩、砂岩、泥岩为主的冲积相。圣弗朗西斯科盆地为以砾岩、砂岩、泥岩为主的湖泊相。南美西部、西北部、圭亚那地盾与瓜波雷地盾之间发育以砂岩、泥岩为主的浅海相。索利莫伊斯盆地发育砂岩、泥岩和碳酸盐岩混积浅海相。索姆库拉地块和马尔维纳地台为半深海—深海。

非洲中部和南部多为隆起剥蚀区。非洲西南缘和南缘、奥科万戈盆地东北部、扎伊尔盆地为以砾岩、砂岩、泥岩为主的冲积相。穆祖克盆地为碎屑岩和蒸发岩为主的滨海相和盐沼。非洲北部主要为以砂岩、泥岩为主的浅海相，局部见砂岩、泥岩和碳酸盐岩混积浅海相。非洲北缘主要为砂岩、泥岩和碳酸盐岩混积浅海相。

大洋洲伊尔冈地块、阿兰达地块、巴布亚盆地为隆起剥蚀区。拉克兰褶皱带和阿兰

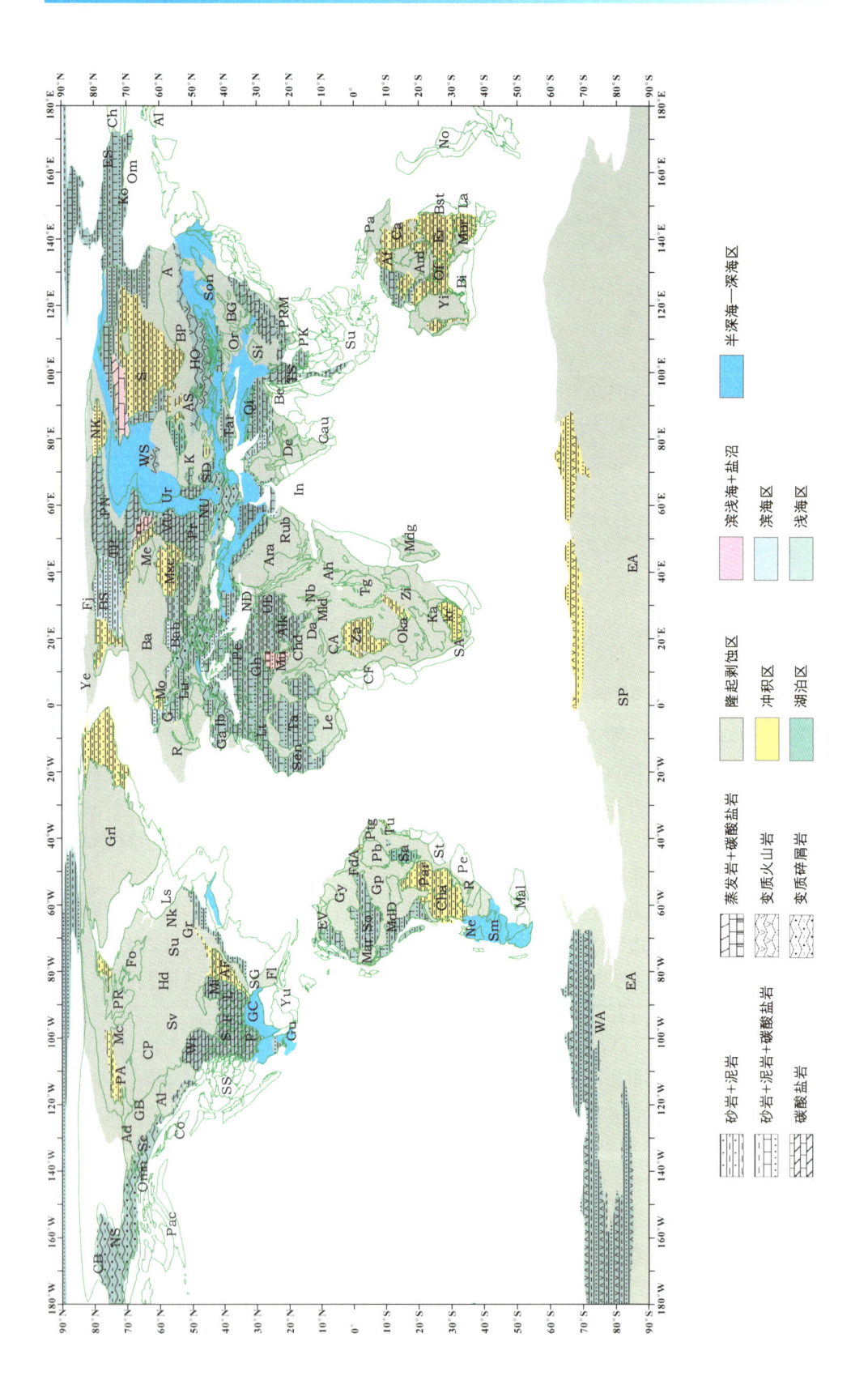

图3-11 早石炭世（350Ma±）全球岩相古地理平面图（缩略词说明参见图3-1）

达地块南侧发育以砾岩、砂岩、泥岩为主的冲积相。大洋洲北部、奥菲瑟盆地、卡奔塔利亚盆地、伊洛曼加盆地、默里盆地等地区发育以砂岩、泥岩为主的冲积相。布劳斯地块发育砂岩、泥岩和碳酸盐岩混积浅海相。大洋洲西侧局部发育以砂岩、泥岩为主的浅海相。

南极洲主体为隆起剥蚀区。南极盆地—东南极地盾北部发育以火山碎屑岩为主的冲积相。东部局部发育火山岩和碎屑岩浅海相。东南极地盾北部、西南极地盾西部发育广泛火山碎屑岩浅海相。

2. 石炭纪岩相古地理古位置恢复及古气候分析

早石炭世（350Ma±），西伯利亚和阿穆尔板块位于北纬30°附近，为暖温带气候；西伯利亚板块为隆起剥蚀区，西南部为碎屑岩冲积区，周缘部分发育碎屑岩滨浅海相；阿穆尔为碎屑岩滨浅海。劳俄北部位于北纬15°附近，为干旱气候，主要为隆起剥蚀区，内部发育碳酸盐岩和蒸发岩滨浅海，局部发育碎屑岩冲积区，周缘为碎屑岩滨浅海。劳俄南部、哈萨克斯坦、塔里木、加拉提亚、华北、华南和澳大利亚板块位于赤道附近，为热带气候；哈萨克斯坦、塔里木、加拉提亚、华北、华南多为隆起剥蚀区，周缘为碎屑岩滨浅海。劳俄板块中部均为隆起剥蚀区，局部发育碎屑岩冲积区，周缘为碎屑岩滨浅海区；澳大利亚内陆多为碎屑岩冲积区，局部为隆起剥蚀区，周缘为碎屑岩滨浅海相。南美及非洲北部、印度和南极板块位于南纬45°附近，为暖温带气候；各板块内均有隆起剥蚀区，周缘为碎屑岩滨浅海；印度内陆发育碎屑岩冲积区。南美及非洲南部位于南纬60°以南，为寒温带气候；多为隆起剥蚀区，有碎屑岩冲积区，周缘为碎屑岩滨浅海（图3-12）。

图3-12 早石炭世（350Ma±）全球岩相古地理复原平面图

七、全球二叠纪岩相古地理分布

1. 现今位置二叠纪岩相古地理分布（图 3-13）

中二叠世（270Ma±），欧亚大陆隆起剥蚀区占优势。隆起区之间发育了：(1) 砾岩、砂岩和泥岩为主的冲积区（如伏尔加—乌拉尔盆地北部西侧），砂岩、泥岩为主的冲积区（如北喀拉海地台），含煤岩系为主的冲积区（西伯利亚地台中部、阿摩力克地块北部）；(2) 含煤岩系的湖泊相（如阿摩力克地块东北部），砂岩和泥岩为主的湖泊相（波罗的地盾西南部、西伯利亚地台东缘）；(3) 蒸发岩和碎屑岩为主的滨浅海和盐沼相（东北德国—波兰盆地），蒸发岩和碳酸盐岩为主的滨浅海和盐沼相（如莫斯科盆地、滨里海盆地）；(4) 砂岩、泥岩为主的滨浅海相（西伯利亚地台东部），蒸发岩和碳酸盐岩为主的滨浅海相（如扎格罗斯盆地）；(5) 砂岩、泥岩为主的浅海相（如阿姆河盆地），砂岩、泥岩和碳酸盐岩为主的浅海相（如黑海西南侧），碳酸盐岩为主的浅海相（如伏尔加—乌拉尔盆地），变质火山岩为主的浅海区（如阿尔丹地盾南缘地带），变质碎屑岩为主的浅海相（黑海盆地东北缘），变质火山岩和变质碎屑岩为主的浅海相（北高加索台地东南部）。北高加索台地西南、东西伯利亚深海盆地西侧等地区为半深海—深海相。

北美—格陵兰区主体为隆起剥蚀区。格陵兰地盾东缘发育以砾岩、砂岩、泥岩为主的冲积相。北美区北缘发育以砂岩、泥岩为主的浅海相。赛尔温褶皱带东南部—艾伯塔盆地西南部—威利斯顿盆地发育碳酸盐岩浅海相。

南美洲北部和南端多为隆起剥蚀区。拉普拉塔克拉通东部和北部局部地区、巴纳伊巴盆地、瓜波雷地盾西部发育以砂岩、泥岩为主的冲积相。圣弗朗西斯科盆地发育以砾岩、砂岩、泥岩为主的湖泊相。阿根廷盆地西侧发育以砂岩、泥岩为主的湖泊相。乍得盆地—巴拉那盆地、瓜波雷地盾西南部发育砂岩、泥岩和碳酸盐岩混积浅海相。索利莫伊斯盆地发育以砂岩和泥岩为主的浅海相。

非洲大陆多为隆起剥蚀区。隆起区剥蚀区之间发育以砾岩、砂岩和泥岩为主的冲积相（纳马—卡拉巴里盆地、加达迈斯盆地西侧、扎伊尔盆地、非洲西部局部和东部边缘）和以砂岩、泥岩为主的冲积相（库夫拉盆地—加达迈斯盆地一带、奥科万戈盆地西侧、坦桑尼喀盆地东侧、马达加斯加地块、西侧卡普瓦尔地块和卡鲁盆地之间）。非洲大陆北缘发育砂岩、泥岩为主的浅海相（如拉尔勃盆地）。

大洋洲隆起剥蚀区分隔性分布。大洋洲东部和东南边缘主要发育以砂岩、泥岩为主的冲积相。大洋洲西缘、坎宁盆地、布劳斯地块—大洋洲北缘以及大洋洲东缘发育砂岩、泥岩和碳酸盐岩混积浅海相。

南极洲主体为隆起剥蚀区。南极盆地北缘发育火山碎屑岩冲积相。东南极地盾濒临太平洋边缘，西南极地盾西部和北部为火山岩和碎屑岩浅海相。

2. 二叠纪岩相古地理古位置恢复及古气候分析

中二叠世（270Ma±），欧亚东北部、阿穆尔、华北和华南北部位于北纬30°附近，为暖温带气候；各板块内均发育隆起剥蚀区，周缘为碎屑岩滨浅海；欧亚东部发育较大规模碎屑岩冲积区，华北中部为碎屑岩湖泊相，华南中部主要为碎屑岩滨浅海。劳伦、塔里木和哈萨克斯坦板块分布于北纬45°和赤道附近，为干旱气候；各板块内均发育隆起剥蚀区、碎屑岩冲积区，碳酸盐岩和蒸发岩滨浅海相，周缘为碎屑岩滨浅海；劳伦东缘发育湖

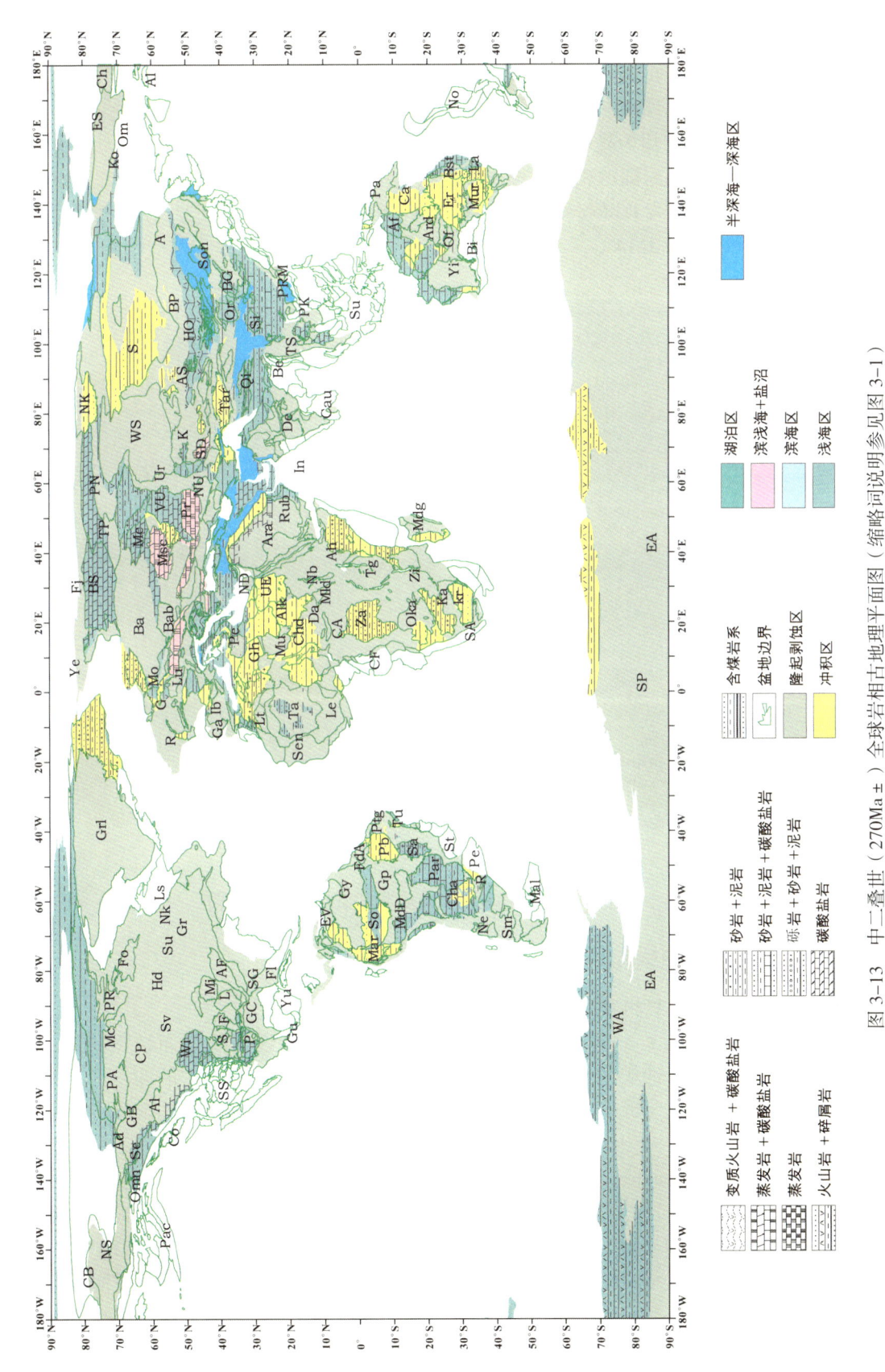

图 3-13 中二叠世（270Ma±）全球岩相古地理平面图（缩略词说明参见图 3-1）

泊相碎屑岩。南美和非洲北部、阿拉伯、辛梅利亚、华南南部位于赤道附近，为副热带气候；各板块内均发育隆起剥蚀区，周缘为碎屑岩滨浅海。南美和非洲北部发育较大规模碎屑岩冲积区。南美和非洲南部，印度和澳大利亚北部主要位于南纬30°和60°之间，为暖温带气候；各板块内陆均为隆起剥蚀区，并发育不同规模碎屑岩冲积区，周缘为滨浅海；南美南部局部发育碎屑岩湖泊相。南极、印度和澳大利亚南部位于南纬60°以南，为寒温带气候；各板块内陆均发育隆起剥蚀区，周缘为碎屑岩滨浅海；澳大利亚南部发育较大规模的碎屑岩冲积区（图3-14）。

图3-14 中二叠世（270Ma±）全球岩相古地理复原平面图

八、全球三叠纪岩相古地理分布

1. 现今位置三叠纪岩相古地理分布（图3-15）

晚三叠世（220Ma±），欧亚大陆绝大部分为隆起剥蚀区。隆起剥蚀区内发育：（1）砾岩、砂岩、泥岩冲积区（蒂曼—伯朝拉盆地），以砂岩、泥岩为主的冲积区（梅津盆地、锡尔河盆地、北乌斯丘尔特盆地、摩尔盆地、西伯利亚地台南部及其东部局部等）；（2）以含煤岩系为主的湖泊区（如图尔盖盆地），以砂岩、泥岩为主的湖泊区（如塔里木盆地）；（3）以蒸发岩和碎屑岩为主的滨海和盐沼区（阿摩力克地块南部、加利西亚盆地、东北德国—波兰盆地），以蒸发岩和碳酸盐岩为主的滨海和盐沼区（如阿拉伯板块北缘），以蒸发岩为主的滨海和盐沼区（伊比利亚地块东北部）。欧亚大陆边缘发育：（1）砂岩和泥岩为主的滨浅海相三角洲相（如东巴伦支海盆地）；（2）砂岩、泥岩为主的浅海区（法兰兹约瑟夫高地、滨里海盆地、北高加索台地等），以砂岩、泥岩及碳酸盐岩为特征的混

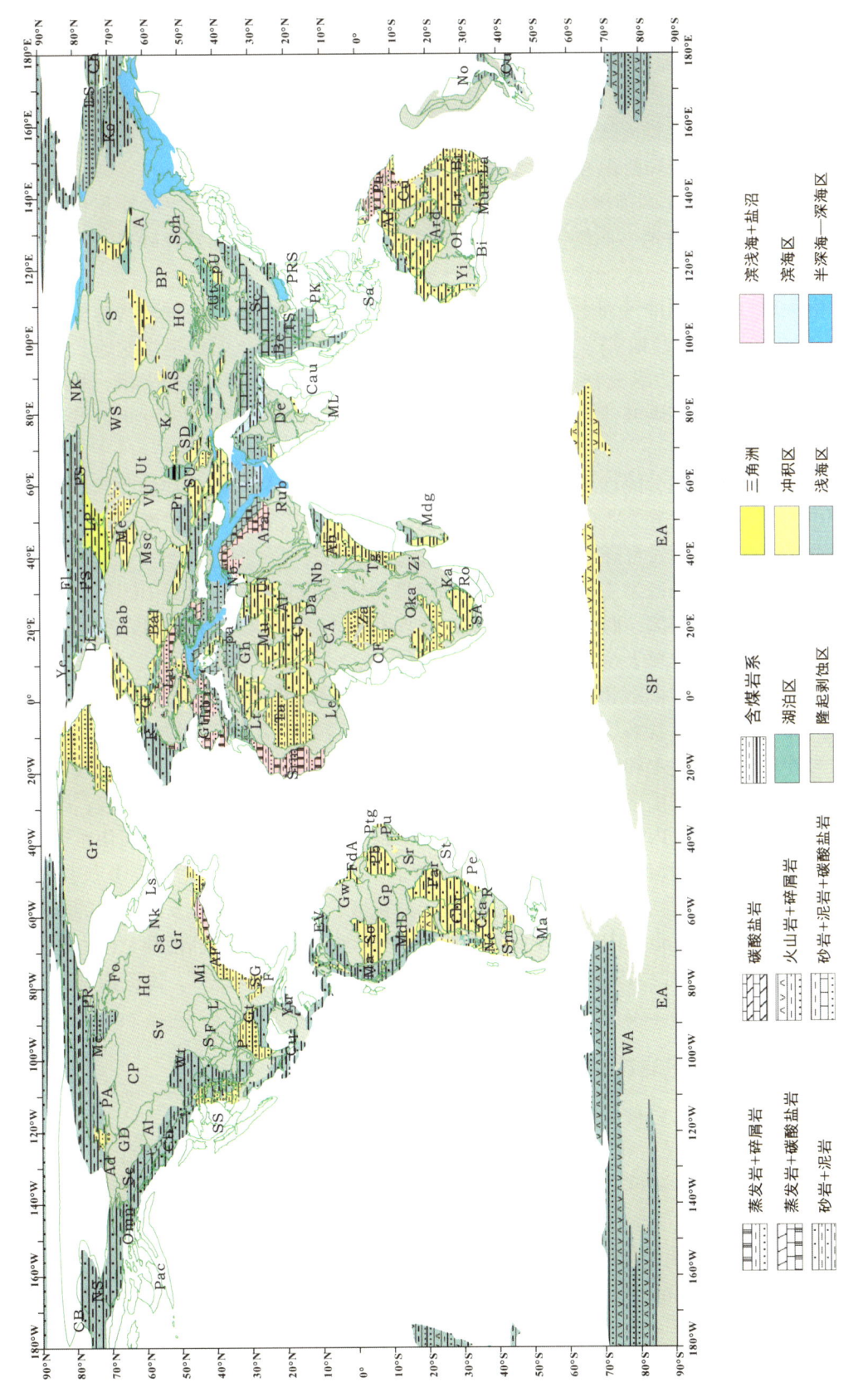

图 3-15 晚三叠世（220Ma±）全球岩相古地理平面图（缩略词说明参见图 3-1）

积浅海区（如阿姆河盆地、羌塘盆地、四川盆地等）；（3）碳酸盐岩为主的浅海区（如扎格罗斯东北缘）。北鄂霍茨克海盆地为半深海—深海相发育于滨地中海、喜马拉雅及鄂霍茨克海等地。

北美和格陵兰区主要为隆起剥蚀区。北美—格陵兰的东南缘发育砾岩、砂岩、泥岩为主的冲积相，北美北缘和西南缘主要发育以砂岩、泥岩为主的浅海相。

南美洲大陆以隆起剥蚀区占主导，隆起区间发育以砂岩、泥岩为主的冲积相（如查科—巴拉那、巴拉那盆地、巴纳伊巴盆地等）。南美大陆北缘和西缘发育砂岩、泥岩和碳酸盐岩混积浅海相。

非洲大陆以隆起剥蚀区为主，隆起区之间发育：（1）砾岩、砂岩、泥岩为主的冲积相（陶丹尼盆地、扎伊尔盆地）；（2）以砂岩、泥岩为主的冲积相（如穆祖克盆地、库夫拉盆地等）。非洲区西部边缘发育以砂岩、泥岩和蒸发岩为主的滨浅海和盐沼相。非洲区北缘发育以砂岩、泥岩和碳酸盐岩为主的浅海相。马达加斯加地块北缘和非洲东侧发育以砂岩、泥岩为主的浅海相。

大洋洲隆起剥蚀区分隔性分布，西部规模稍大，东部规模较小。大洋洲北部、东部和西北部多为以砂岩、泥岩为主的冲积相。西北缘布劳斯地块发育以砂岩、泥岩为主的浅海相。东北缘巴布亚盆地发育碎屑岩和蒸发岩滨浅海盐沼相。

南极洲以隆起剥蚀区为主。东南极地盾和南极盆地之间北部发育以火山碎屑岩为主的冲积区，东南极地盾西部，西南极地盾西部和北部发育广泛的火山岩和碎屑岩浅海相。

2. 三叠纪岩相古地理古位置恢复及古气候分析

晚三叠世（220Ma±），欧亚东北部、塔里木、阿穆尔、华北和华南北部位于北纬30°附近，为暖温带气候；各板块内均发育隆起剥蚀区，周缘为碎屑岩滨浅海，欧亚东北部发育碎屑岩冲积区，塔里木和华北中部为湖泊相碎屑岩，华南中部主要为碎屑岩滨浅海。欧亚南部、辛梅里亚、华南南部和印支板块位于北纬45°和赤道之间，为热带气候；欧亚南部主要为隆起剥蚀区，内部发育碎屑岩冲积区；辛梅里亚、华南南部和印支板块主要为碎屑岩滨浅海，局部发育隆起剥蚀区。劳伦、阿拉伯、南美北部及非洲北部位于赤道附近，为干旱气候；各板块内均有隆起剥蚀区、碎屑岩冲积区、碳酸盐岩和蒸发岩为主的滨浅海和碎屑岩滨浅海；劳伦板块内局部发育碎屑岩湖泊相。南美南部、非洲南部、澳大利亚和南极位于南纬15°以南，为暖温带气候。各板块内部均发育隆起剥蚀区，南美南部和澳大利亚大陆以碎屑岩冲积区为主，周缘为碎屑岩滨浅海（图3-16）。

九、全球侏罗纪岩相古地理分布

1. 现今位置侏罗纪岩相古地理分布（图3-17）

中侏罗世（165Ma±），欧亚大陆以隆起剥蚀区占主导，隆起剥蚀区内发育：（1）砾岩、砂岩、泥岩为特征的冲积区（蒂曼—伯朝拉盆地）；（2）砂岩和泥岩为主的冲积区（北喀拉海地台、锡尔河盆地等）；（3）砂岩和泥岩为主的湖泊相（如图尔盖盆地、塔里木盆地、四川盆地等）。乌拉尔褶皱带南北两端发育砂岩和泥岩为主的三角洲（北乌斯丘尔特盆地北部、西西伯利亚盆地北部、新地岛前渊西部）。欧洲—中北亚大陆周缘发育：（1）碳酸盐岩和蒸发岩为主的滨浅海+盐沼相（扎格罗斯盆地）；（2）以含煤岩系为主的滨浅海相（如曼格什拉克盆地）；（3）砂岩和泥岩为主的滨海相（如巴伦支海、摩尔盆地、滨里海盆地

图 3-16 晚三叠世（220Ma±）全球岩相古地理复原平面图

等）；（4）砂岩、泥岩、碳酸盐岩为主的浅海相（如波罗的地盾南部）；（5）碳酸盐岩为主的浅海相（如加利西亚盆地）；（6）火山岩与碎屑岩为主的浅海相（如北鄂霍茨克海盆地）；（7）变质岩为主的浅海相（北鄂霍茨克海西侧）。半深海—深海相主要发育于阿拉伯—印度板块的北侧。

北美和格陵兰区以隆起剥蚀区为主。隆起区内发育以砂岩、泥岩为主的冲积相（如威利斯顿盆地）。北美—格陵兰周缘主要为砂岩、泥岩为主的浅海相。北美东南缘和加勒比地区发育：（1）蒸发岩为主的滨浅海和盐沼相（如格雷罗盆地）；（2）砂岩、泥岩为主的浅海相（如尤卡坦台地）；（3）以碳酸盐岩为主的浅海相（北美东南缘）。北美东南侧及深水墨西哥湾为大洋沉积。

南美洲隆起剥蚀区主要分布于中北部（如圭亚那地盾、瓜波雷地盾等）。隆起剥蚀区之间发育：（1）砾岩、砂岩、泥岩为特征的冲积相（阿根廷盆地），砂岩、泥岩为主的冲积相（如查科—巴拉那盆地、圣弗朗西斯科盆地等）；（2）砂岩、泥岩为主的湖泊相（如索利莫伊斯盆地）。南美洲西北缘发育：（1）砾岩、砂岩、泥岩为主的滨浅海相（亚诺斯盆地）；（2）砂岩、泥岩为主的浅海相（如索姆库拉地块北部）；（3）火山碎屑岩为主的浅海相（马维纳斯台地西侧）。

非洲中部主要为隆起剥蚀区。非洲南部为隆起区与冲积区相间，冲积区岩相类型有：（1）以火山碎屑岩为主（如卡鲁盆地）；（2）以砾岩、砂岩、泥岩为主（如纳马—卡拉巴里盆地）。非洲北部以砂岩、泥岩为特征的冲积区为主，其间有小规模的隆起剥蚀区。非洲边缘发育：（1）砂岩、泥岩和蒸发岩为主的滨浅海和盐沼相（加达迈斯盆地）；（2）碳

- 93 -

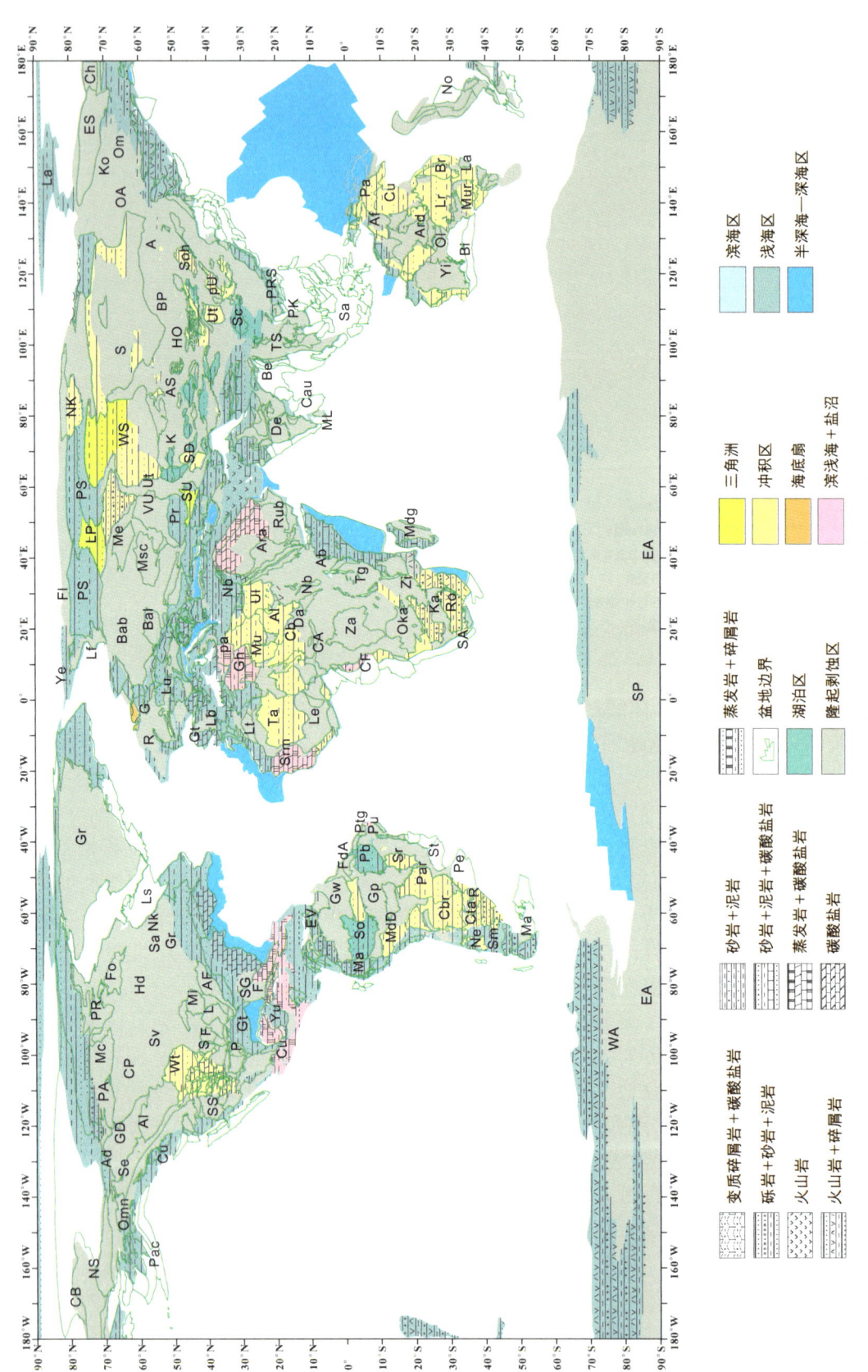

图 3-17 中侏罗世（165Ma±）全球岩相古地理平面图（缩略词说明参见图 3-1）

酸盐岩和蒸发岩为主的滨浅海和盐沼相（塞内加尔盆地）；（3）砂岩、泥岩为主的浅海相（马达加斯加地块北缘）；（4）发育以砂岩、泥岩和碳酸盐岩为主的混积浅海相（廷多夫盆地西侧）。非洲东南侧有大洋发育。

大洋洲西部以隆起剥蚀区为主。大洋洲东部主要是以砂岩、泥岩为主的冲积相。大洋洲西北角的布劳斯地块和伊尔冈地块西北部为以砂岩、泥岩和碳酸盐岩为主的浅海相。

南极洲主体为隆起剥蚀区。南极盆地北部发育碎屑岩浅海相。东南极地盾西部、西南极地盾西部和北部发育大范围火山碎屑岩浅海相。

2. 侏罗纪岩相古地理古位置恢复及古气候分析

中侏罗世（165Ma±），欧亚北部和阿穆尔板块位于北纬60°以北，为寒温带气候；板块内部为隆起剥蚀区，局部发育碎屑岩冲积区，周缘为碎屑岩滨浅海相。劳伦、欧亚、塔里木、华北和华南板块位于北纬15°至60°之间，为暖温带气候；各板块内均有隆起剥蚀区，局部发育碎屑岩冲积区，周缘为碎屑岩滨浅海；欧亚内部也有碎屑岩湖泊相和三角洲相；塔里木和华北板块内部发育较大规模碎屑岩湖泊相。南美和非洲中北部、阿拉伯位于赤道附近，为干旱气候；各板块内发育隆起剥蚀区，周缘为碎屑岩滨浅海、碳酸盐岩和蒸发岩滨浅海；南美板块内部发育碎屑岩湖泊相；非洲板块主要发育碎屑岩冲积区。南美及非洲南部、印度和澳大利亚位于南纬45°附近，为暖温带气候；非洲南部和印度主要为隆起剥蚀区，周缘为碎屑岩滨浅海。南美南部和澳大利亚板块主要为碎屑岩冲积区，局部为隆起剥蚀区，周缘为碎屑岩滨浅海。南极板块位于南纬60°以南，为寒温带气候，多为隆起剥蚀区，周缘为碎屑岩滨浅海（图3-18）。

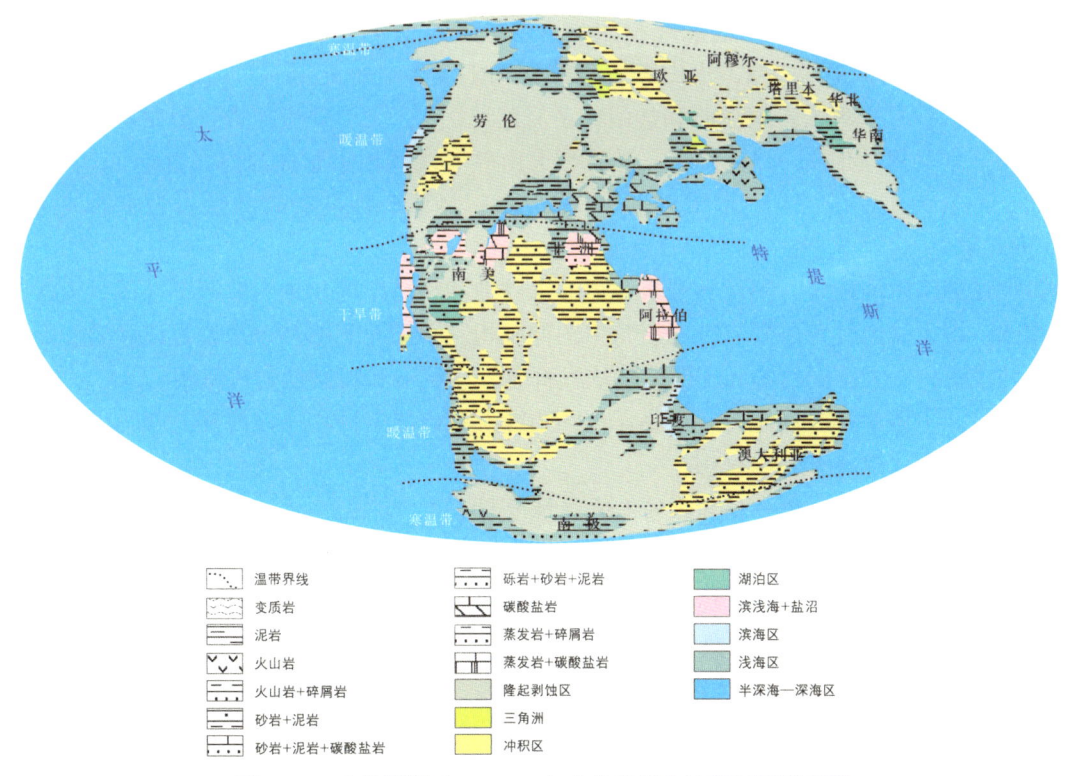

图3-18 中侏罗世（165Ma±）全球岩相古地理复原平面图

十、全球早白垩世岩相古地理分布

1. 现今位置早白垩世岩相古地理分布（图3-19）

早白垩世（125Ma±），欧亚大陆隆起剥蚀区分隔性发育，其间以碎屑岩湖泊相和冲积相为主。欧洲—中北亚大陆周缘发育：（1）砂岩、泥岩为主的三角洲相（东巴伦支海盆地）；（2）砂岩和泥岩为主的滨海相（如巴伦支海、滨里海盆地等）；（3）砂岩、泥岩、碳酸盐岩为主的浅海相（如羌塘盆地等）；（4）碳酸盐岩为主的浅海相（扎格罗斯盆地）；（5）火山岩与碎屑岩为主的浅海相（如北鄂霍茨克海盆地）；（6）变质岩为主的浅海相（北鄂霍茨克海西侧）。半深海—深海相主要发育于阿拉伯板块的北侧。

北美洲中部、格陵兰区中部、多米尼加—赛尔温褶皱带主要为隆起剥蚀区。墨西哥湾盆地、北美东北缘、格陵兰地盾西南缘和为以砾岩、砂岩、泥岩为主的冲积相。尤卡坦台地是以蒸发岩和碳酸盐岩为主的滨浅海+盐沼相。北美—格陵兰周缘广泛发育以砂岩和泥岩为主的浅海相。

南美洲大陆主体以隆起剥蚀区和冲积区、湖泊区相间为特征。冲积区有两种岩相类型：（1）以砾岩、砂岩、泥岩为主（如瓜波雷地盾南部）；（2）以砂岩、泥岩为主（如索利莫伊斯盆地）。湖泊相既发育于非洲内陆，也发育于非洲东缘，其岩相均以砂岩、泥岩为主。南美北、西、南缘发育：（1）砂岩、泥岩和碳酸盐岩为主的混积浅海相；（2）以砂岩、泥岩为主的浅海相。

非洲中部隆起剥蚀区占主导，南部和北部隆起剥蚀区规模较小。隆起区间发育：（1）以砾岩、砂岩、泥岩为主的冲积相（迈尔祖格盆地）；（2）以砂岩、泥岩为主的冲积相（奥科万戈盆地）；（3）火山碎屑岩冲积相（卡鲁盆地北部）。非洲大陆周缘发育：（1）泥岩、砂岩、蒸发岩滨浅海和盐沼相（努巴地块）；（2）碳酸盐岩、蒸发岩滨浅海和盐沼相（索马里盆地）；（3）砂岩、泥岩和火山碎屑浅海相（非洲西海岸盆地）；（4）以砂岩、泥岩为主的浅海相（非洲西北部）；（5）以砂岩、泥岩和碳酸盐岩为主的浅海相（非洲北部）。

大洋洲伊尔冈地块、阿兰达地块、奥菲瑟盆地和南塔斯曼高地为隆起剥蚀区。大洋洲东南部、坎宁盆地发育以砂岩、泥岩为主的冲积相。大洋洲北部和东部发育以砂岩、泥岩为主的浅海相。大洋洲西侧和布劳斯地块发育砂岩、泥岩和碳酸盐岩浅海相。

南极洲主体为隆起剥蚀区，濒临印度洋边缘发育碎屑岩冲积—浅海相，濒临太平洋边缘发育大范围火山碎屑岩浅海相。

2. 早白垩世相古地理古位置恢复及古气候分析

早白垩世（125Ma±），欧亚北缘位于北纬60°以北，为寒温带气候，中部多为隆起剥蚀区及碎屑岩湖泊相，周缘为碎屑岩滨浅海。劳俄、欧亚、阿尔穆、华北、华南和印支位于北纬30°至60°之间，为暖温带气候。各板块均发育隆起剥蚀区，周缘为碎屑岩滨浅海；欧亚板块内部发育较大规模碎屑岩三角洲相。阿尔穆、华北、华南和印支板块内部均发育碎屑岩湖泊相。欧亚南端、南美北部、非洲北部和阿拉伯位于赤道附近，为干旱气候。板块内部均发育隆起剥蚀区和碎屑岩冲积区，周缘为碎屑岩滨浅海。南美与非洲边界及非洲内部发育碎屑岩湖泊相。欧亚和澳大利亚局部和欧亚南端发育有碳酸盐岩和

第三章 全球岩相古地理分布及演化

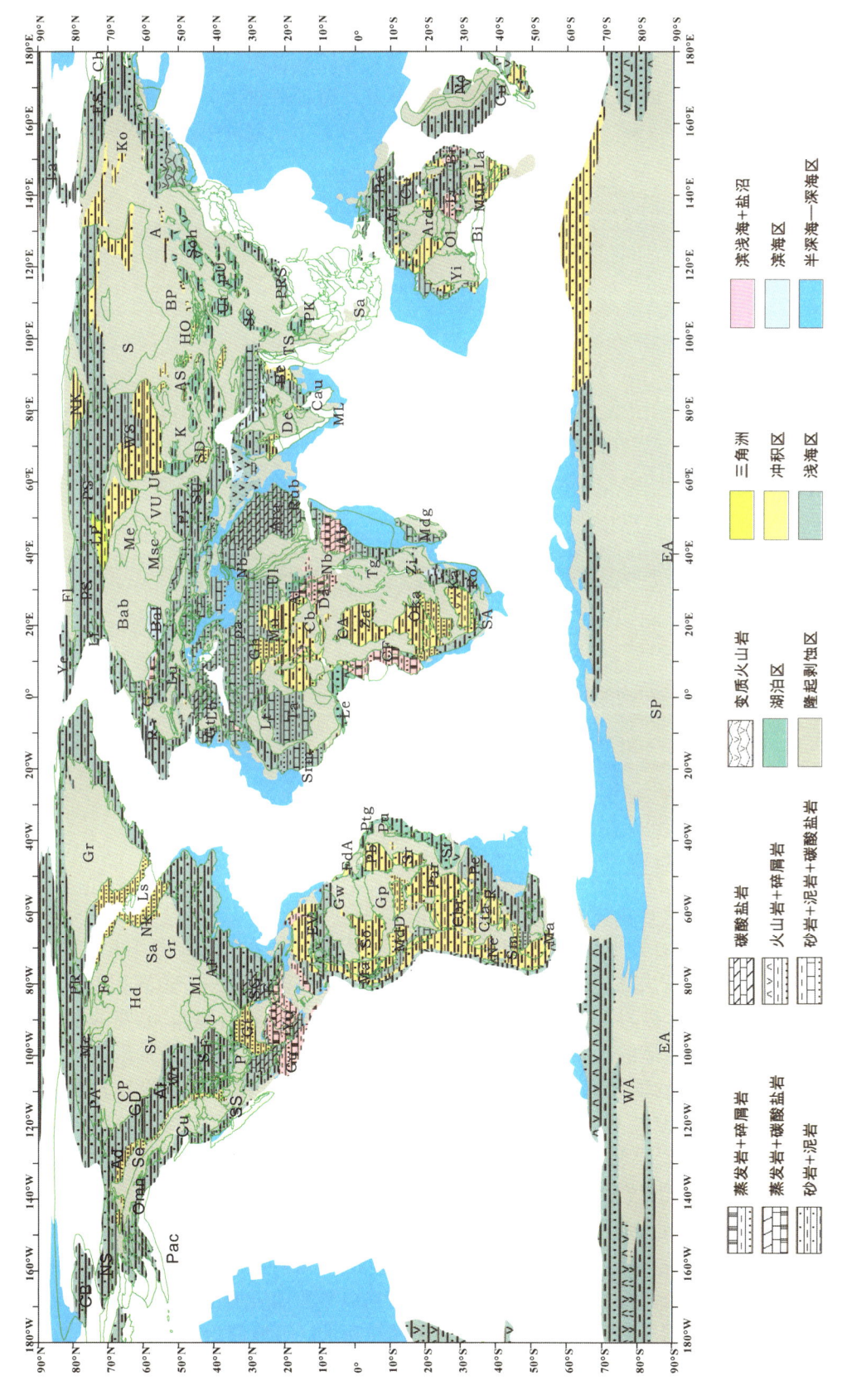

图 3-19 早白垩世（125Ma±）全球岩相古地理平面图（缩略词说明参见图 3-1）

— 97 —

蒸发岩滨浅海相，指示干旱气候。南美南部、非洲南部、印度和澳大利亚位于南纬45°附近，为暖温带气候；各板块均有隆起剥蚀区，内部发育碎屑岩冲积区，周缘为碎屑岩滨浅海。南极位于南纬60°以南，为寒温带气候，内部发育隆起剥蚀区，周缘为碎屑岩浅海区（图3-20）。

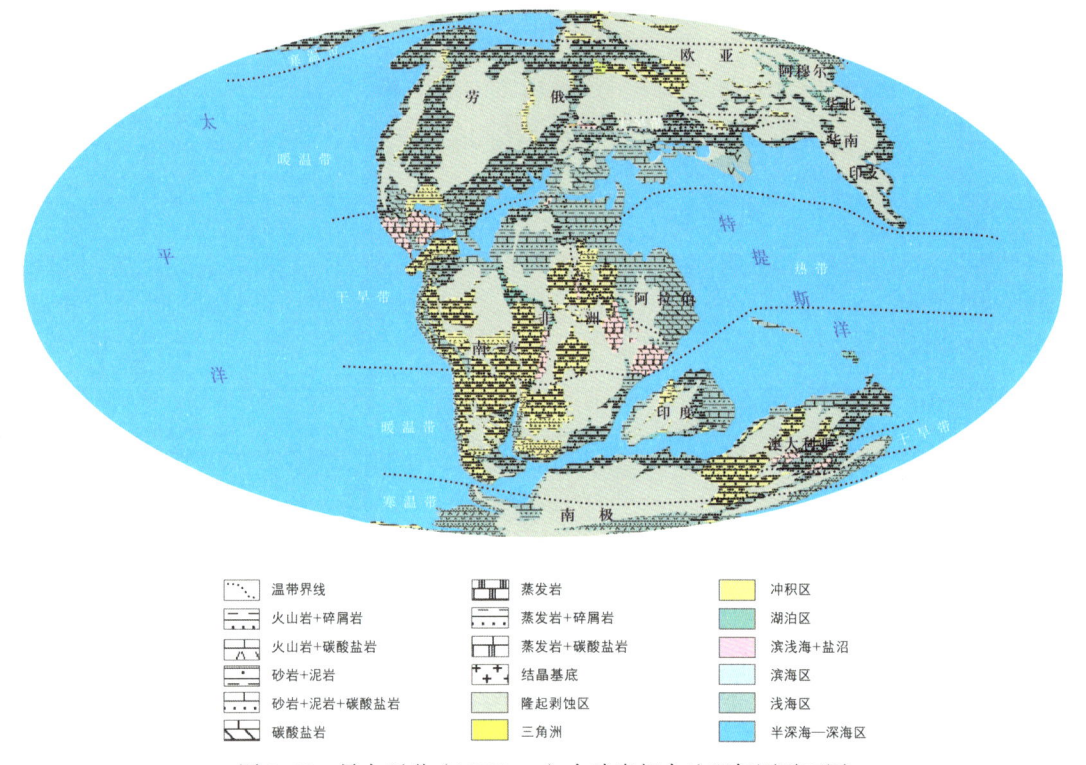

图3-20 早白垩世（125Ma±）全球岩相古地理复原平面图

十一、全球晚白垩世岩相古地理分布

1. 现今位置晚白垩世岩相古地理分布（图3-21）

晚白垩世（90Ma±），欧亚大陆北部主要为隆起剥蚀区。亚洲中部湖泊相较为发育，局部发育冲积相。欧亚大陆北缘发育：（1）砂岩与泥岩为主的冲积—三角洲相（如西西伯利亚盆地东侧）；（2）砂岩与泥岩为主的滨浅海相（如巴伦支海台地）。波罗的与阿拉伯板块之间发育：（1）以碳酸盐岩和蒸发岩为主的滨浅海+盐沼相（如阿拉伯板块东北部）；（2）砂岩、泥岩为主的滨浅海相（波罗的坳陷）；（3）砂岩、泥岩、碳酸盐岩混积滨浅海相（如东北德国—波兰盆地）；（4）碳酸盐岩滨浅海相（如阿摩力克地块附近、扎格罗斯盆地等）。印度板块周缘为砂岩、泥岩为主的滨浅海相。东北亚濒太平洋边缘发育：（1）火山岛弧；（2）碎屑岩、火山岩为主的浅海相。

北美中部和格陵兰大部主要为隆起剥蚀区。北美西部和西南部发育以砾岩、砂岩、泥岩为主的冲积相。北美内陆坳陷区、北美和格陵兰大陆周缘主要为以砂岩和泥岩为主的浅海相。加勒比地区的奇瓦瓦盆地东侧、尤卡坦台地为以碳酸盐岩为主的浅海相，格雷罗盆地发育碎屑岩、火山岩浅海相。北美东南部、墨西哥深水区等地带为大洋。

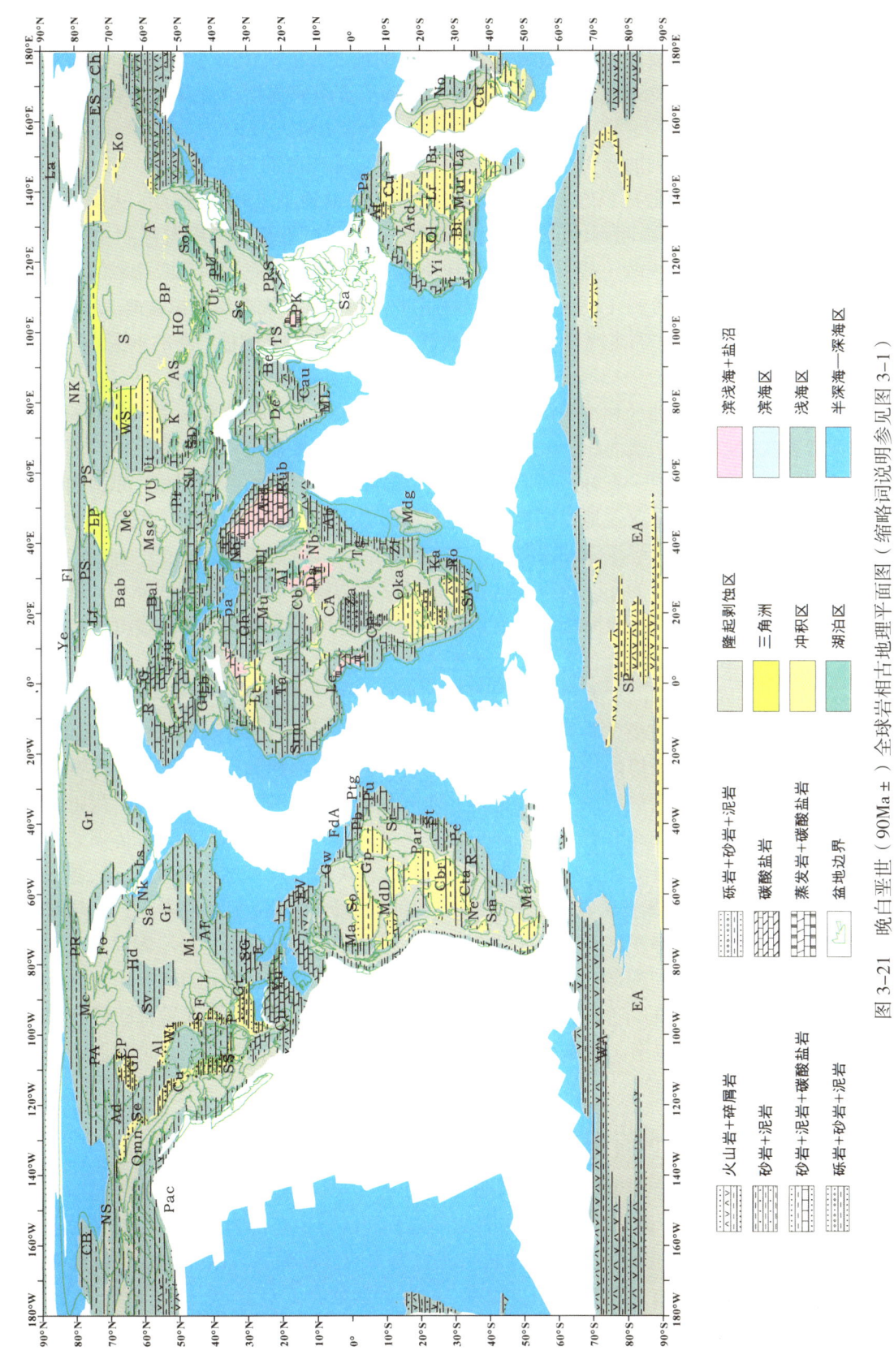

图 3-21 晚白垩世（90Ma±）全球岩相古地理平面图（缩略词说明参见图 3-1）

南美洲主体隆起剥蚀区和以砂岩、泥岩为主的冲积区相间分布。南美洲周缘发育：（1）砂岩、泥岩为主的滨浅海相（如亚诺斯盆地、阿根廷盆地等）；（2）砂岩、泥岩和碳酸盐岩混积浅海相（南美东北缘）；（3）砂岩、泥岩、火山岩为主的浅海相（南美西缘）。南美东侧为大洋沉积。

非洲中南部以隆起剥蚀区为主，其间发育冲积区，冲积区的岩相类型有：（1）砾岩+砂岩+泥岩（扎伊尔盆地）；（2）砂岩+泥岩（奥科万戈盆地）；（3）碎屑岩+火山岩（卡鲁盆地）。非洲大陆北部隆起剥蚀区规模相对较小，非洲大陆北部及周缘发育：（1）砂岩、泥岩及蒸发岩为主的滨浅海+盐沼相（努巴地块）；（2）砂岩、泥岩和碳酸盐岩的滨浅海相（非洲北部大部分地区）；（3）砂岩、泥岩为主的浅海相（非洲西南海岸盆地）；（4）碎屑岩+火山岩浅海相（非洲东南缘）。非洲板块西、南、东三面外侧被广泛的半深海—深海包围。

大洋洲主体隆起剥蚀区和冲积区并存，周缘发育滨浅海相。西北角布劳斯盆地发育砂岩、泥岩和碳酸盐岩混积浅海相。大洋洲西缘和南缘发育碳酸盐岩浅海相和火山碎屑岩浅海相。切斯特菲尔德高原—查林杰高原一带发育以砂岩和泥岩为主的冲积相。东南角的南塔斯曼高地、东北角巴布亚盆地、诺福克盆地与塔斯曼海洋底之间为砂岩、泥岩为主的浅海相。西部及西南侧发育半深海—深海。

南极洲以隆起剥蚀区为主。南极盆地和东南极局部为碎屑岩、火山岩浅海相。濒临印度洋边缘发育碎屑岩冲积—浅海相，濒临太平洋边缘发育大范围火山碎屑岩浅海相。

2. 晚白垩世岩相古地理古位置恢复及古气候分析

晚白垩世（90Ma±），北美和欧亚北部局部地区位于北纬75°以北，为寒温带气候，局部发育隆起剥蚀区，主要为碎屑岩滨浅海。北美和欧亚大部分地区位于北纬30°至60°之间，为暖温带气候，板块内均发育隆起剥蚀区、碎屑岩湖泊相和三角洲、局部发育碎屑岩冲积区，周缘为碎屑岩滨浅海。北美南端、非洲北部和欧亚南端位于北纬15°附近，为干旱气候；北美南端和非洲北部主要为碎屑岩滨浅海，局部发育隆起剥蚀区和碎屑岩冲积区；欧亚南端隆起剥蚀区周缘为碎屑岩滨浅海；非洲板块内部发育湖泊相碎屑岩；各板块内部均发育碳酸盐岩和蒸发岩滨浅海相。南美北部和非洲中部位于赤道附近，为热带气候；南美北部以碎屑岩冲积区为主，局部发育隆起剥蚀区；非洲中部为隆起剥蚀区，周缘为碎屑岩滨浅海。南美中南部、非洲南部、印度和澳大利亚板块位于南纬30°附近，为暖温带气候，发育大规模的碎屑岩冲积区；印度板块为隆起剥蚀区，局部发育碎屑岩冲积区。南极位于南纬60°以南，为寒温带，主要为隆起剥蚀区，局部为碎屑岩冲积区，周缘为碎屑岩滨浅海（图3-22）。

十二、全球始新世岩相古地理分布

1. 现今位置始新世岩相古地理分布（图3-23）

始新世（40Ma±），欧亚大陆北部主要为隆起剥蚀区，中东部为以砂岩与泥岩为主的湖泊区与隆起剥蚀区并存，北缘为以砂岩与泥岩为主的滨浅海区。欧亚大陆西南部隆起剥蚀区与滨浅海相共存，滨浅海岩相类型有：（1）碳酸盐岩+蒸发岩；（2）砂岩+泥岩；（3）砂岩+泥岩+碳酸盐岩。欧亚大陆东南部以滨浅海相为主，次为隆起剥蚀区、冲积

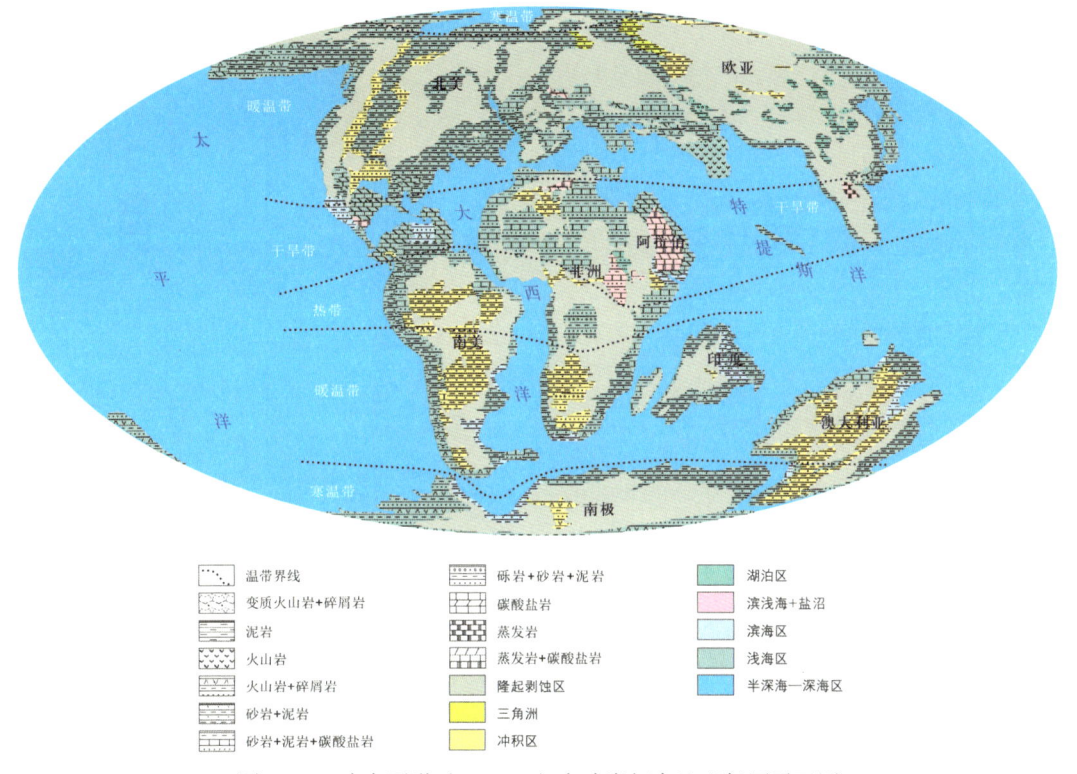

图 3-22 晚白垩世（90Ma±）全球岩相古地理复原平面图

区、火山岛弧。滨浅海相的岩相类型有：（1）砂岩+泥岩；（2）火山岩+碎屑岩。冲积区的岩相类型有：（1）砾岩+砂岩+泥岩；（2）砂岩+泥岩。欧亚大陆西侧东南侧半深海—深海区较为发育。

北美、格陵兰区主体为隆起剥蚀区，内部及周缘发育：（1）砾岩、砂岩、泥岩为主的冲积相（艾伯塔盆地、尤卡坦台地等）；（2）砾岩、砂岩、泥岩为主的湖泊相（威利斯顿盆地、森林城市盆地等）；（3）砂岩、泥岩为主的浅海相（哈德逊地台、北坡盆地等）。北美西南缘局部发育火山碎屑岩浅海相。尤卡坦台地发育砂岩、泥岩和碳酸盐岩混积浅海相。环绕北美、格陵兰大陆为大洋沉积。

南美洲主体为隆起剥蚀区和陆相沉积区相间发育，陆相沉积区以冲积相为主，湖泊相为辅。冲积相的岩相类型有：（1）砾岩+砂岩+泥岩；（2）砂岩+泥岩。湖泊相以砂岩、泥岩为主。南美西缘、东缘和东北角发育砂岩、泥岩和碳酸盐岩混积浅海相，东南缘发育以砂岩、泥岩为主的浅海相。

非洲内陆隆起剥蚀区和冲积相、湖泊相并存。冲积相以砾岩、砂岩、泥岩为主（如纳马—卡拉巴里盆地）。湖泊相以砂岩、泥岩和碳酸盐岩为主（努巴地块）。非洲周缘主要为砂岩、泥岩和碳酸盐岩混积浅海相。非洲区西南缘发育以砂岩、泥岩为主的浅海相，局部为碳酸盐岩、蒸发岩滨浅海+盐沼相。东南端为砂岩、泥岩和火山岩浅海相。

大洋洲主体为隆起剥蚀区。隆起区西北部、东北部发育以砂岩、泥岩为主的冲积相。大洋洲东南部发育以砂岩、泥岩、蒸发岩为主的滨浅海—盐沼相。大洋洲西北缘、南缘和

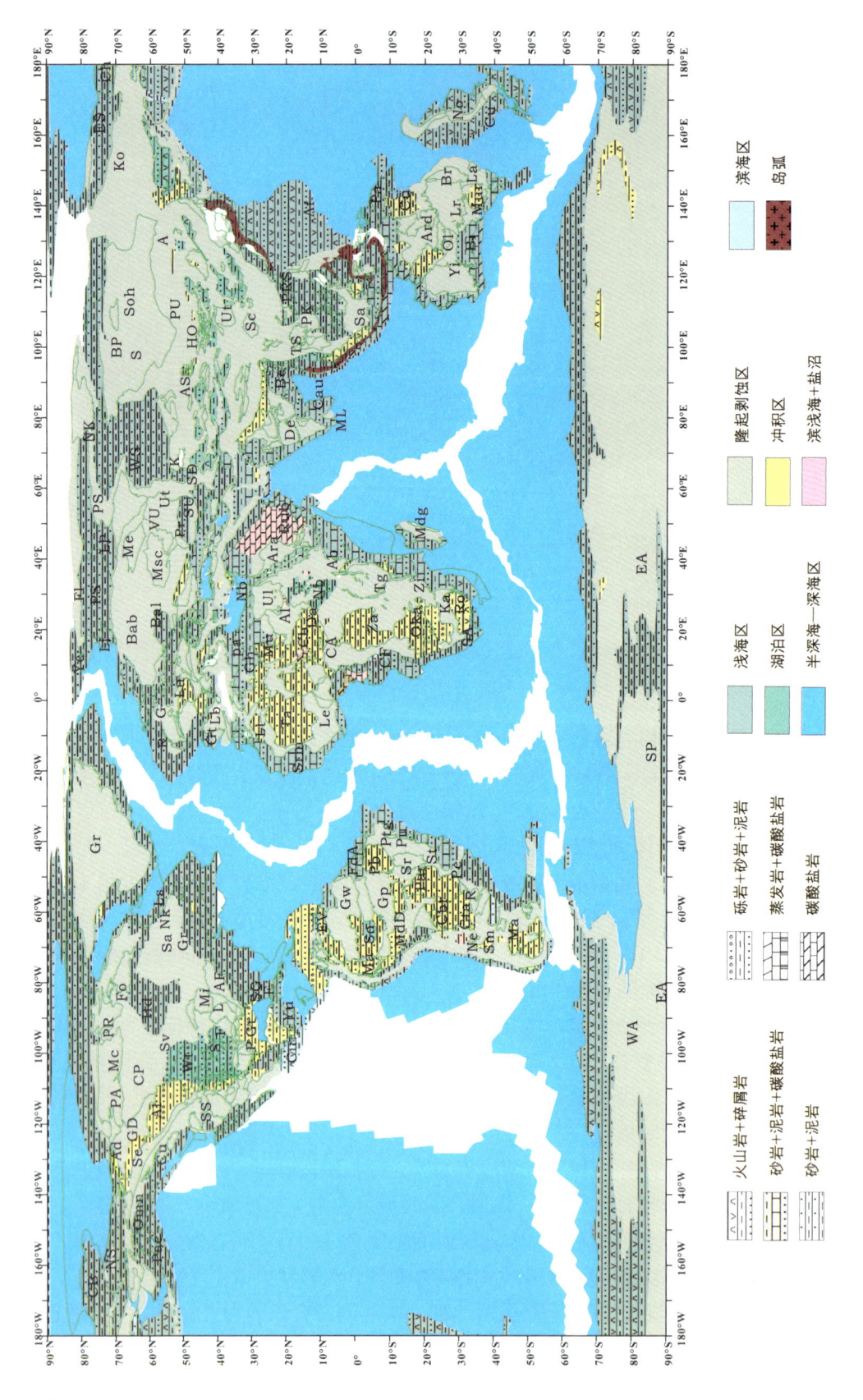

图 3-23 始新世（40Ma±）全球岩相古地理平面图（缩略词说明参见图 3-1）

东南角发育岩、泥岩和碳酸盐岩为主的混积浅海相，东北缘巴布亚盆地发育碳酸盐岩浅海相。

南极洲主体为隆起剥蚀区，濒临印度洋边缘发育碎屑岩滨浅海相，濒临太平洋边缘发育大范围火山碎屑岩浅海相。东南极地盾内部零星发育碎屑岩、火山岩冲积相。

2. 始新世岩相古地理古位置恢复及古气候分析

始新世（40Ma±），北美和欧亚北部局部位于北纬75°以北，为寒冷带气候，主要为碎屑岩滨浅海。北美和欧亚北缘位于北纬60°以北，为寒温带气候，板块内部均发育隆起剥蚀区，周缘为碎屑岩滨浅海。北美和欧亚大部分位于北纬30°至60°之间，为暖温带气候，板块内部均发育隆起剥蚀区，局部发育碎屑岩冲积区，周缘为碎屑岩滨浅海；欧亚板块内部发育湖泊相碎屑岩，北美板块内部发育碎屑岩三角洲。非洲中东北部和阿拉伯位于赤道附近，为干旱气候，非洲中东北部主要发育碎屑岩冲积区，局部发育碎屑岩滨浅海和隆起剥蚀区，周缘为碎屑岩滨浅海；阿拉伯内陆为隆起剥蚀区，周缘为碎屑岩滨浅海。南美北部、非洲中北部、印度和欧亚南部位于赤道附近，为热带气候；南美北部以碎屑岩冲积区和隆起剥蚀区为主，内部发育湖泊相碎屑岩，周缘为碎屑岩滨浅海；非洲中北部和印度以隆起剥蚀区和碎屑岩冲积区为主，周缘为碎屑岩滨浅海；欧亚南部以碎屑岩滨浅海为主，局部发育隆起剥蚀区和碎屑岩冲积区。南美中南部、非洲南部和澳大利亚板块位于南纬30°附近，为暖温带气候；南美中南部、非洲南部板块以碎屑岩冲积区和育隆起剥蚀区为主，周缘为碎屑岩滨浅海；澳大利亚板块为隆起剥蚀区，局部发育碎屑岩冲积区，周缘为碎屑岩滨浅海。南极位于南纬60°以北，为寒温带，主要为隆起剥蚀区，周缘为碎屑岩滨浅海（图3-24）。

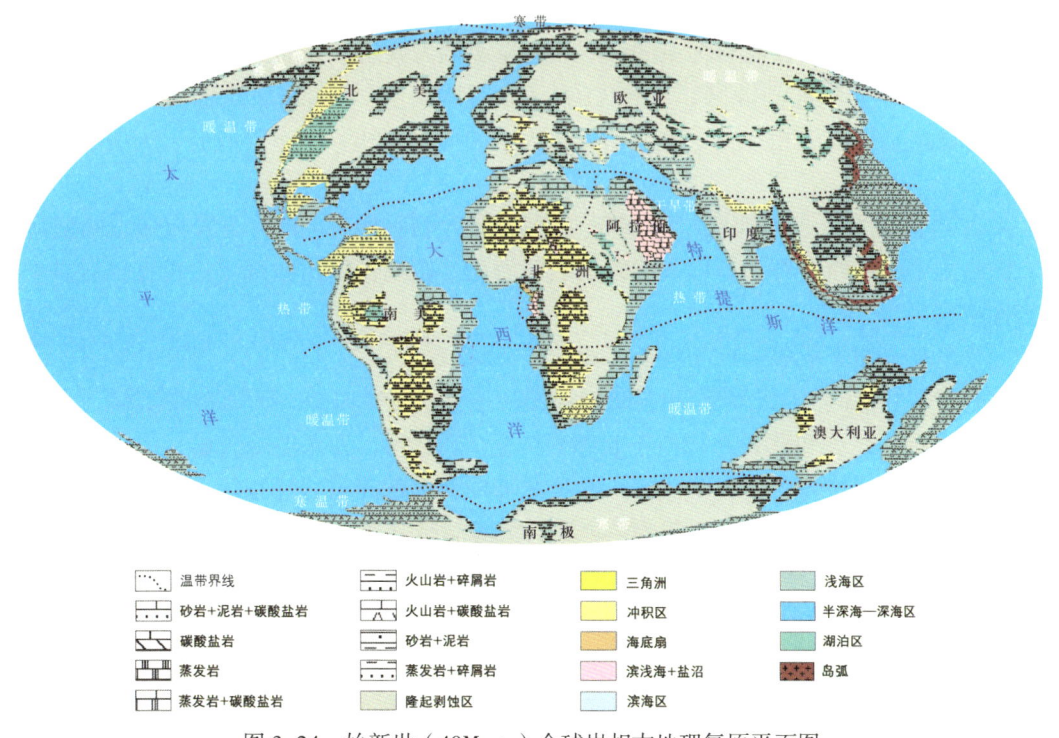

图3-24 始新世（40Ma±）全球岩相古地理复原平面图

十三、全球中新世岩相古地理分布

1. 现今位置中新世岩相古地理分布（图3-25）

中新世（15Ma±），欧亚大陆内陆以隆起剥蚀区为主；局部发育以砂岩、泥岩为特征的冲积相，或以砾岩、砂岩、泥岩为特征的冲积相。亚洲中部，以砂岩、泥岩为特征的湖泊相较为发育。欧亚大陆边缘主要为砂岩、泥岩为主的浅海相。欧洲南缘发育砂岩、泥岩及碳酸盐岩混积滨浅海相。阿拉伯板块东北缘发育以碳酸盐岩、蒸发岩为特征的滨浅海+盐沼相。东亚东缘及东南亚边缘以火山岛弧和（1）火山岩、碎屑岩、碳酸盐岩浅海相；（2）火山岩、碎屑岩为主的浅海相为特征。

北美、格陵兰区主体为隆起剥蚀区，内部及周缘发育：（1）砾岩、砂岩、泥岩为主的冲积相（艾伯塔盆地、墨西哥湾等）；（2）砂岩、泥岩为主的冲积相（丹佛盆地）；（3）砾岩、砂岩、泥岩为主的湖泊相（威利斯顿盆地、森林城市盆地等）；（4）砂岩、泥岩为主的浅海相（哈德逊台地、北坡盆地等）。北美西南缘局部发育火山碎屑岩浅海相。尤卡坦台地西北部发育碳酸盐岩浅海相。环绕北美、格陵兰大陆为大洋沉积。

南美洲主体为隆起剥蚀区和陆相沉积区相间发育，陆相沉积区以冲积相为主，湖泊相为辅。冲积相的岩相类型有：（1）砾岩+砂岩+泥岩；（2）砂岩+泥岩。湖泊相以砂岩、泥岩为主。南美北缘、东缘发育砂岩、泥岩和碳酸盐岩混积浅海相，东南缘和东北缘发育以砂岩、泥岩为主的浅海相。西缘为碎屑岩、火山岩浅海相。

非洲内陆隆起剥蚀区和冲积相、湖泊相并存。冲积相岩相类型有：（1）砾岩、砂岩、泥岩为主（陶丹尼盆地）；（2）砂岩、泥岩为主（穆祖克盆地）。湖泊相以砂岩、泥岩和碳酸盐岩为主（努巴地块东侧）。非洲周缘主要为砂岩、泥岩和碳酸盐岩混积浅海相。非洲区西南缘发育以砂岩、泥岩为主的浅海相。东南端为砂岩、泥岩和火山岩浅海相。

大洋洲主体为隆起剥蚀区，周缘发育：（1）砂岩、泥岩和碳酸盐岩为主的混积浅海相；（2）碳酸盐岩浅海相；（3）砂岩、泥岩为主的滨浅海相；（4）碎屑岩、火山岩为主的滨浅海相。

南极洲主体为隆起剥蚀区，濒临印度洋边缘发育砾岩、砂岩、泥岩为标志的滨浅海相，濒临太平洋边缘发育大范围火山碎屑岩浅海相。东南极地盾内部零星发育碎屑岩、火山岩冲积相。

2. 中新世岩相古地理古位置恢复及古气候分析

中新世（15Ma±），北美和欧亚北部局部位于北纬75°以北，为寒冷带气候，主要为碎屑岩滨浅海。北美和欧亚北部位于北纬60°至75°之间，为寒温带气候，内陆内部主要为隆起剥蚀区，周缘为碎屑岩滨浅海，北美北部局部发育碎屑岩冲积区。北美中南部和欧亚中部大部分板块位于北纬30°至60°之间，为暖温带气候，内陆主要为隆起剥蚀区，局部发育碎屑岩冲积区，周缘为碎屑岩滨浅海。欧亚内陆发育碎屑岩湖泊相。非洲北部和阿拉伯位于赤道附近，为干旱气候；非洲北部主要发育碎屑岩冲积区和隆起剥蚀区，周缘为碎屑岩滨浅海。阿拉伯内陆为碎屑岩冲积相，周缘为碎屑岩、碳酸盐岩和蒸发岩滨浅海相。南美北部、非洲中部、印度和欧亚南部位于赤道附近，为热带气候；南美北部和非洲中部以碎屑岩冲积区和隆起剥蚀区为主，内部发育湖泊相碎屑岩，周缘为碎屑岩滨浅海；

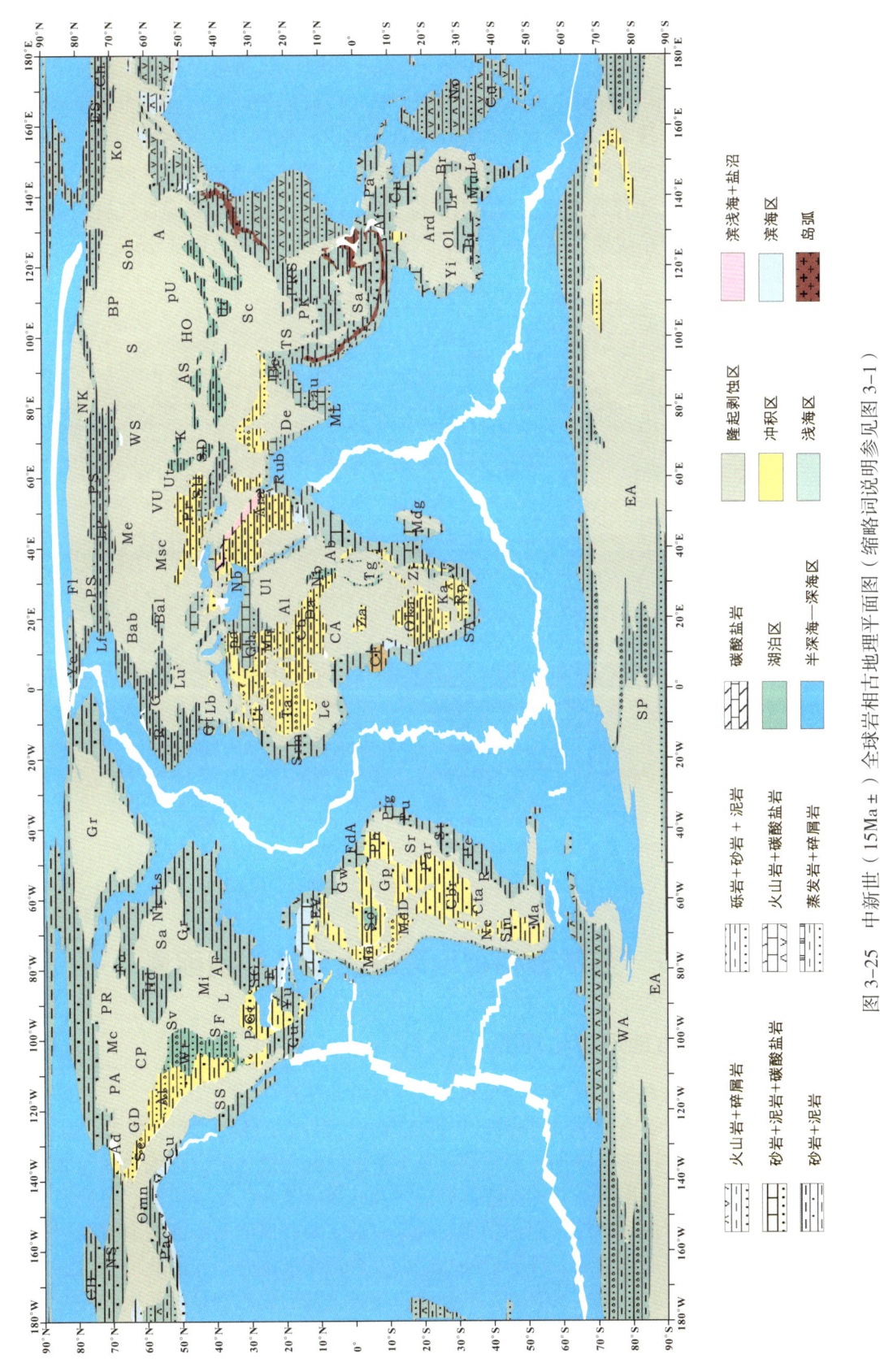

图3-25 中新世（15Ma±）全球岩相古地理平面图（缩略词说明参见图3-1）

印度以隆起剥蚀区为主，北部发育碎屑岩冲积区，周缘为碎屑岩滨浅海；欧亚南部以碎屑岩滨浅海为主，局部发育隆起剥蚀区。南美中南部、非洲南部和澳大利亚板块位于南纬30°附近，为暖温带气候；南美中南部、非洲南部板块以碎屑岩冲积区和发育隆起剥蚀区为主，周缘为碎屑岩滨浅海；澳大利亚内陆为隆起剥蚀区，局部发育碎屑岩冲积区和湖泊相碎屑岩，周缘为碎屑岩滨浅海。南美南端位于南纬60°附近，为寒温带气候，发育隆起剥蚀区、碎屑岩冲积区和碎屑岩滨浅海。南极位于南纬60°以南，为寒温带气候，南极板块为隆起剥蚀区，发育小规模碎屑岩冲积区，周缘为碎屑岩滨浅海（图3-26）。

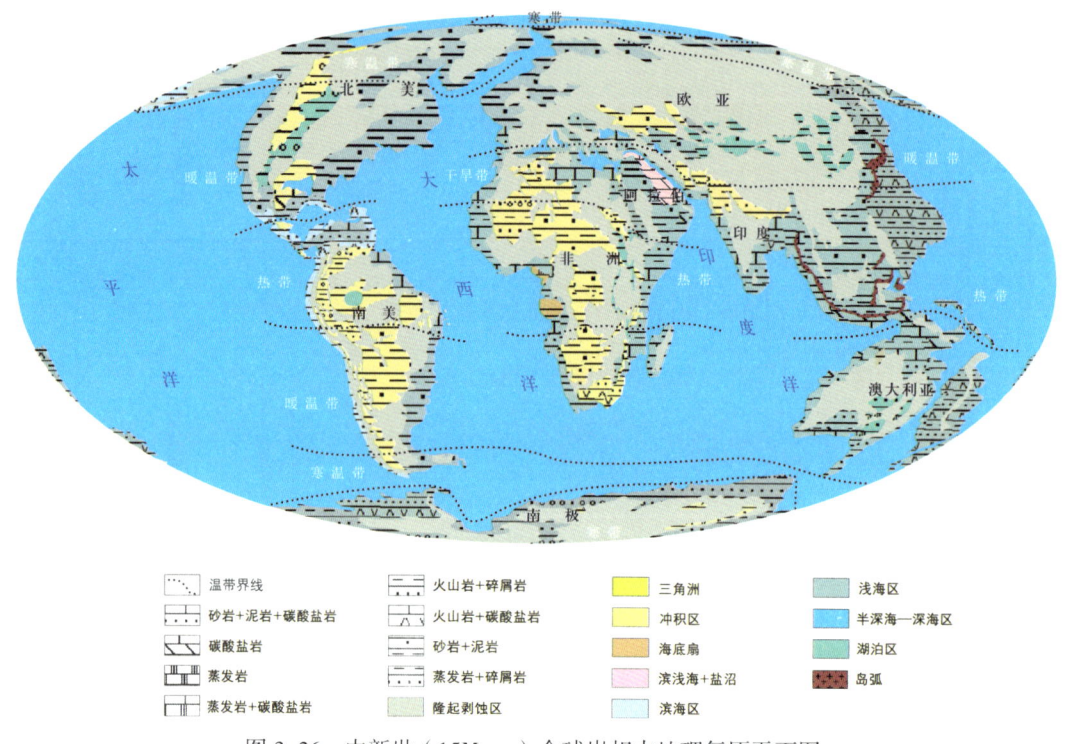

图3-26 中新世（15Ma±）全球岩相古地理复原平面图

第三节 全球岩相古地理演化及其控制因素

一、全球岩相古地理演化规律

1. 由老到新，隆起剥蚀区及碎屑岩陆相区具有增加的趋势

现今位置上，前寒武纪的隆起剥蚀区以北美最大，其次是格陵兰和波罗的，其余隆起剥蚀区分散发育。在南美、非洲、澳大利亚及波罗的隆起剥蚀区的内部或边缘局部发育碎屑岩陆相区。寒武纪，南美和非洲的隆起剥蚀区及碎屑岩陆相区显著扩大。泥盆纪，北美和格陵兰东缘、波罗的西北缘及西伯利亚的隆起剥蚀区及碎屑岩陆相区明显增加。二叠纪、三叠纪时期全球隆起剥蚀区及碎屑岩陆相区的发育达到极盛时期。因此可见，由老到新，隆起剥蚀区及碎屑岩陆相区具有增加的趋势。超级大陆形成时期是大陆生长的关键时期（图3-27）。

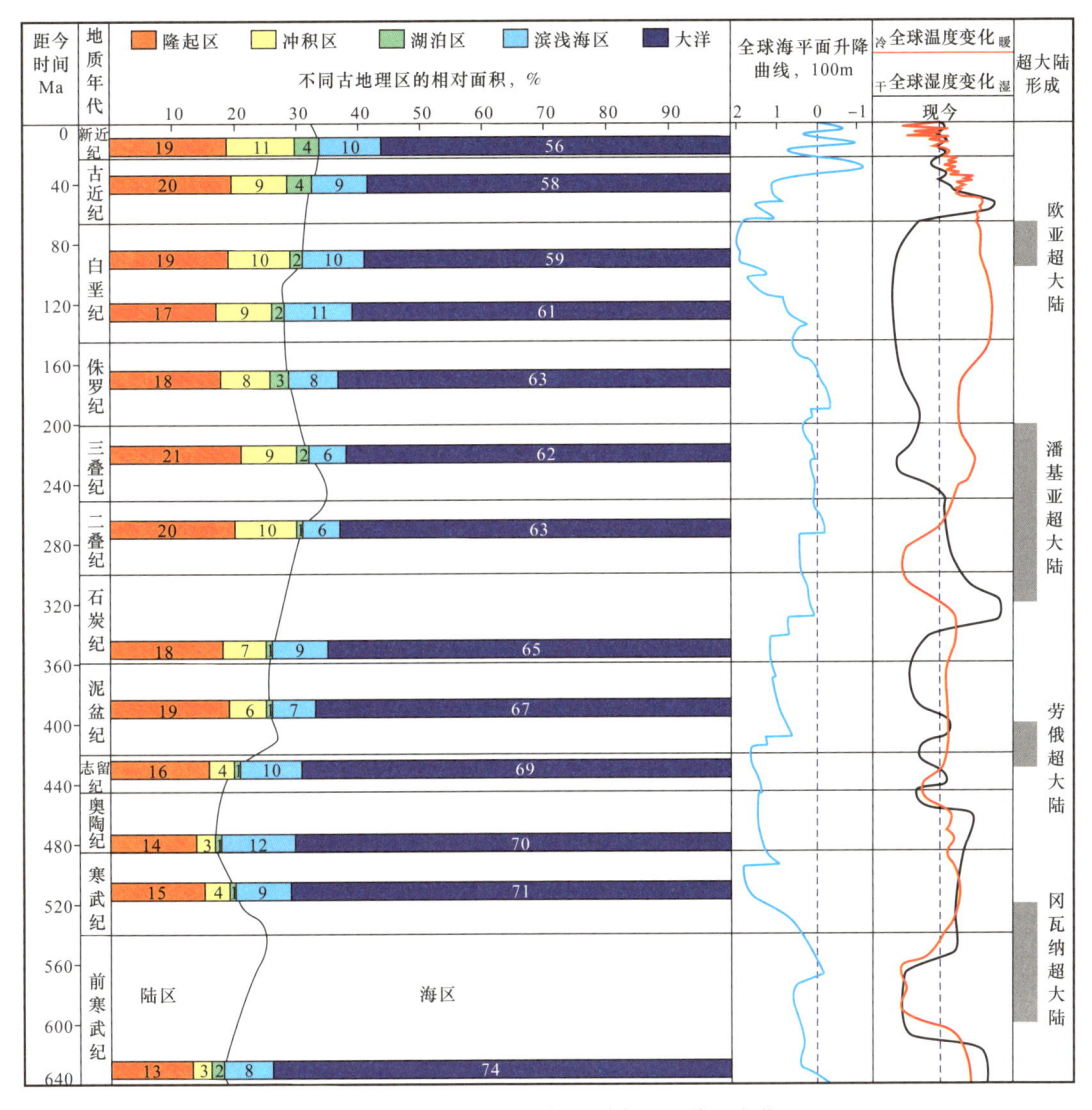

图 3-27 地质历史时期不同古地理单元变化

2. 隆起剥蚀区及陆相区与滨浅海相区的规模周期性消长

前寒武纪的隆起剥蚀区以北美最大，其次是格陵兰和波罗的，其余隆起剥蚀区分散发育。在南美、非洲、澳大利亚及波罗的隆起剥蚀区的内部或边缘局部发育碎屑岩陆相区，滨浅海相区在隆起剥蚀区边缘广泛发育。寒武纪，北美、格陵兰、波罗的周缘的滨浅海相区扩大，南美和非洲的隆起剥蚀区及碎屑岩陆相区显著扩大，但南美的西部和非洲的北部发育大范围的滨浅海。奥陶纪滨浅海相区范围进一步扩大。到志留纪，滨浅海相区有所减小。

泥盆纪，北美和格陵兰东缘、波罗的西北缘及西伯利亚的隆起剥蚀区及碎屑岩陆相区明显增加，滨浅海相区范围明显减小。石炭纪，滨浅海相区有所扩展。二叠纪、三叠纪时期全球隆起剥蚀区及碎屑岩陆相区的发育达到极盛时期，滨浅海相区十分局限。侏罗纪，在非洲和欧洲之间出现新生滨浅海相区。早白垩世，先存的滨浅海相区显著扩展。晚白垩世，滨浅海相区略有减小。始新世，滨浅海相区进一步缩小。中新世，南美、欧亚、非洲大陆大范围发育陆相区。因此可见，隆起剥蚀区及陆相区与滨浅海区的规模具有此消彼长的关系，且具有前寒武纪—泥盆纪、石炭纪—三叠纪、侏罗纪—新近纪三个明显的滨浅海相区扩展—萎缩的周期。超级大陆形成时期及海平面下降期，隆起剥蚀区及陆相区所占比例较大，滨浅海相区所占比例较小，超级大陆解体时期及海平面上升时期，隆起剥蚀区及陆相区所占比例较小，滨浅海相区所占比例较大。地质历史时期隆起剥蚀区及陆相区与滨浅海相区的规模周期性消长（图3-27）。

3. 陆相区中粗碎屑岩冲积相与湖泊相并存，中—新生代湖泊相区占相对优势

前寒武纪的南美、非洲、澳大利亚及波罗的隆起剥蚀区的内部或边缘局部发育碎屑岩陆相区，主要为冲积相，湖相仅发育于波罗的隆起剥蚀区的内部。寒武纪，北美、南美、非洲、阿拉伯、印度和澳大利亚的隆起剥蚀区的内部或边缘局部发育碎屑岩陆相区，主要为冲积相，湖相发育于南美和印度隆起剥蚀区的内部。奥陶纪，北美、南美、非洲和澳大利亚的隆起剥蚀区的内部或边缘局部发育碎屑岩陆相区，主要为冲积相，湖相仅发育于南美隆起剥蚀区的内部。志留纪，北美、南美、波罗的和澳大利亚的隆起剥蚀区的内部或边缘局部发育碎屑岩陆相区，北美和澳大利亚主要为冲积相，南美和波罗的主要为湖泊相区。泥盆纪，北美、南美、非洲、波罗的、西伯利亚和澳大利亚的隆起剥蚀区的内部或边缘局部发育碎屑岩陆相区，北美、非洲、西伯利亚和澳大利亚主要为冲积相，南美主要为湖泊相区，波罗的以冲积相为主，湖泊相为辅。

石炭纪，北美、南美、格陵兰、波罗的、西伯利亚东南极和澳大利亚的隆起剥蚀区的内部或边缘局部发育碎屑岩陆相区，主要为冲积相，西伯利亚发育湖泊相区。二叠纪、三叠纪时期全球隆起剥蚀区及碎屑岩陆相区的发育达到极盛时期，滨浅海相区十分局限，碎屑岩陆相区以冲积相为主，三叠纪欧亚大陆南部发育大量湖泊相。

侏罗纪，各大陆内部均发育了碎屑岩陆相区，欧亚大陆南部及南美北部发育湖泊相。早白垩世，南美、非洲及欧亚大陆中南部均有湖泊相发育。晚白垩世，湖泊相主要发育于欧亚大陆中南部。始新世，南美、非洲、欧亚大陆中部发育湖泊相。中新世，南美、欧亚、非洲及澳大利亚大陆发育了规模不等的湖泊相区。因此可见，全球地质历史时期，陆相区中粗碎屑岩冲积相与湖泊相并存，中新生代湖泊相区占相对优势。统计结果表明，古生代湖泊相仅占地球表面的1%左右，而中—新生代湖泊相占地球表面的3%左右（图3-27）。

4. 由老到新，碎屑岩滨浅海相旋回式增加、碳酸盐岩滨浅海相旋回式减少

前寒武纪浅海相区中以碳酸盐岩浅海相为主，陆源碎屑浅海相主要发育澳大利亚和南美板块边缘。寒武纪和奥陶纪，以陆源碎屑滨浅海相为主，碳酸盐岩滨浅海相主要发育于西伯利亚、塔里木、华北及巴伦支海等地。志留纪，碳酸盐岩滨浅海相显著扩展，北美发育了大范围的碳酸盐岩滨浅海相。

泥盆纪，碳酸盐岩滨浅海相显著萎缩，主要分布于北美大陆西缘。石炭纪，碳酸盐岩滨浅海相有所扩展，北美西缘和波罗的东缘发育广泛的碳酸盐岩浅海相。二叠纪，碳酸盐岩浅海相局限于北美西南部、波罗的中东部和中国南部。三叠纪时期，碳酸盐岩滨浅海相区局限欧亚大陆南部。

侏罗纪，欧亚大陆南部及北美东南部发育碳酸盐岩滨浅海相区。早白垩世，非洲北部、欧洲南部和中国青藏大区均有碳酸盐岩滨浅海相发育。晚白垩世，加勒比海、欧洲南部、非洲北部和东部，以及阿拉伯地区发育碳酸盐岩滨浅海相。

始新世，碳酸盐岩滨浅海相明显减少，主要分布于地中海周边及非洲、阿拉伯边缘。中新世，碳酸盐岩滨浅海进一步萎缩，主要局限于非洲、阿拉伯大陆边缘的低纬度地区。因此可见，由老到新，碎屑岩滨浅海相旋回式增加、碳酸盐岩滨浅海相旋回式减少，可划分为前寒武纪—泥盆纪、石炭纪—三叠纪、侏罗纪—新近纪 3 个碳酸盐岩滨浅海相扩展—萎缩周期（图 3-28）。

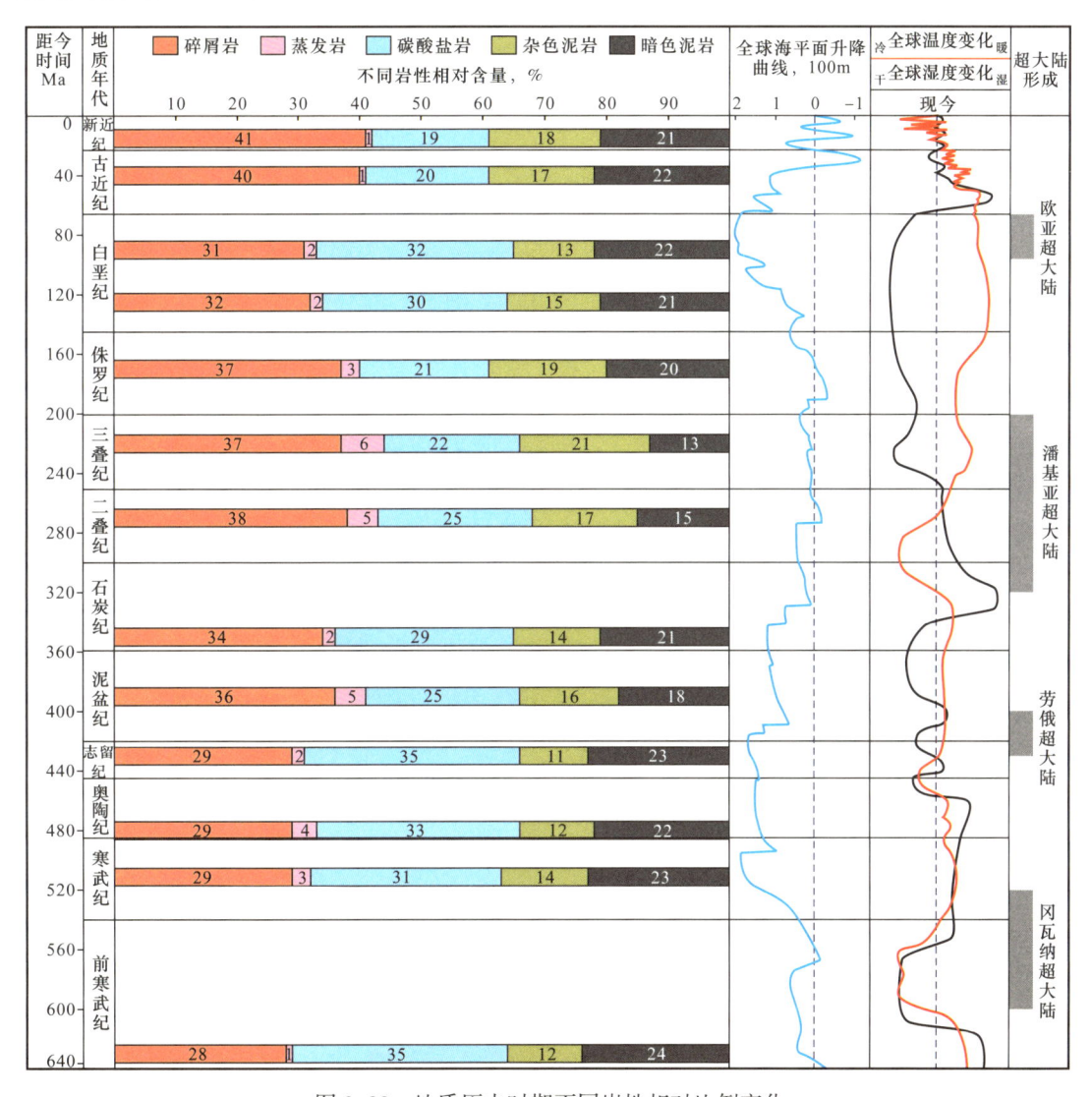

图 3-28 地质历史时期不同岩性相对比例变化

5. 蒸发岩盐沼相区发育较为局限，不同时期差异大

现今位置上，前寒武纪蒸发岩盐沼相区仅见于西伯利亚地台，范围较大。寒武纪蒸发岩盐沼相发育于西伯利亚和塔里木板块，范围有所扩展。奥陶纪蒸发岩盐沼相发育于西伯利亚和喀拉板块，范围明显增加。志留纪蒸发岩盐沼相仅发现于澳大利亚北部，范围较为局限。泥盆纪，北美大陆内部发育蒸发岩盐沼相，范围较大。石炭纪，蒸发岩盐沼相发育于波罗的东北侧的蒂曼—伯朝拉盆地，范围较小。二叠纪，蒸发岩盐沼相发育于欧洲南部和中亚西部，分布范围显著扩大。三叠纪时期，蒸发岩盐沼相发育于欧洲西南部、非洲西

北部、阿拉伯东北部和澳大利亚东北部，总体分布面积较大。侏罗纪，蒸发岩盐沼相发育于加勒比海地区和非洲北部，总体分布面积显著缩小。早白垩世，蒸发岩盐沼相发育于加勒比海地区和非洲低纬度地带，总体分布面积有所减小。晚白垩世，蒸发岩盐沼相发育于阿拉伯东部和非洲低纬度地带，总体分布面积变化不大。始新世，蒸发岩盐沼相仅发育于阿拉伯东北部和澳大利亚东南部，总体分布面积明显减小。中新世，蒸发岩盐沼相发育于阿拉伯东北部。

因此可见，总体上，蒸发岩盐沼相区发育较为局限，不同时期差异大，寒武纪、奥陶纪、泥盆纪、二叠纪、三叠纪和侏罗纪是蒸发岩盐沼相较为发育的时期，蒸发岩所占比例较大（图3-28）。

在泥盆纪、二叠纪、三叠纪，蒸发岩所占比例达5%以上，与多数盆地处于干旱气候带密切相关。泥盆纪、二叠纪、三叠纪，全球处于干旱气候带的沉积区面积分别占沉积区面积的24%、28%、35%（图3-29）。

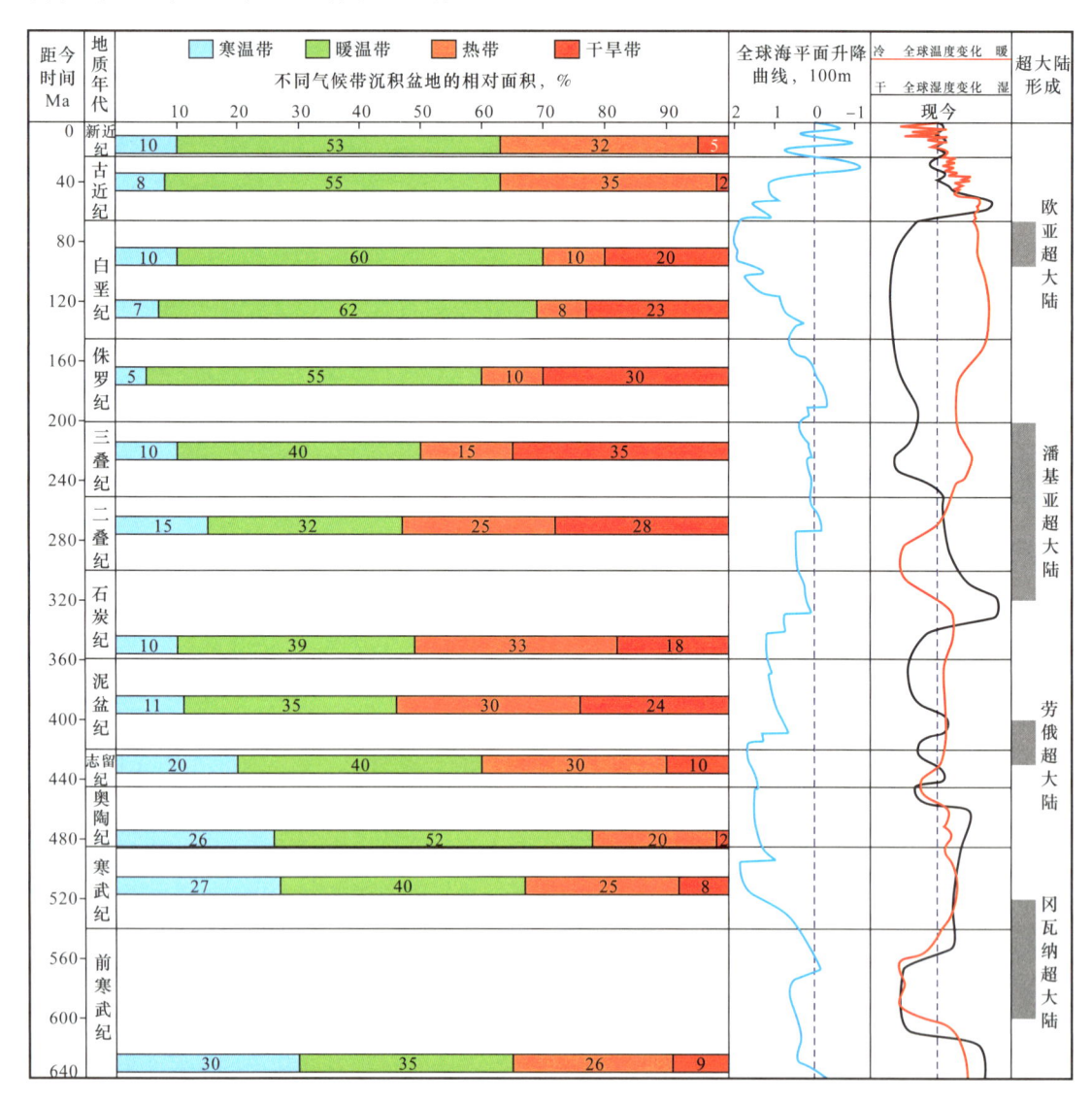

图3-29 地质历史时期不同气候带沉积区相对比例变化

二、全球岩相古地理演化的主控因素

在漫长的地质历史时期中，全球经历复杂的规模不等的板块构造运动（板块、地块分离、聚敛，地壳沉降、隆升）、海平面升降以及气候的变化等，这些复杂因素叠加，控制了现今位置全球地质时期的岩相古地理格局及其演化。

1. 板块构造运动对全球岩相古地理及其演化的控制

通过古板块重建和对地质历史时期全球岩相古地理恢复，再现了晚前寒武纪（630Ma±）以来全球板块运动历史。对全球岩相古地理及其演化的关键性板块运动事件，由老到新有：（1）泛非构造运动，冈瓦纳大陆形成（570Ma±）；（2）阿瓦伦从冈瓦纳分离，瑞克洋形成（510Ma±）；（3）阿瓦伦与波罗的聚敛（430Ma±）；（4）阿瓦伦—波罗的与劳伦的碰撞，劳俄大陆形成，加拉提亚从冈瓦纳分离，古特提斯洋形成（390Ma±）；（5）盘古大陆形成，辛梅里亚从冈瓦纳分离，特提斯洋形成（270Ma±）；（6）华南、华北、阿穆尔聚敛，特提斯洋快速扩张（220Ma±）；（7）阿穆尔与盘古大陆碰撞，中大西洋开裂（165Ma±）；（8）中、南大西洋裂开，古特提斯洋关闭，印度从非洲完全分离（90Ma±）；（9）大西洋完全裂开，特提斯洋关闭，印度与中国大陆碰撞（15Ma±）。

泛非构造运动和冈瓦纳大陆形成，导致大陆区（隆起剥蚀区+陆相区）扩大。阿瓦伦从冈瓦纳分离，瑞克洋形成，导致浅海相的扩展。阿瓦伦与波罗的聚敛，以及阿瓦伦—波罗的与劳伦的碰撞，即加里东构造运动，导致大陆区的再次扩大。古特提斯洋发育的鼎盛时期（350Ma±），滨浅海区分布较为广泛。盘古大陆形成，即海西构造运动，导致全球大陆再次显著增加，并奠定了中—新生代大范围陆相盆地发育的基础。大西洋开裂—裂开，导致滨浅海相区的再次扩大。特提斯洋关闭，印度与中国大陆碰撞，即阿尔卑斯构造运动，导致大陆区范围再次扩大和滨浅海相的萎缩。

2. 全球海平面升降对全球岩相古地理及其演化的控制

泛非构造运动、加里东构造运动、海西构造运动、阿尔卑斯构造运动与全球海平面变化一级周期的下降期具有很好的对应关系[17]，4个海平面低值期构成3个显生宙一级海平面升降旋回。由于构造抬升与全球海平面下降叠加，导致前寒武纪末—寒武纪早期、泥盆纪、二叠—三叠纪、新生代4个地质时期隆起剥蚀区范围大，并控制了前寒武纪—泥盆纪、石炭纪—三叠纪、侏罗纪—新近纪3个明显的滨浅海相区扩展—萎缩的周期，以及前寒武纪—泥盆纪、石炭纪—三叠纪、侏罗纪—新近纪3个碳酸盐岩滨浅海相扩展—萎缩周期。

3. 古气候对全球岩相古地理及其演化的控制

古纬度是决定古气候的关键因素。总体上，南纬60°以南、北纬60°以北为寒温带，南北纬30°至60°之间为暖温带，南北纬30°之间为热带。地质历史时期，干旱带处于热带。

冰碛岩是寒温带的典型记录，而蒸发岩是干旱热带的典型记录。

冰碛岩的地质记录发现较少，主要是在现今波罗的北部及其邻区发现了前寒武纪的冰碛岩。古位置古地理恢复结果表明，前寒武纪时期，现今波罗的北部及其邻区处于南纬60°以南。

各地质时期均发现了蒸发岩，尽管规模不等，但反映了蒸发岩所处板块就位于干旱热带的地质时期。古位置古地理恢复结果表明，前寒武纪的西伯利亚地台，寒武纪的西伯利亚和塔里木板块，奥陶纪的西伯利亚和喀拉板块，志留纪的澳大利亚北部，泥盆纪的北美，石炭纪的波罗的东北侧蒂曼—伯朝拉盆地，二叠纪的欧洲南部和中亚西部，三叠纪的欧洲西南部、非洲西北部、阿拉伯东北部和澳大利亚东北部，侏罗纪的加勒比海地区和非洲北部，早白垩世的加勒比海地区和非洲低纬度地带，晚白垩世的阿拉伯东部和非洲低纬度地带，新生代阿拉伯东北部的古位置均处于南北纬30°之间为热带。

参 考 文 献

［1］费琪. 全球板块构造与古地理（上）［J］. 地质科技情报，1983（2）：82–89.

［2］费琪. 全球板块构造与古地理（续一）［J］. 地质科技情报，1984（3）：60–64.

［3］费琪. 全球板块构造与古地理（续二）［J］. 地质科技情报，1984（4）：67–64.

［4］费琪. 全球板块构造与古地理（续完）［J］. 地质科技情报，1985（1）：46–51.

［5］Stampfli G，Borel D. A Plate Tectonic Model for the Paleozoic and Mesozoic Constrained by Dynamic Plate Boundaries and Restored Synthetic Oceanic Isochrones［J］. Earth and Planetary Science Letters，2002，196：17–33.

［6］Stampfli G，Hochard C，Vérard C，et al. The Formation of Pangea［J］. Tectonophysics，2013，593：1–19.

［7］Seton M，Müller R，Zahirovic S，et al. Global Continental and Ocean Basin Reconstructions since 200 Ma［J］. Earth-Science Reviews，2012，113：212–270.

［8］Forda D，Golonka J. Phanerozoic Paleogeography，Paleoenvironment and Lithofacies Maps of the Circum-Atlantic Margins［J］. Marine and Petroleum Geology，2003，20：249–285.

［9］Golonka J. Late Triassic and Early Jurassic Palaeogeography of the World［J］. Palaeogeography，Palaeoclimatology，Palaeoecology，2007，244：297–307.

［10］Vai G B. Development of the Palaeogeography of Pangaea from Late Carboniferous to Early Permian［J］. Palaeogeography，Palaeoclimatology，Palaeoecology，2003，196：125–155.

［11］郑和荣，胡宗全. 中国前中生代构造岩相古地理图集［M］. 北京：地质出版社，2010.

［12］王鸿祯. 中国古地理图集［M］. 北京：地图出版社，1985.

［13］刘鸿允. 中国古地理图［M］. 北京：科学出版社，1959.

［14］Nikishin A，Ziegler P，Stephenson R，et al. Late Precambrian to Triassic history of the East European Craton：dynamics of sedimentary basin evolution［J］. Tectonophysics，1996，268：23–63.

［15］Li Z X，Bogdanova S，Collins A，et al. Assembly，Configuration，and Break-up History of Rodinia：A synthesis［J］. Precambrian Research，2008，160：179–210.

［16］李江海，姜洪福. 全球古板块再造、岩相古地理及古环境图集［M］. 北京：地质出版社，2013.

［17］Haq B U，Hardenbol J，Vail P R. Mesozoic and Cenozoic Chronostratigraphy and Cycles of Sea-level Change［M］//Sea-Level Changes—An Integrated Approach. SEPM Special Publication，1988，42：71–108.

第四章　全球油气成藏要素及其控制作用

根据油气成藏理论，油气成藏主要受控于烃源岩、储层、盖层、圈闭、运移、保存6个条件，其中烃源岩、储层、盖层主要受控于盆地的岩相古地理及沉积充填，是油气成藏的基础和必要条件。

第一节　全球主要地质时期烃源岩发育规律

一、盆地板块构造演化对烃源岩发育的控制作用

基于威尔逊旋回原理研究发现，板块构造演化经过一个完整的周期，能够形成六大类17小类原型盆地，而原型盆地作为沉积盆地演化过程中某一地质时期的阶段表现，对油气形成与分布具有重要的控制作用，盆地所处的纬度、位置直接影响烃源岩的发育等[1,2]。通过使用CGG公司的PlateWizard软件可以重建在古板块位置中烃源岩的发育和分布。

前寒武纪罗迪尼亚大陆分裂，泛大洋形成，随后泛非（Pan-African）造山运动刚果克拉通、原劳亚大陆与原冈瓦纳大陆三者聚合成潘诺西亚大陆（Pannotia）。前寒武纪盆地以克拉通盆地和被动陆缘盆地为主。前寒武纪泥岩烃源岩主要发育于中东阿曼盆地、俄罗斯东西伯利亚盆地、中国四川盆地和毛里塔尼亚陶丹尼盆地。此时中东阿曼盆地、俄罗斯东西伯利亚盆地、中国四川盆地均为拉张环境，属于泛大洋的被动陆缘盆地（图4-1）。

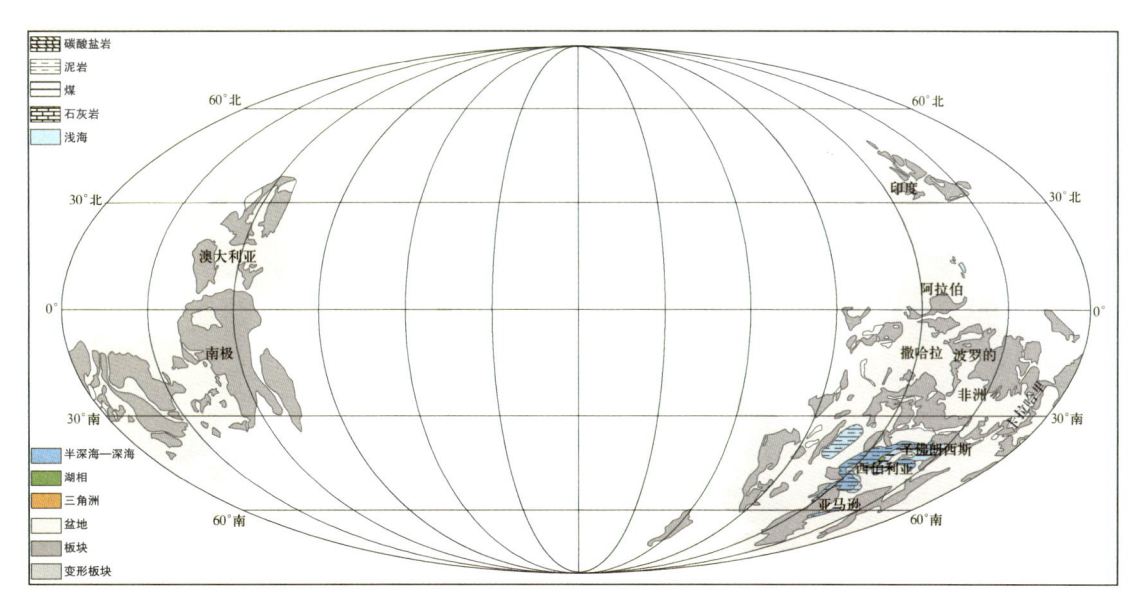

图4-1　前寒武纪古板块位置烃源岩分布图

早寒武世潘诺西亚大陆分裂成4个大陆：劳伦大陆、波罗地大陆、西伯利亚大陆、冈瓦纳大陆，劳伦、波罗的和西伯利亚古陆之间出现新的大洋——巨神海，冈瓦纳在前寒武

纪泛非运动形成褶皱带区形成了超级大陆。早寒武世泥岩烃源岩主要发育于中东阿曼盆地、中国塔里木和四川盆地，碳酸盐岩烃源岩主要发育于中国塔里木盆地、俄罗斯东西伯利亚盆地，页岩烃源岩主要发育于中国四川盆地。此时阿曼盆地、东西伯利亚盆地和塔里木盆地均为被动陆缘盆地（图4-2）。特别是近期中国的华北、扬子和塔里木三大克拉通区中—新元古界均发育大型克拉通内裂陷，其所控制的烃源灶有规模，高过成熟阶段热裂解成气潜力很大[3]。早奥陶世基本继承了寒武纪的特点。早奥陶世烃源岩主要发育于塔里木盆地、波罗的盆地和艾玛迪斯盆地等被动陆缘盆地和陆内克拉通盆地（图4-3）。

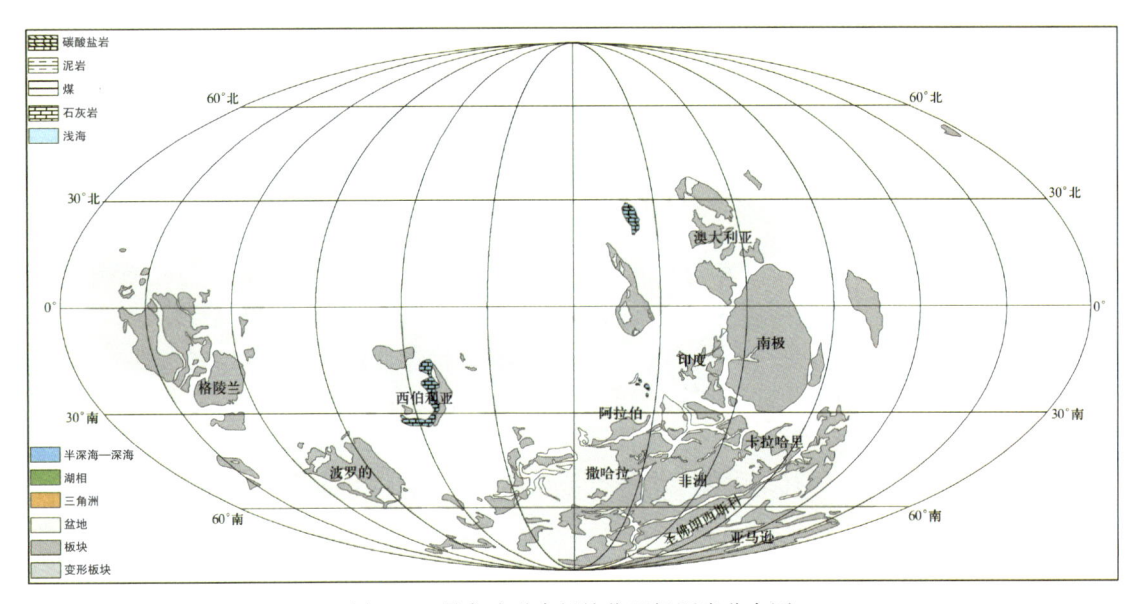

图4-2 早寒武世古板块位置烃源岩分布图

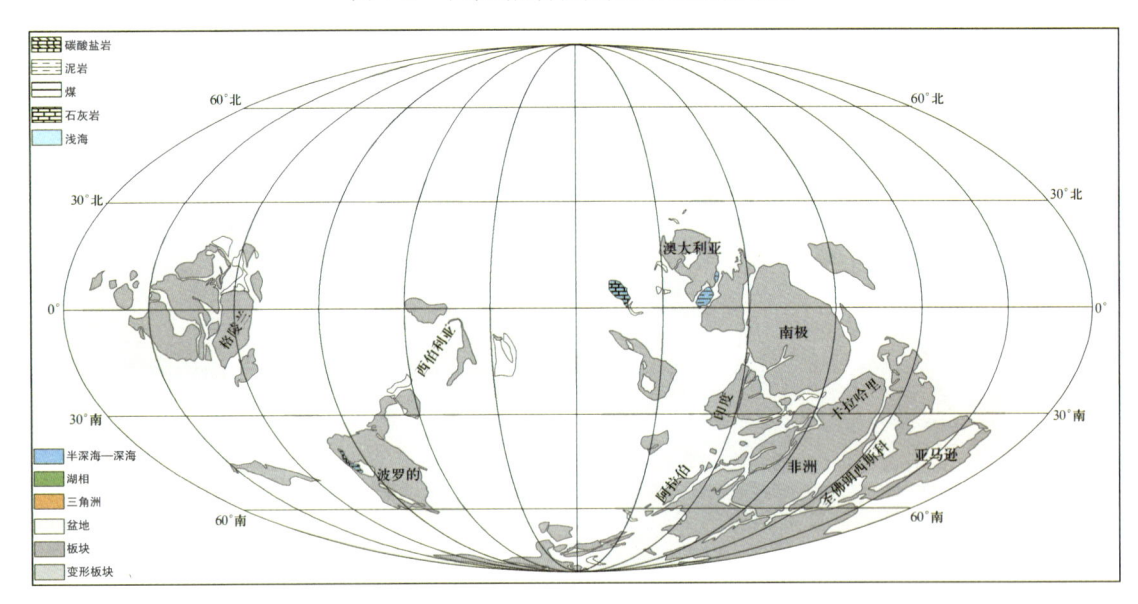

图4-3 早奥陶世古板块位置烃源岩分布图

早志留世全球古大陆格局发生了根本性的变化，发生了加里东造山运动、北美东部海岸的塔康造山运动和阿卡德造山运动。劳伦西亚与波罗的大陆的碰撞，使得巨神海的北面分支被关闭,并形成了劳俄大陆。冈瓦纳大陆持续向北漂移,其北部边缘仍发育大量的被动陆缘盆地[4]。早志留世泥岩烃源岩主要发育于中东中阿拉伯盆地和扎格罗斯盆地、北非哈西迈萨乌德隆起,上述盆地此时均为被动陆缘盆地(图4-4)。此时形成了志留系世界级的海相泥页岩烃源岩,由于该套烃源岩放射性元素含量高,测井曲线以高伽马为特征,又称为"热页岩",厚度一般小于100m,是北非油气储量最主要的贡献者[5,6]。该套烃源岩同样也是中东阿拉伯板块上非常重要的烃源岩,中国四川的龙马溪组烃源岩就发育在这个时期,目前已经成为中国页岩气最重要的产层。

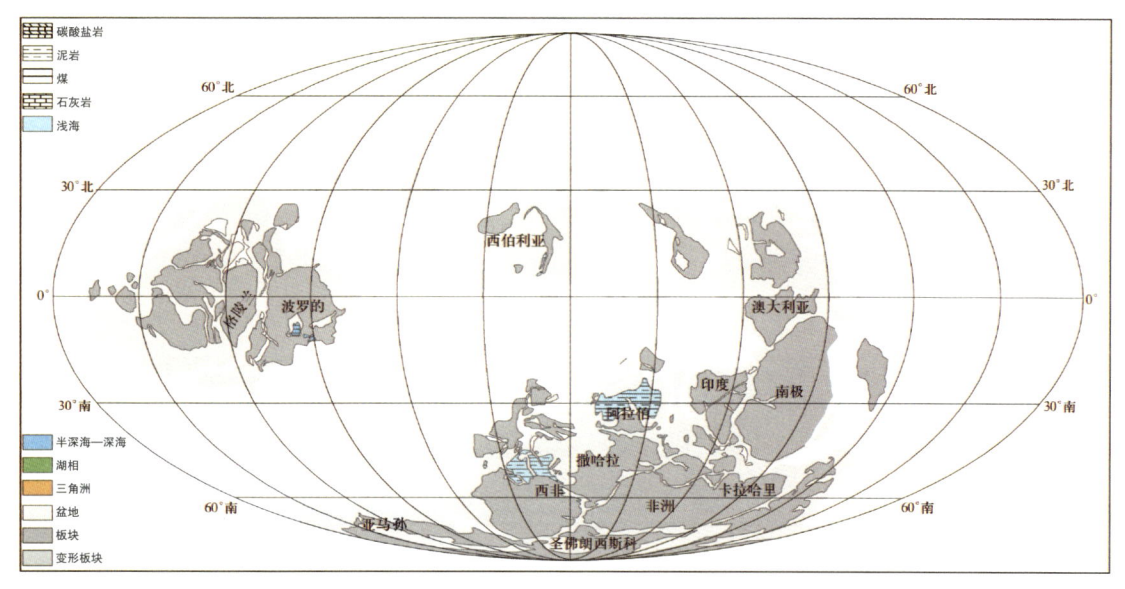

图 4-4　早志留世古板块位置烃源岩分布图

晚泥盆世全球主要发育克拉通盆地、被动陆缘盆地和弧后盆地及前陆盆地,另有极少的裂谷盆地。克拉通和被动陆缘盆地的范围进一步减小,一直广泛接受沉积的西伯利亚内陆的克拉通盆地也隆起遭受剥蚀。此时全球海平面和气温相比志留纪略有下降,但仍延续志留纪的主要特点,海相碳酸盐岩烃源岩主要发育于伏尔加—乌拉尔和滨里海被动陆缘盆地,泥岩烃源岩主要发育于蒂曼—伯朝拉、伏尔加—乌拉尔和滨里海被动陆缘盆地以及北非古达米斯等被动陆缘盆地,页岩烃源岩主要发育于上亚马孙、麦肯齐平原等被动陆缘和克拉通盆地(图4-5)。

晚石炭世冈瓦纳大陆发生了大规模的顺时针旋转,整个大陆从南半球中纬度地区再度回到高纬度地区,劳伦西亚大陆及冈瓦纳大陆之间的古生代海洋开始闭合,形成了阿巴拉契山脉,瑞亚克洋的东部闭合。哈萨克板块和欧美大陆(劳伦西亚大陆)碰撞形成乌拉尔山脉。该时期烃源岩主要分布于浅海相碳酸盐岩、海陆过渡相泥页岩以及河湖相泥页岩中。其中煤系烃源岩主要发育于德国西北地、英荷和东北德国—波兰等裂谷盆地,泥岩烃源岩主要发育于滨里海、伏尔加—乌拉尔等被动陆缘盆地,碳酸盐岩烃源岩主要发育于巴伦支海裂谷盆地(图4-6)。

早二叠世沿乌拉尔造山带西伯利亚和劳俄大陆联合组成了劳亚大陆的主体。这一古大陆向北有所移动,但西冈瓦纳大陆有大幅度的北向移动和劳亚大陆在赤道附近相撞,构成了潘基亚超大陆(Pangea)的前身。由于此时板块运动以会聚作用为主,大部分地区发生碰撞抬升，所形成的烃源岩以陆相煤系为主。煤系烃源岩主要发育于鄂尔多斯、伊罗曼加和沁水裂谷盆地。泥岩烃源岩主要发育于准噶尔、滨里海和伏尔加—乌拉尔等克拉通和前陆盆地（图4-7）。随着超大陆的会聚和海平面的下降，二叠纪陆架面积和合适的陆表海不断减少。中二叠统—下侏罗统海相烃源岩持续减少，晚古生代以来海平面一直处于下降状态，并在晚二叠世达到整个显生宙的最低值，二叠纪末生物大灭绝事件提供了丰富的有机质来源，但烃源岩的发育主要受有机质保存条件的限制[7]。

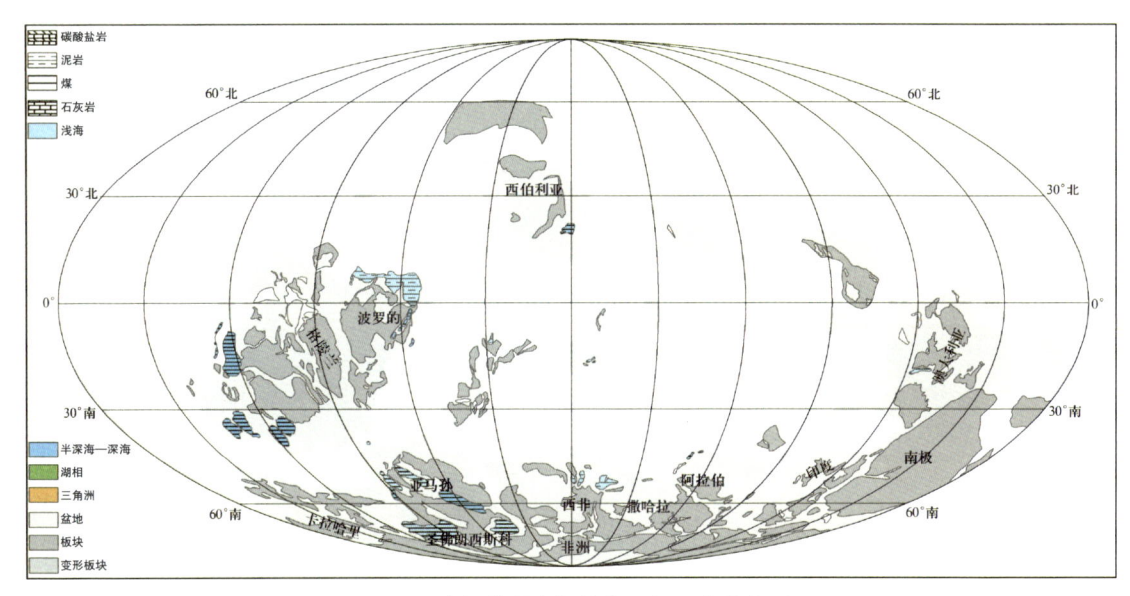

图 4-5 晚泥盆世古板块位置烃源岩分布图

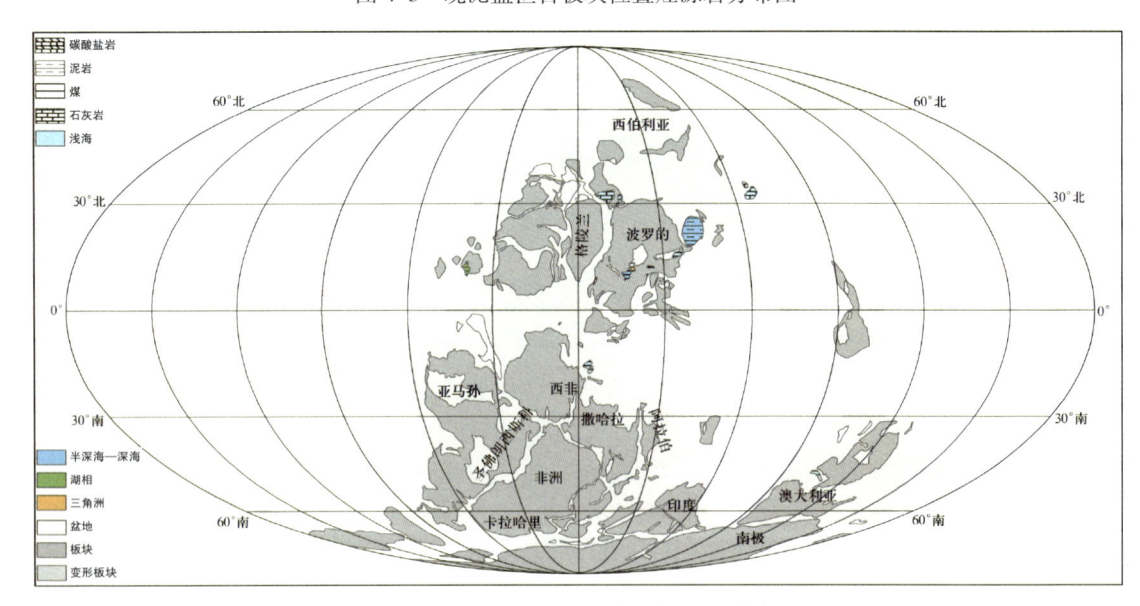

图 4-6 晚石炭世古板块位置烃源岩分布图

晚三叠世北方（劳亚）大陆和南方（冈瓦纳）大陆开始分裂，北美板块与欧亚板块分裂，形成大西洋雏形。这样的构造背景使晚三叠世全球广泛分布裂谷盆地，裂谷的位置都是中大西洋和北大西洋即将拉开的位置[8,9]。被动陆缘盆地主要分布于北美、欧亚北缘。

北美西部、南美、非洲南部以及西伯利亚乌拉尔山脉内侧分布前陆盆地。晚三叠世泥岩烃源岩主要发育于北卡那尔文、鄂尔多斯和斯沃德鲁普等克拉通和被动陆缘盆地，碳酸盐岩烃源岩主要发育于特提斯洋北缘的弧后盆地（图4-8）。

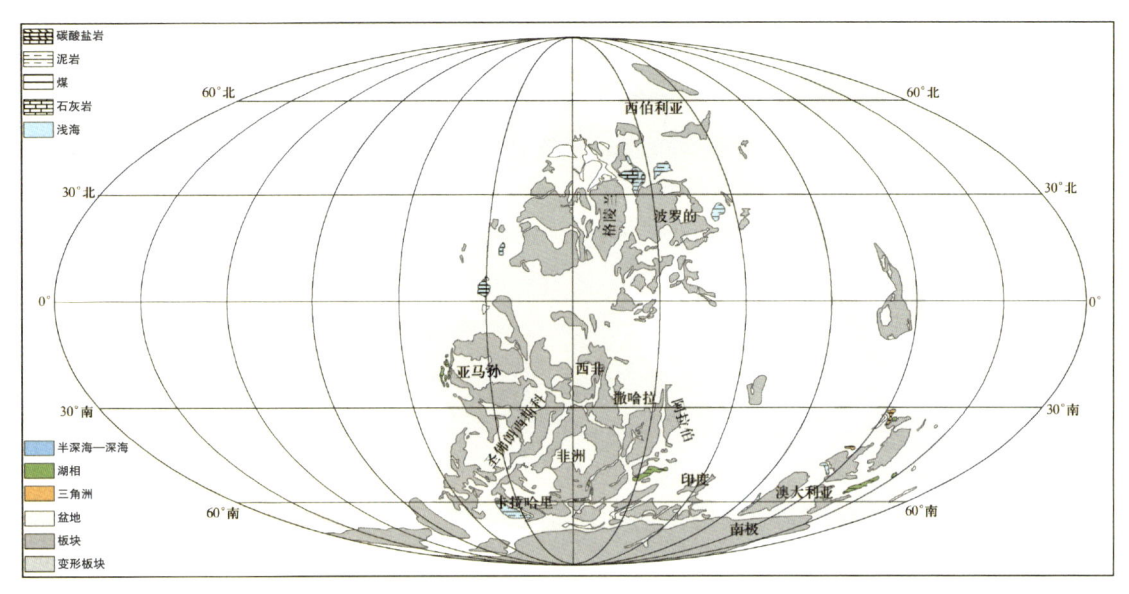

图4-7 早二叠世古板块位置烃源岩分布图

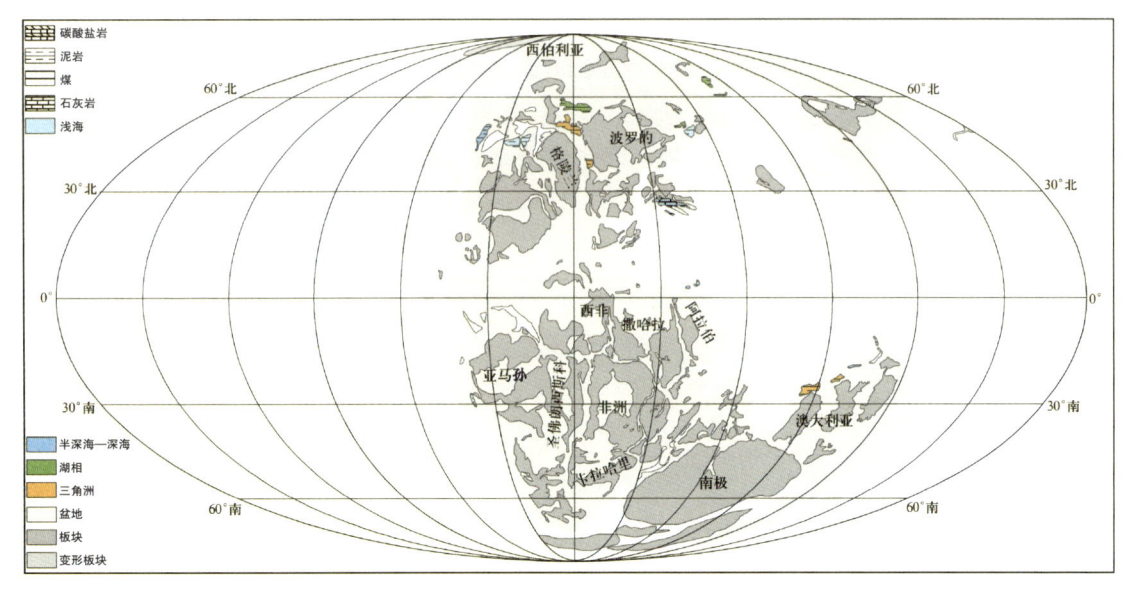

图4-8 晚三叠世古板块位置烃源岩分布图

晚侏罗世潘基亚大陆分裂为南北劳亚大陆与冈瓦纳大陆两部分，中央大西洋张裂成狭窄的海洋，东冈瓦纳与西冈瓦纳开始分裂。中大西洋周围大陆边缘普遍发育被动陆缘盆地，中侏罗世北大西洋洋壳已经形成，北美东缘发育被动陆缘盆地。晚侏罗世碳酸盐岩烃源岩主要发育于中阿拉伯、鲁布哈利和苏瑞斯特（歇斯特）等裂谷和被动陆缘盆地，泥岩烃源岩主要发育于西西伯利亚、中阿拉伯和墨西哥湾深水被动陆缘盆地，煤系烃源岩主要发育于坦桑尼亚和鲁伍马被动陆缘盆地（图4-9）。

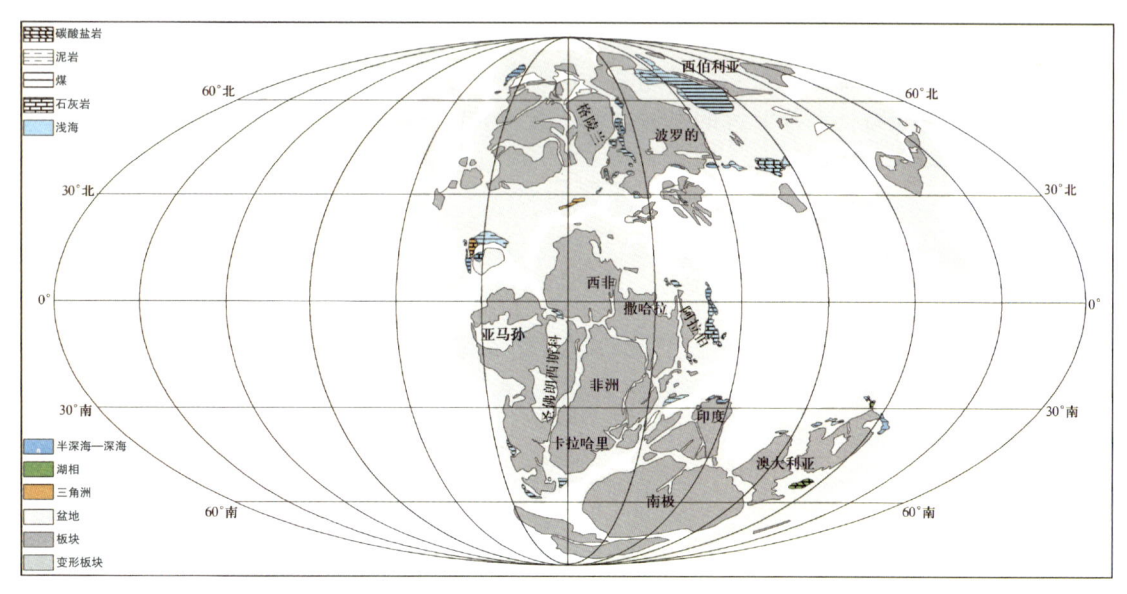

图 4-9 晚侏罗世古板块位置烃源岩分布图

白垩纪同时也是海盆迅速扩张的时期，烃源岩广泛分布，以富含有机质的海相泥岩和泥灰质岩为主，除北美西部，陆内烃源岩多为湖相、三角洲相沉积。大西洋两侧的被动陆缘和特提斯构造域广泛出现白垩系黑色页岩地层，它们在时代上可以全球对比。早白垩世泥岩烃源岩主要发育于扎格罗斯、西西伯利亚和中阿拉伯等被动陆缘和裂谷盆地，碳酸盐岩烃源岩主要发育于扎格罗斯、苏瑞斯特和美索不达米亚被动陆缘盆地，页岩烃源岩主要发育于中阿拉伯盆地、特立尼达盆地和维京地堑等被动陆缘和裂谷盆地（图 4-10）。晚白垩世页岩烃源岩主要发育于东委内瑞拉、马拉开波和亚诺斯—巴里纳斯被动陆缘盆地，泥岩烃源岩主要发育于马拉开波盆地、锡尔特盆地和刚果扇等被动陆缘和裂谷盆地，碳酸盐岩烃源岩主要发育于东委内瑞拉盆地、扎格罗斯盆地和西阿拉伯被动陆缘盆地（图 4-11）。

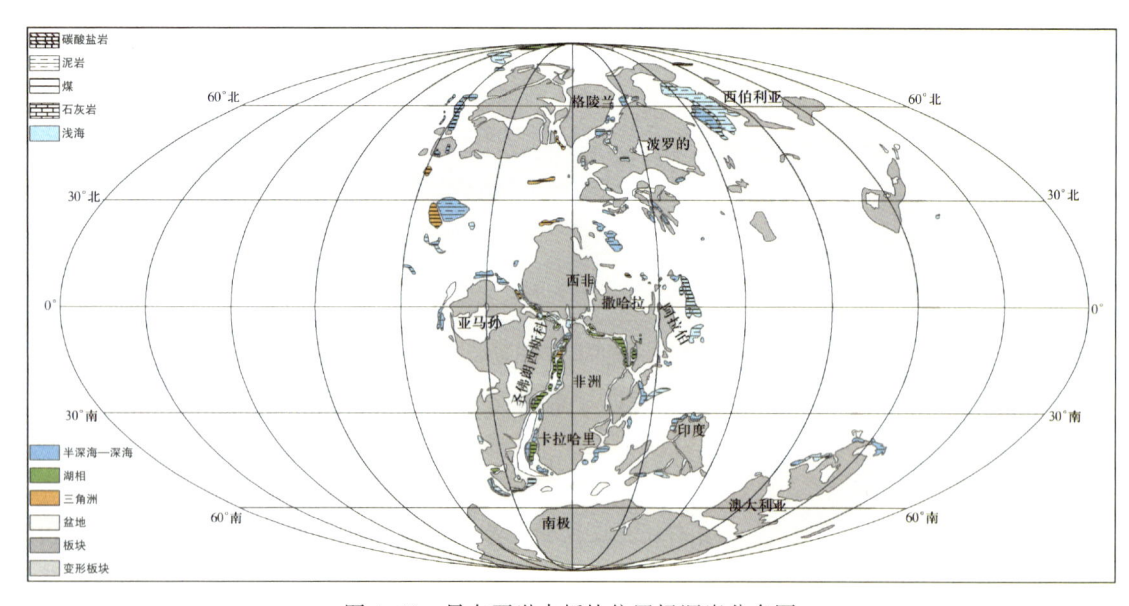

图 4-10 早白垩世古板块位置烃源岩分布图

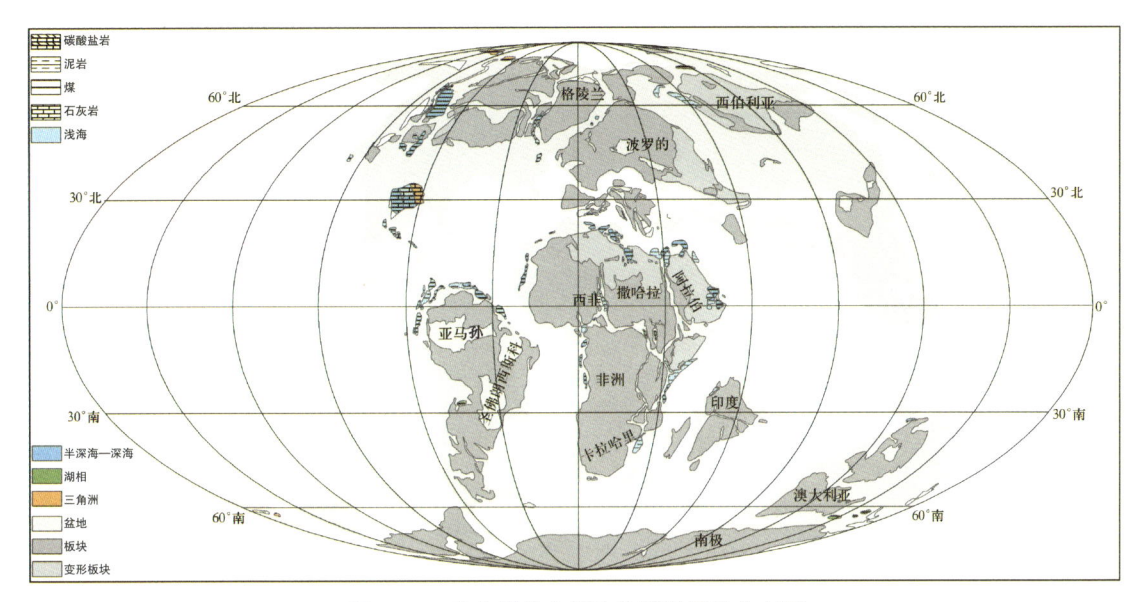

图 4-11　晚白垩世古板块位置烃源岩分布图

始新世被动陆缘盆地主要发育在大西洋的共轭边缘、非洲东缘、澳大利亚南缘、西缘以及北冰洋周缘之上，这些盆地主要受控于中生代—新生代的大洋裂解。裂谷盆地仍然发育广泛，在非洲、欧亚、美洲、澳洲地区，这些盆地继续发育断陷。始新世泥岩烃源岩主要发育于尼日尔三角洲、马拉开波和孟买等被动陆缘和裂谷盆地，页岩烃源岩主要发育于马拉开波、塔拉拉和东委内瑞拉裂谷盆地，碳酸盐岩烃源岩主要发育于苏伊士湾盆地、佩拉杰和扎格罗斯被动陆缘盆地（图 4-12）。

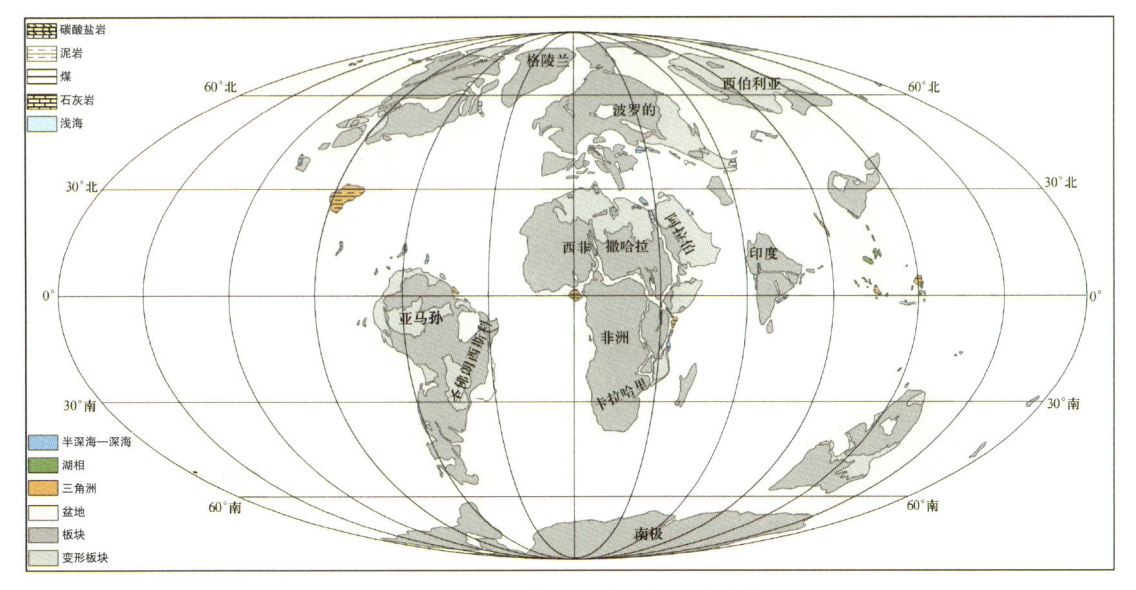

图 4-12　始新世古板块位置烃源岩分布图

中新世泥岩烃源岩主要发育于尼日尔三角洲被动陆缘盆地、南里海前陆盆地和马来裂谷盆地，煤系烃源岩主要发育于巴拉姆三角洲被动陆缘盆地、库特裂谷盆地和卢科尼亚弧后盆地，碳酸盐岩烃源岩主要发育于苏伊士湾和红海裂谷盆地。页岩烃源岩主要发育于法尔考裂谷盆地和普鲁格雷索弧前盆地（图 4-13）。

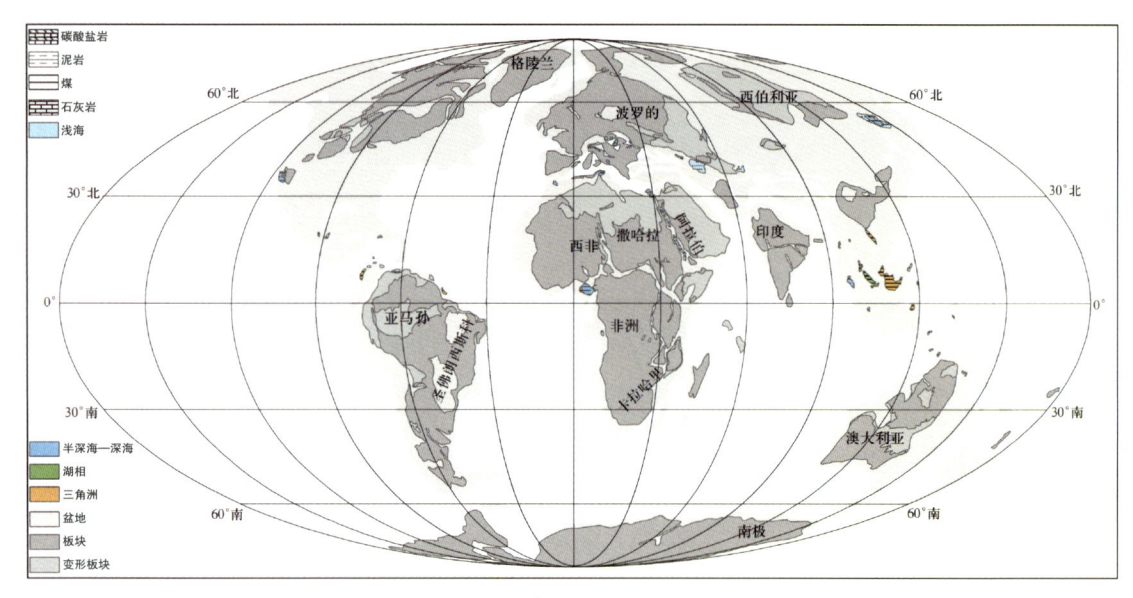

图 4-13　中新世古板块位置烃源岩分布图

上述 13 个主要地质时期烃源岩发育的原型盆地揭示，烃源岩主要发育于拉张环境下被动陆缘和裂谷盆地，长期稳定的构造环境更利于烃源岩发育和保存。基于 IHS 数据库全球主要时期烃源岩发育特征统计结果，晚侏罗世和早白垩世烃源岩最为发育，结合盆地板块构造演化过程分析认为，晚侏罗世和早白垩世两个烃源岩发育富集期，全球处于冈瓦纳大陆裂解期，大部分盆地处于拉张演化环境。从全球十大烃源岩发育盆地的演化阶段来看，这些盆地烃源岩最为发育的阶段均处于被动陆缘和裂谷盆地原型演化阶段（图 4-14），因此，通过上述分析可知拉张的盆地板块构造演化环境下形成的被动陆缘和裂谷盆地对于烃源岩的发育具有重要的控制作用，十分有利于烃源岩层系的大规模发育[7]。

二、有机质沉积水体环境对烃源岩发育的控制作用

水流可以携带大量的有机质在静水条件下沉积，同时静水条件也可以促进有机质的生长和保持良好的还原环境，有利于烃源岩的形成和保存，因此局限、稳定的水体环境对烃源岩的形成具有重要的控制作用，而局限性浅海相被动陆缘盆地具有稳定的水体环境有利于烃源岩的形成，也是烃源岩最为富集的区域。烃源岩的形成不仅受水流的控制，同时还受海进、海退过程的控制，统计结果表明海侵环境有利于烃源岩的发育，特别是晚侏罗世和早白垩世全球处于海平面上升阶段，此时烃源岩也最为发育（图 4-15）。

三、烃源岩发育的其他控制因素

烃源岩的发育除了受盆地构造演化和水体环境的控制以外，还主要受烃源岩生烃母质生物繁殖时古温度和古气候等其他要素的控制。较高的温度为有机质的生成提供了条件，也有利于烃源岩的发育，晚侏罗世—早白垩世全球气温较高，烃源岩也十分发育（图 4-15）。不同气候背景具有不同的沉积岩石组合，各个气候带均有高有机质丰度的沉积物堆积，在地质历史上，古气候因大气组成成分的不同、纬度地带性和海陆格局的差异而引

起古大气环流形势、气候带的迥异，从而成为控制沉积作用，特别是成为控制烃源岩发育的重要因素。研究表明，大气中的中等含氧量、干热的气候有利于烃源岩的形成。

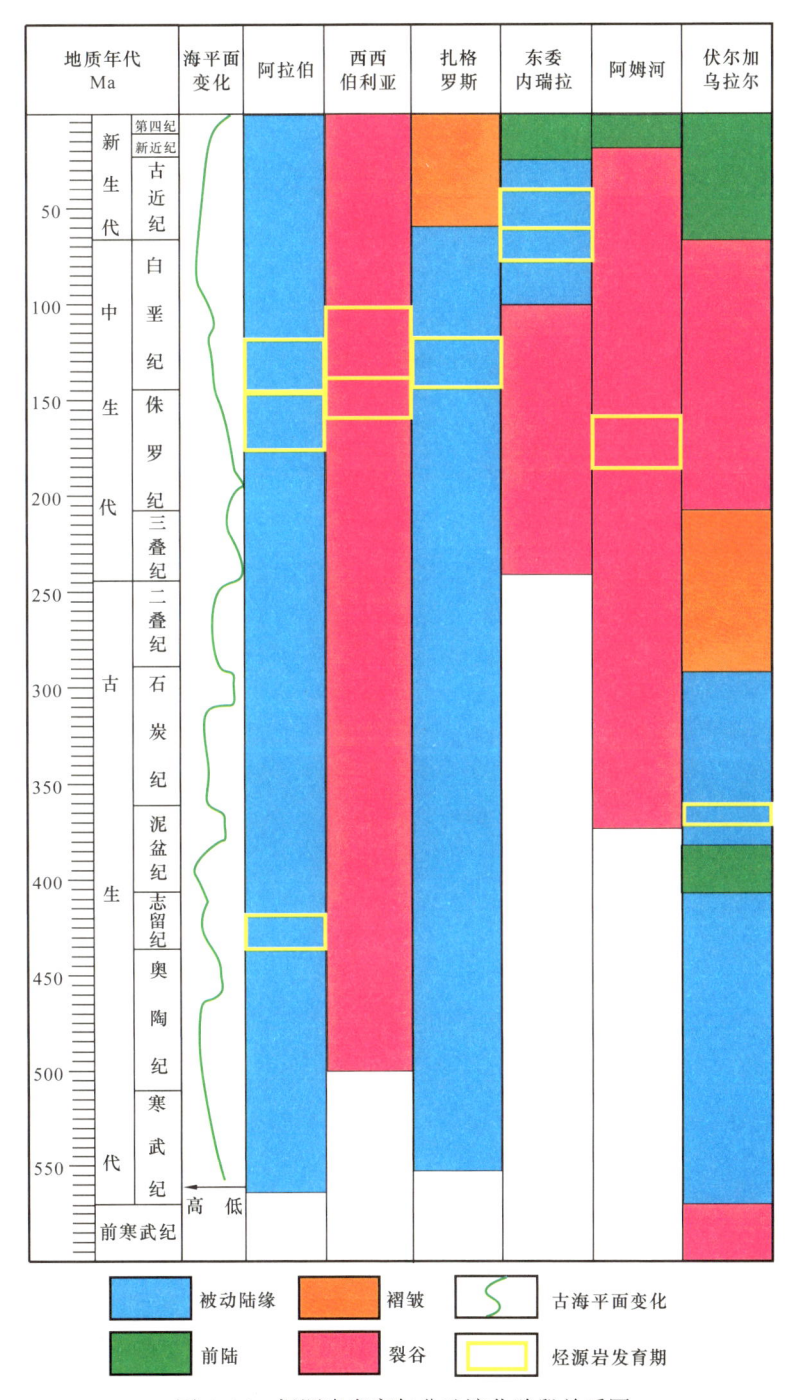

图 4-14 烃源岩发育与盆地演化阶段关系图

地质历史上，各地质时期的大气圈组成成分不同，其中主要表现为 O_2 与 CO_2 含量的消长关系。研究结果表明（图 4-15），大气氧含量大于 30% 的石炭纪—二叠纪和晚白垩世以来主要为成煤高峰期；大气氧含量介于 20%～30% 的侏罗纪—早白垩世主要为形成烃源岩的高峰期，这与全球烃源岩发育的主要时期相一致；而大气氧含量介于15%～20%的早古生代，CO_2的含量最高，主要表现为广阔碳酸盐岩沉积与大气CO_2、海洋水CO_2的循环作用，为一般成烃源岩期。

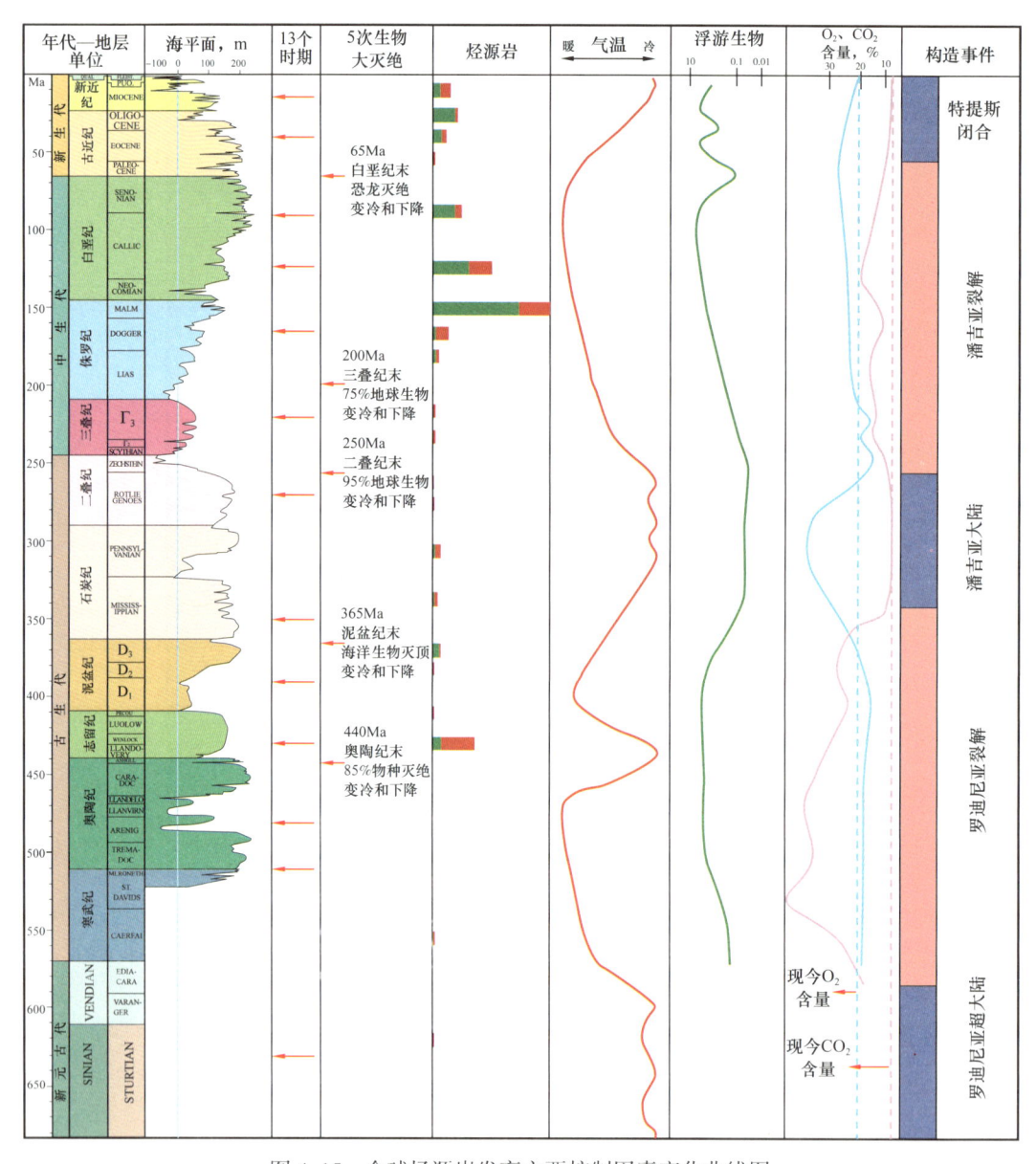

图4-15 全球烃源岩发育主要控制因素变化曲线图

第二节 全球主要地质时期储层、盖层特征与分布

一、全球不同层系储层分布特征

根据地质年代划分，全球油气资源主要分布在晚古生代之后，早古生代油气资源量较少，前寒武纪也存在少部分的油气资源[2]。以"代"为单位统计，则中生代、新生代、

晚古生代分别占全球油气可采储量的53%、29%和16%。

晚古生代总体上主要以天然气为主，石油储量相对较少，晚二叠世油气可采储量约560×10⁸t油当量，占所有历史年代总油气储量的9.2%，该年代以天然气储量为主，占85.2%。与其他地质年代相比，中生代已发现油气2P可采储量最高，油气可采储量约3220×10⁸t油当量，总体上石油多于天然气，石油占61.7%。石油主要分布在中侏罗世—晚白垩世，早白垩世油气可采储量在中生代所有地质年代中最高，油气可采储量约1540×10⁸t油当量，占25.5%，且石油储量大于天然气，占60.0%。新生代油气储量仅次于中生代，总体上以石油为主，占68.9%，主要分布在中新世和渐新世。中新世油气可采储量为938×10⁸t油当量，占所有地质年代油气可采储量的15.5%，该时期石油储量占72.0%。

1. 不同沉积相储层储量分布特征

全球含油气储层沉积相类型主要分为7类，包括河流相、湖泊相、三角洲相、浅海相、半深海—深海相、冰川相以及风成沉积。根据IHS已发现的油气藏统计，全球油气主要储存在浅海相储层中（表4-1）。在所有地层中，浅海相储层控制储量占全球油气可采储量的59.9%，河流相占13.4%，三角洲相占11.1%，半深海—深海相占10.3%，其余三种沉积相储层所含油气储量较少，三者之和占5.2%。浅海相储层主要分布于上二叠统、上侏罗统、下白垩统、上白垩统、渐新统和中新统。河流相储层主要分布在下白垩统、中新统。三角洲相主要分布于中新统、渐新统。半深海—深海相的储层主要分布于中新统、上侏罗统、下白垩统。湖泊相储层主要分布于下白垩统（图4-16）。

表4-1 全球油气储层岩石沉积类型油气可采储量统计表

沉积相类型	浅海	河流	三角洲	半深海—深海	湖泊	风成沉积	冰川
油气可采储量所占比例，%	59.9	13.4	11.1	10.3	4.4	0.6	0.2

从数量上看，在所有地层中浅海相储层油气数量占全球油气藏总数量的51.3%，河流相占15.1%，三角洲相占14.3%，半深海—深海相占11.2%，其余三种沉积相储层所含油气藏数量之和仅占8.1%（表4-2）。浅海相储层的油气藏数量较多的为上侏罗统、下白垩统、上白垩统和中新统。河流相储层的油气藏主要分布在中侏罗统、下白垩统和中新统，分别占该时期总油气藏数量的29.5%、14.1%和10.0%。三角洲相油气藏主要分布于下石炭统和中新统。半深海—深海相的油气藏主要分布于下白垩统、上白垩统和中新统。湖泊相油气藏主要分布于下白垩统、渐新统和中新统（图4-17）。

表4-2 全球油气储层岩石沉积类型油气藏数量统计表

沉积相类型	浅海	河流	三角洲	半深海—深海	湖泊	风成沉积	冰川
油气藏数量所占比例，%	51.3	15.1	14.3	11.2	6.5	1.2	0.4

2. 不同岩石类型储层储量分布特征

全球含油气储层的岩石类型主要分为7类，包括砂岩、粉砂岩、浊积砂岩、石灰岩、白云岩、生物礁及基岩。根据统计显示全球油气主要储存在砂岩和石灰岩中（表4-3）。

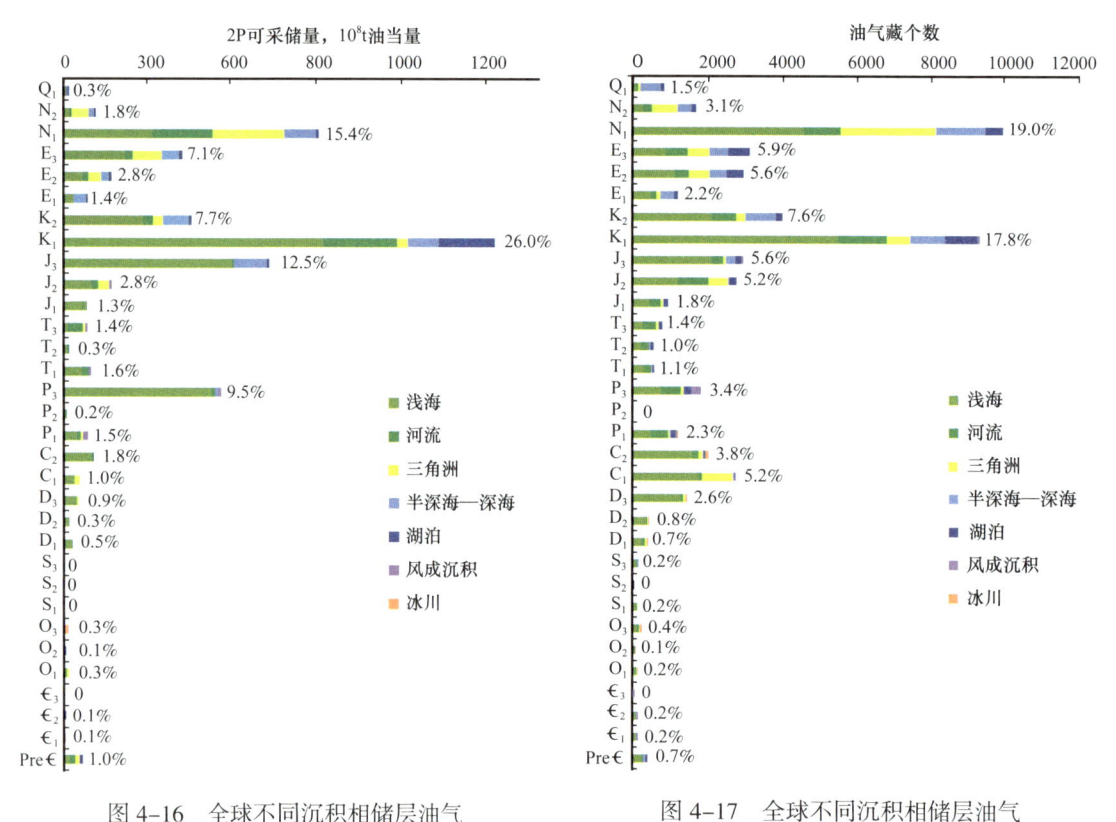

图 4-16 全球不同沉积相储层油气可采储量层系分布
百分比表示该时期储量占所有时期可采储量的比例

图 4-17 全球不同沉积相储层油气藏个数层系分布
百分比表示该时期个数占所有时期总个数的比例

在所有地层中，砂岩储层所含油气储量占全球油气可采储量的50.3%，石灰岩储层占28.6%，白云岩储层占9.5%，浊积岩储层占5.4%，其余三种岩石类型储层所含油气储量之和占6.2%（表4-3）。砂岩储层主要出现在中侏罗统、下白垩统、上白垩统、始新统、渐新统和中新统。石灰岩储层主要分布在上侏罗统、下白垩统、上白垩统和渐新统。白云岩储层主要分布于上二叠统。浊积岩储层出现在下白垩统之后，主要分布于渐新统、中新统（图4-18）。

表 4-3 全球油气储层岩石类型油气可采储量统计表

岩石类型	砂岩	石灰岩	白云岩	浊积岩	粉砂岩	生物礁	基岩
油气可采储量所占比例，%	50.3	28.6	9.5	5.4	3.3	2.9	0

在所有地层中，砂岩储层油气数量占全球油气总数量的48.0%，石灰岩储层占33.4%，浊积岩储层占7.9%，粉砂岩储层占4.3%，其余三种岩石类型储层所含油气藏数之和占6.4%（表4-4）。砂岩油气藏数量较多的为中侏罗统、下白垩统、上白垩统、始新统、渐新统和中新统。石灰岩油气藏主要分布于下白垩统、上白垩统和中新统。浊积岩油气藏主要分布于下白垩统、中新统和更新统。粉砂岩油气藏主要分布于下白垩统、中新统。生物礁油气藏主要分布于上泥盆统、石炭系（图4-19）。

表 4-4　全球油气储层岩石类型油气藏数量统计表

岩石类型	砂岩	石灰岩	浊积岩	粉砂岩	生物礁	白云岩	基岩
油气藏数量所占比例，%	48.0	33.4	7.9	4.3	3.7	2.6	0.1

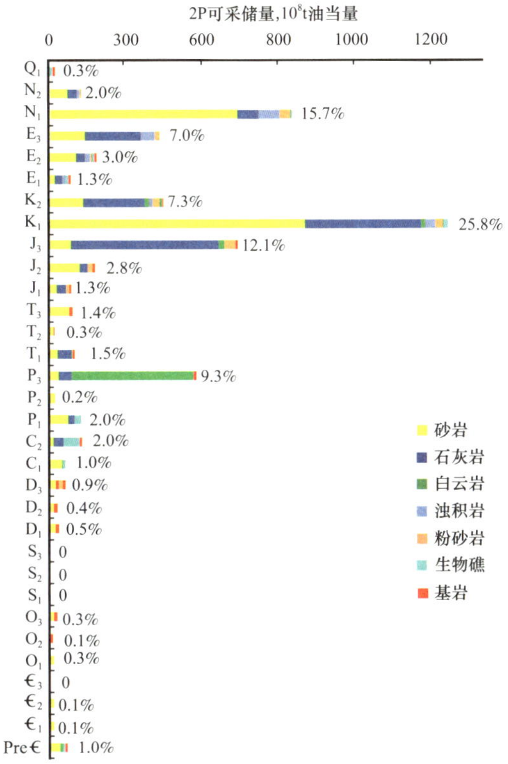

图 4-18　全球不同岩石类型储层油气可采储量层系分布

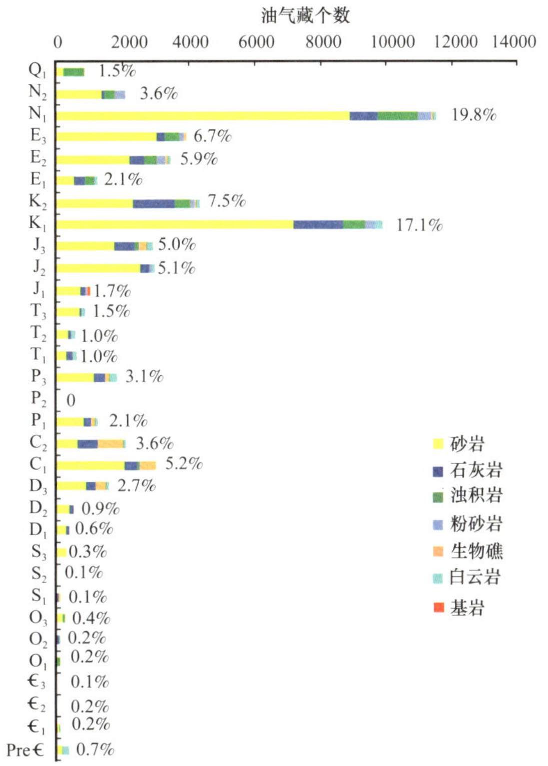

图 4-19　全球不同岩石类型储层油气藏个数层系分布

百分比表示该时期油气储量占所有时期可采储量比例

3. 储层类型特征与沉积相关系

1）岩石类型

根据勘探实践，在世界各主要含油气盆地中，沉积岩、变质岩和岩浆岩储层都有发育，但非沉积岩储层发育较少，分布范围十分有限，油气富集规模也相对较小，绝大部分油气聚集在各种沉积岩中。因此，全球油气储层可划分为两大类：沉积岩储层和非沉积岩储层，其中沉积岩储层又可进一步分为硅质碎屑岩型、碳酸盐岩型、碎屑岩—碳酸盐岩复合型。硅质碎屑岩包括砂岩、细砂岩、粉砂岩、泥质粉砂岩；碳酸盐岩包括各类石灰岩、白云岩等。随着页岩油、气的勘探开发，页岩、泥页岩、泥岩等原为烃源岩的细碎屑岩逐渐成为重要油气储层。

统计显示，碎屑岩储层富集了 60% 的全球油气可采储量（表 4-4），碳酸盐岩储层发育范围相对局限，但富集了 40% 的全球油气可采储量。碳酸盐岩油气藏主要分布于特提斯构造域，呈现出"两纵一横"的分布特征，特提斯构造域构成了"一横"，蒂曼—伯朝拉、伏尔加—乌拉尔、北里海和北美的西加盆地、威利斯顿盆地和二叠盆地等构成了"两纵"。层系上，碳酸盐岩油气藏富集于上二叠统、上侏罗统、下白垩统、上白垩统和渐新统，这些层系碳酸盐岩油气藏的储量明显占优势[10]。

2）沉积环境

全球范围内各类油气储层形成环境主要包括陆相、海陆过渡相、浅海相和半深海—深海相。浅海相沉积环境油气储量最为丰富，占全球油气储量高达59.9%，其次陆相占18.6%，海陆过渡相11.1%，而半深海—深海相最少10.3%。

陆相环境包括河流相、湖相等，往往发育在大陆裂谷盆地和弧后盆地。这类环境中形成的储层分布范围较广泛，包括中国陆相盆地、中西非剪切带、澳大利亚、里海地区等。海陆过渡相主要指三角洲，发育在该类环境中的储层分布范围类似于陆相环境，主要集中在中、新生代各主要河流入海处，如著名的尼日尔三角洲。浅海环境发育的储层，为世界主要油气区的主力储层。统计分析表明，接近60%的油气可采储量分布在浅海环境发育的储层中。随着油气勘探向深水不断推进，半深海—深海（深水）储层逐渐受到人们的重视，这包括西非陆架、东非陆架、巴西东部陆架、澳大利亚西北大陆架、印度两侧的陆架、中国南海、南里海等地区。

3）储层发育与盆地原型关系

数据统计显示，从前寒武系到更新统所有时代的地层中，以中生界的油气储量最为丰富，其次为新生界和古生界。油气最富集的地层为下白垩统，其储量占全球所有时代可采储量的25.7%，其次为中新统，占可采储量的15.3%；之后依次为上侏罗统、上二叠统、上白垩统和渐新统，分别占可采储量的11.8%、8.9%、8.0%和6.8%，这六个层系内的油气资源占全球近80%。

油气储量从晚古生代早期到末期呈现出逐渐增长的趋势，同样的特征出现在中生代和新生代。从各地质时期储层沉积相分布可以看出，古生代整体油气储量较小，以浅海相为主，中生代以来随着潘基亚大陆的裂解，南大西洋两岸发育大量河流湖泊相储层，新生代稳定的被动陆缘发育大型三角洲和浊积扇。从各地质时期储层岩性分布来看，下古生界储层以砂岩为主，上古生界开始发育大量生物礁和白云岩储层（以中东为主），中生界石灰岩储层逐渐占据优势，新生界又表现为砂岩储层为主。

从各地质时期盆地类型分布来看，古生代被动陆缘盆地储量占据绝对优势，中生代开始发育大量的大陆裂谷盆地，与大西洋两岸裂开有直接关系，同时在中生代裂谷盆地发育了大量的河流相储层。新生代开始由于构造运动开始形成大量的前陆盆地，此时南大西洋两岸被动陆缘发育大量的浊积砂岩和大型尼日尔三角洲都是优质储层。

根据以上分析，盆地类型控制了沉积相类型，而沉积相类型又控制了储层的发育，因此认为优质储层的发育主要受盆地类型控制。进一步加强全球构造演化与盆地类型研究，将为寻找优质储层提供方向（图4-20）。

全球主要被动陆缘盆地包括阿拉伯盆地、尼日尔三角洲、桑托斯盆地、下刚果盆地、坎波斯盆地等，全球主要的前陆盆地包括东委内瑞拉盆地、扎格罗斯盆地、伏尔加-乌拉尔盆地、马拉开波盆地、苏瑞斯特盆地（歇斯特）等，全球主要的大陆裂谷盆地包括西西伯利亚盆地、阿姆河盆地、北海盆地、锡尔特盆地、德国西北盆地、渤海湾盆地等。

根据盆地分类，全球油气主要分布在阿拉伯盆地、西西伯利亚盆地、东委内瑞拉盆地等10个盆地，其中阿拉伯盆地、西西伯利亚盆地油气储量分别占全球油气储量的29.3%和11%（图4-21）。

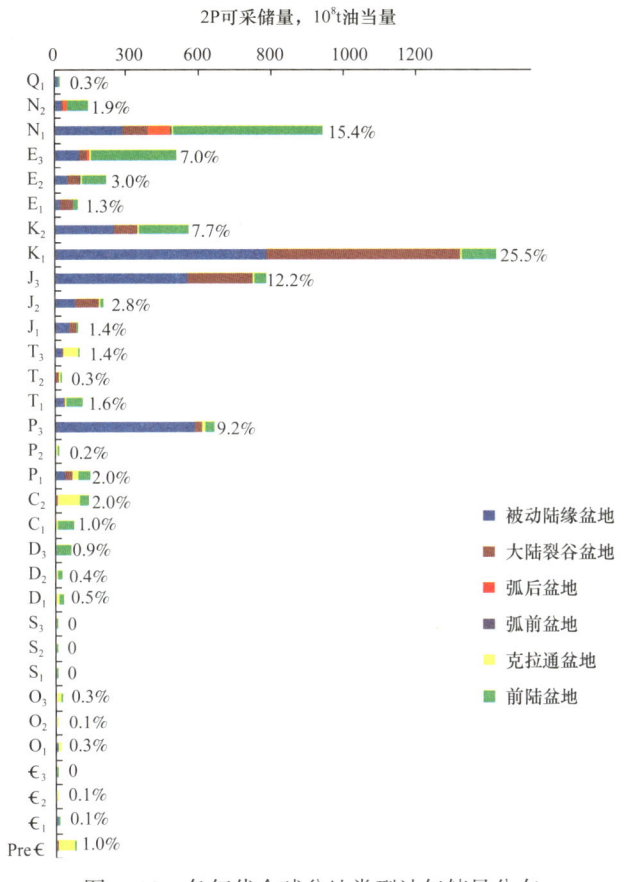

图 4-20 各年代全球盆地类型油气储量分布

图 4-21 全球探明和控制储量排名前十位的盆地

二、不同岩石类型盖层分布特征

根据全球已发现油气藏数据统计 33 个时代盖层聚集油气特征，其中标注蒸发岩盖层各时代所占百分比。由表 4-5 可知，泥页岩盖层控制着最多的油气，其次是蒸发岩盖层。碳酸盐岩盖层控制油气储量较少。

由图 4-22 可知，聚集油气的盖层地质年代主要在中生代和新生代。上二叠统、下三叠统、上侏罗统、白垩系及中新统盖层封盖了绝大部分油气。封盖油气最多的盖层是下白垩统，其中泥页岩盖层控制油气藏数量最多且油气储量占绝对优势；其次是中新统盖层，其油气也主要聚集在以泥页岩盖层的油气藏中，同时发育较多的碳酸盐岩为盖层的油气藏，但油气储量相对较少，分布较少的蒸发岩盖层中控制着较多的油气；封盖油气储量第三的是上侏罗统盖层，其泥页岩盖层油气藏最多，但是控制储量较少，少量的蒸发岩盖层油气藏中聚集了绝大多数的油气；上白垩统盖层封盖油气储量排在第四，泥页岩盖层油气藏数量最多、储量也最大，发育少量的碳酸盐岩盖层及少量的蒸发岩盖层；再次是下三叠统、上二叠统盖层，蒸发岩和泥页岩盖层油气藏数量较多，但主要的油气都聚集在蒸发岩盖层之下。

表 4-5 全球不同岩性盖层控制油气可采储量统计表

岩石类型	泥页岩	蒸发岩	碳酸盐岩	其他岩性
控制油气储量所占比例，%	63.8	26.3	9.7	0.2

由图 4-23 可知，发育中生代、新生代盖层的油气藏数占大多数。泥页岩为盖层的盆地分布面积最广，油气藏数量及油气储量最多（表 4-6）。侏罗系、白垩系、古近系和新近系中绝大多数为泥页岩盖层。碳酸盐岩盖层的油气藏总数次之，从上泥盆统开始增多，之后各时代均有发育，主要分布于上泥盆统—石炭系、白垩系和古近—新近系；蒸发岩盖层分布较少，主要发育于上二叠统—上侏罗统以及中新统。上二叠统和上侏罗统的蒸发岩盖层占比分别为 44.9% 和 17.8%。下、中、上三叠统盖层总体发育较少，但其中蒸发岩盖层都较为发育，时代从老到新分别所占比例为 32.1%、22.9% 和 11.1%。

对比不同岩性盖层分布和控油气特征，蒸发岩盖层控油气的能力最强，其次是泥页岩盖层，碳酸盐岩盖层和其他岩性盖层的控油气能力最差。其中前寒武系、下二叠统、上二叠统、下三叠统、中三叠统、上三叠统、上侏罗统和中新统蒸发岩盖层相对较为发育，各自控制的油气藏数量分别占 25.4%、17.7%、44.9%、32.1%、22.9%、11.1%、17.8% 和 3.3%，对应的蒸发岩控制油气储量的比例分别为 50.9%、57.3%、83.7%、84.7%、60.6%、31.0%、68.9% 和 20.6%。明显可以看出分布范围和数量较少的蒸发岩盖层，往往封盖着大量的油气。储量排名前十的盆地中，阿拉伯盆地、扎格罗斯盆地、阿姆河盆地、滨里海盆地都因发育有良好的蒸发岩盖层而聚集了大量的油气，形成大油气田。

表 4-6 全球不同岩性盖层岩油气藏数量统计表

岩石类型	泥页岩	蒸发岩	碳酸盐岩	其他岩性
油气藏数量，个	41901	6189	2877	398
所占比例，%	81.6	12.0	5.6	0.8

全球不同板块在漫长的地质时期都在不断运动中，几乎每个板块都经历了极地冰期和赤道附近干旱炎热的气候。当板块位于赤道附近时，干旱炎热的气候对蒸发岩形成起了至关重要的作用。例如阿拉伯板块自晚石炭世由南半球向赤道移动，二叠纪—白垩纪阿拉伯板块处于赤道附近，同时阿拉伯盆地主要区域蒸发岩盖层发育时代也处于晚二叠世—早侏罗世（图 4-24）。晚三叠世蒸发岩发育的北非、墨西哥湾等，以及早白垩世蒸发岩发育的南大西洋两岸桑托斯盆地、宽扎盆地等分别在晚三叠世和早白垩世处于赤道附近，炎热的气候有利于蒸发岩的形成。

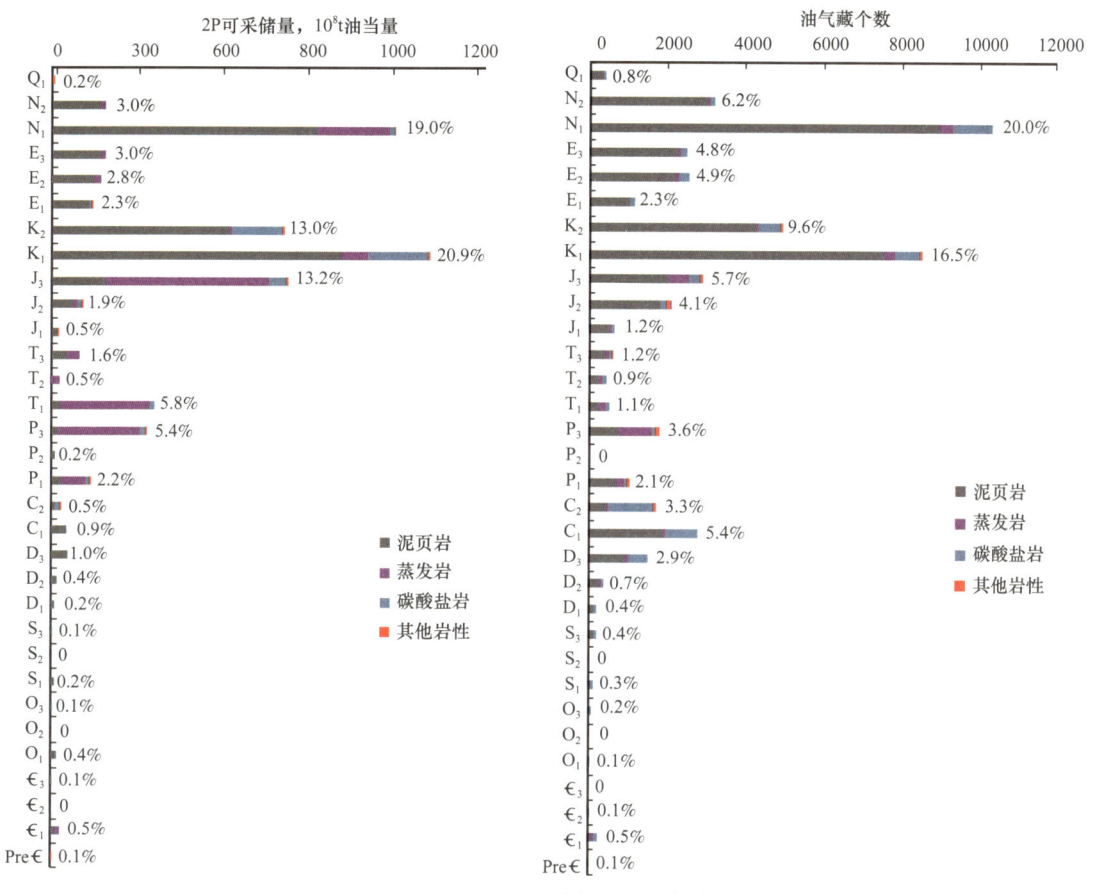

图 4-22　全球不同岩性盖层控制油气可采储量层系分布

图 4-23　全球不同岩性盖层油气藏个数层系分布

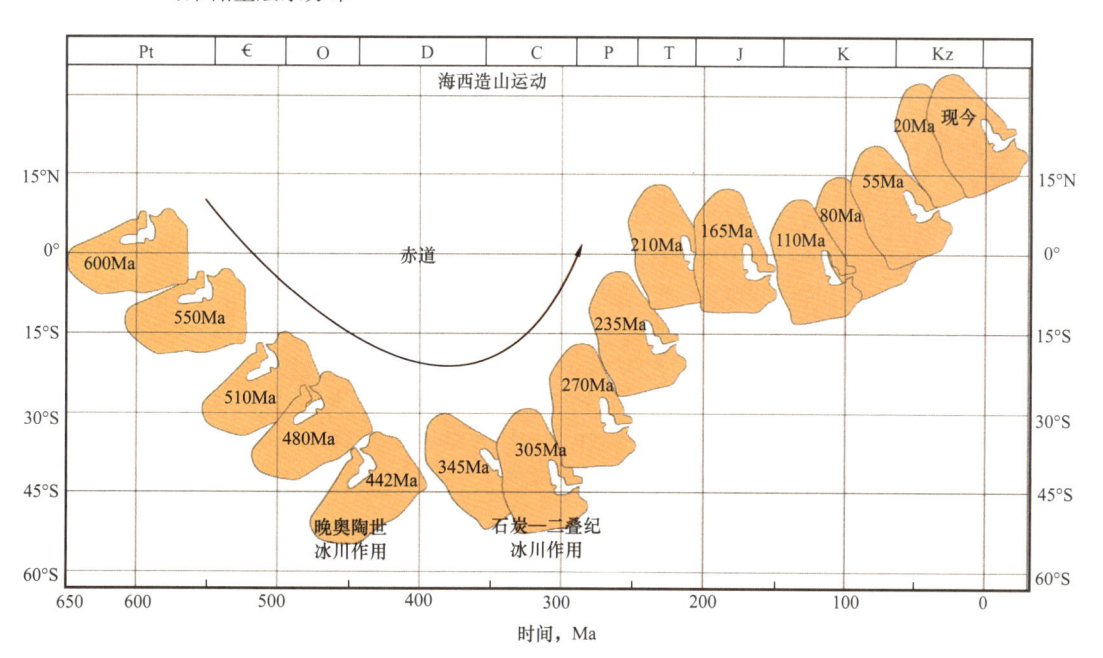

图 4-24　阿拉伯板块古纬度位置图

第三节 全球储盖组合发育规律

一、全球主要储盖组合

全球范围内四套储盖组合油气最为富集，分别为上二叠统/下三叠统、上侏罗统、下白垩统和中新统，这四套储盖组合的油气储量分别占油气可采储量的9.5%、12.5%、20.9%和15.4%，合计为58.5%。前两个储盖组合主要表现为碳酸盐岩为储层、蒸发岩为盖层的特征，而后两个储盖组合则主要表现为砂岩为储层、泥页岩为盖层的特征。储盖岩性的这种配置意味着蒸发岩盖层在碳酸盐岩层系内的成藏中起着至关重要的作用，在富油气的碳酸盐岩盆地内，区域蒸发岩之下的优质储层往往是油气最富集的储层，如中东的上侏罗统和中新统、滨里海盆地的上石炭统、阿姆河盆地的下白垩统、桑托斯盆地的下白垩统均是下伏于蒸发岩盖层之下的碳酸盐岩层系，它们构成了盆地的主力储层。

二、储盖组合发育规律

泥岩盖层分布最广，但蒸发岩盖层封盖性最好，蒸发岩盖层主要发育于6套层系：下二叠统、上二叠统、下三叠统、上侏罗统、下白垩统和中新统。蒸发岩盖层与下伏碳酸盐岩构成良好的碳酸盐岩储层—蒸发岩盖层储盖组合，这类组合内的颗粒灰岩、生物礁和白云岩储层是值得关注的储集层系。全球最大油田——Ghawar油田是上侏罗统颗粒灰岩储层、蒸发岩盖层的典型代表，中东一系列上侏罗统大油气田均发育这种储盖组合。全球最大气田——North气田是上二叠统白云岩储层、上二叠统—下三叠统蒸发岩盖层的典型代表。滨里海上石炭统生物礁储层、下二叠统蒸发岩盖层和卡拉库姆盆地上侏罗统生物礁储层、上侏罗统蒸发岩盖层是生物礁储—蒸发岩盖的典型代表[11]。

蒸发岩在碳酸盐岩层系的油气成藏中，起着重要的作用[12]。统计分析表明尽管21世纪新发现的126个大油气田中仅有28个油气田的盖层为蒸发岩，但是以蒸发岩为盖层的大油气田储量却占到了可采储量的56.2%，说明蒸发岩盖层封盖性优越。此外，碳酸盐岩储层与蒸发岩盖层具有良好的对应关系，21世纪以来新发现的海相碳酸盐岩大油气田的81.6%的储量被蒸发岩覆盖，在湖相碳酸盐岩大油气田中，蒸发岩封盖了90.4%的储量（图4-25）。

泥页岩是最普遍的盖层（图4-26），这类盖层可以封盖任何一类储层的油气，但对不同类型储层的重要性不同。浊积岩大油气田的盖层全部为泥页岩，碎屑岩大油气田的大部分油气储量被泥页岩封盖。

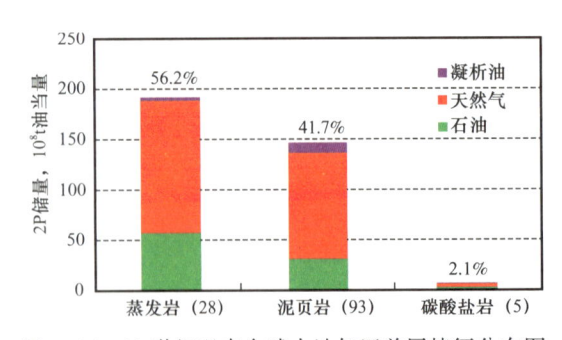

图4-25　21世纪以来全球大油气田盖层特征分布图
（括弧内的数字为大油气田个数）

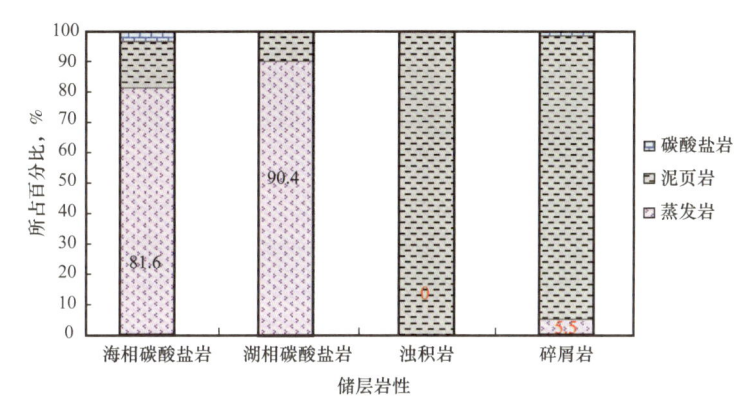

图 4-26　全球大油气田不同类型储层的盖层岩性分布比例

第四节　全球主要地质时期圈闭发育特征

受构造运动、沉积环境、成岩作用、古地貌等多种因素控制，世界含油气盆地油气藏圈闭类型复杂多样。全球含油气盆地圈闭类型可分为 5 种类型：构造圈闭、岩性圈闭、地层圈闭、复合圈闭和连续型圈闭，前四种是常规油气藏圈闭类型，而连续型圈闭则是非常规油气藏的圈闭类型。复合圈闭又可细分为 5 类：构造岩性复合圈闭、构造地层复合圈闭、岩性地层复合圈闭、水动力复合圈闭以及构造岩性地层复合圈闭。

一、不同圈闭类型分布规律

根据统计可以发现，全球复合圈闭最为普遍，几乎遍及世界所有含油气盆地，世界前 10 大富油气盆地中，7 个含油气盆地的圈闭类型为复合型圈闭，其发育受构造、地层、岩性等多种因素的控制。

构造圈闭所含油气储量占全球油气可采储量的 57.6%，构造岩性复合圈闭占 32.0%，构造岩性地层三种复合圈闭占 5.2%，其余 6 种圈闭类型所含油气储量之和占 5.2%（表 4-7）。总体来说，中生界和新生界油气藏以构造圈闭和构造岩性复合圈闭为主，古生界的油气藏以构造岩性复合圈闭为主。挤压型构造圈闭形成于板块、地体、地块、洋壳等构造单元之间碰撞带中，通常在前陆盆地中很发育，如中东地区扎格罗斯山前构造带、乌拉尔山前构造带、中国塔里木盆地北部等。伸展型构造圈闭发育在大陆裂解、分离形成的大陆裂谷盆地、弧后盆地及被动陆缘盆地中，如南大西洋两侧的陆架深水盆地、澳大利亚西北陆架盆地、北非地区及中国东部含油气盆地等。

表 4-7　全球不同圈闭类型油气可采储量统计表

圈闭类型	构造	构造岩性复合	构造地层复合	岩性	三种复合	连续型	岩性地层复合	水动力复合	地层
所占比例，%	57.6	32.0	5.2	2.1	1.4	0.7	0.5	0.4	0.1

地层、岩性圈闭已构成全球一系列大型油气田的油气藏的圈闭类型，约占全球油气藏圈闭的 3%，主要分布在南大西洋两侧被动陆缘盆地、西西伯利亚盆地、西加盆地及中国的重要

含油气盆地。大油气田的勘探历程表明地层圈闭（包括岩性圈闭）内发现的大油气田个数和油气储量均体现出增长趋势，地层圈闭内的油气可采储量从占总量的0.3%增长至9.9%。

构造圈闭主要出现在上二叠统、上侏罗统、下白垩统、上白垩统、渐新统和中新统，分别占各时期总油气储量的95.1%、68.3%、48.3%、74.1%、74.4%和50.4%。构造岩性复合圈闭主要分布在上侏罗统、下白垩统和中新统，分别占各时期总油气储量的28.2%、43.2%和42.1%。构造岩性地层三种复合圈闭主要分布在中侏罗统、下白垩统与始新统，在下白垩统中构造岩性地层三种复合圈闭所含储量占该时期可采储量的4.9%。构造圈闭主要分布于中新统，其余五种圈闭类型所含的油气储量较少（图4-27至图4-29）。

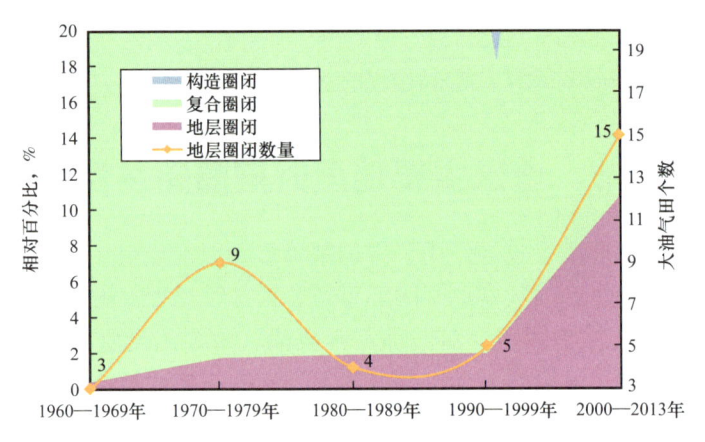

图4-27 不同圈闭类型的大油气田发现历程图

在所有地质年代中，构造圈闭油气数量占全球油气藏总数量的43.5%，构造岩性复合圈闭占46.9%，构造岩性地层三种复合圈闭占3.4%，岩性圈闭占3.0%，其余五种圈闭类型所含油气藏数量之和占3.2%（表4-8）。

表4-8 全球不同圈闭类型油气藏数量统计表

圈闭类型	构造	构造岩性复合	构造地层复合	岩性	三种复合	连续型	岩性地层复合	水动力复合	地层
所占比例，%	43.5	46.9	3.4	3.0	1.5	0.9	0.5	0.2	0.1

构造圈闭油气藏数量较多的为中新统、下白垩统、上白垩统、渐新统和始新统，分别占各自的38.1%、48.8%、58.9%、47.9%和53.7。构造岩性复合圈闭的油气藏主要分布在中新统、下白垩统和下石炭统，分别占各自的53.7%、44.5%和84.8%。构造岩性地层三种复合圈闭的油气藏主要分布于中侏罗统、下白垩统和上白垩统，在中侏罗统的构造岩性地层三种复合圈闭占10.5%。岩性圈闭的油气藏分布于下白垩统之后，主要集中分布于中新统，占4.2%。其余五种类型的圈闭类型的油气藏数量较少（图4-29）。

根据全球已发现油气藏数据统计，全球储量排名前十的盆地（图4-30，图4-31）中，储量第一的阿拉伯盆地圈闭类型以构造圈闭为主，其次为西西伯利亚盆地，圈闭类型以复合圈闭为主。委内瑞拉盆地以构造和复合圈闭为主，扎格罗斯盆地构造圈闭占绝对优势。阿姆河盆地内主要资源为天然气，其圈闭类型以构造岩性复合圈闭为主。而前十名的其他盆地主要圈闭类型以复合圈闭为主。

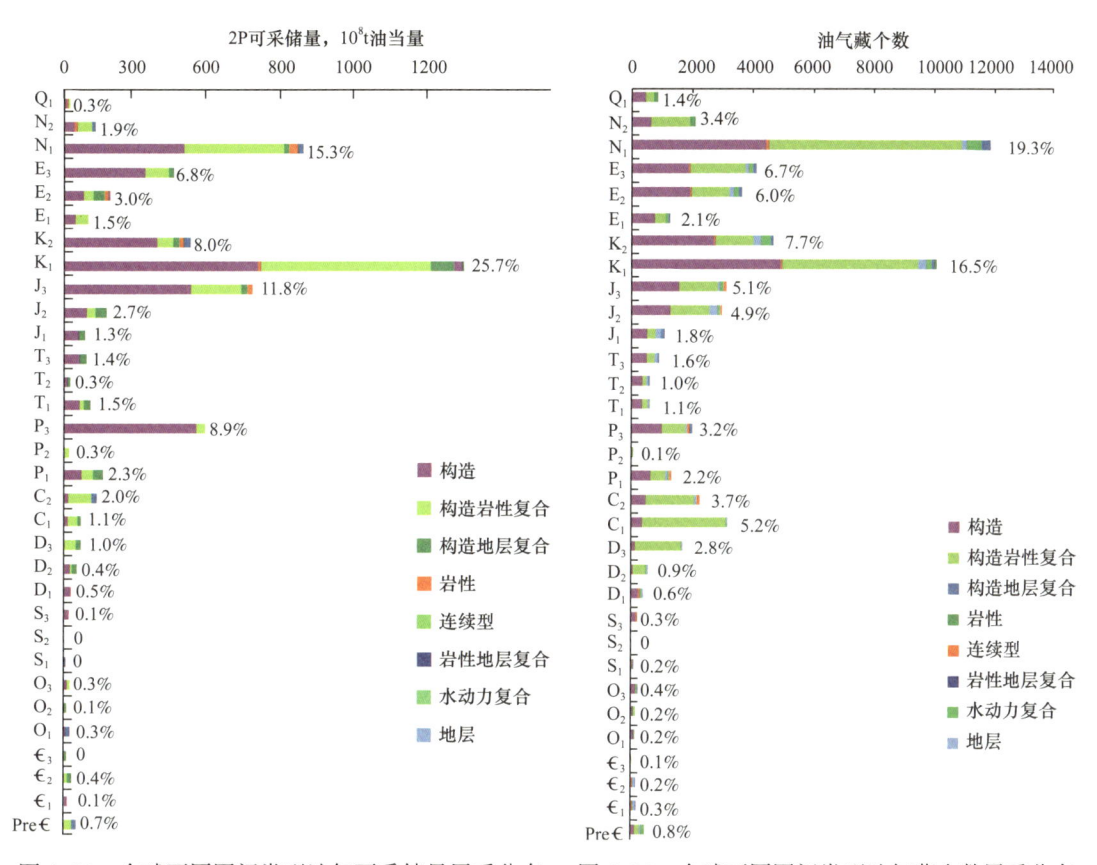

图 4-28 全球不同圈闭类型油气可采储量层系分布   图 4-29 全球不同圈闭类型油气藏个数层系分布

图 4-30 全球探明和控制储量排名前十名盆地圈闭类型

二、全球不同地区圈闭类型分布特点

中东地区油气圈闭类型以构造圈闭为主，而俄罗斯和欧洲地区以复合圈闭为主。阿拉伯盆地是被动陆缘盆地，其储层主要是上侏罗统到上白垩统，以及古生代的上二叠统—下三叠统，圈闭类型以构造圈闭为主，上侏罗统和下白垩统复合圈闭较发育。阿拉伯盆地地处阿拉伯板块远离扎格罗斯山前褶皱的地区，经受构造运动和侧向挤压比较弱，构造为受基底垂向运动控制的构造圈闭为主，加瓦尔油田和诺斯气田是这类构造圈闭的典型代表。

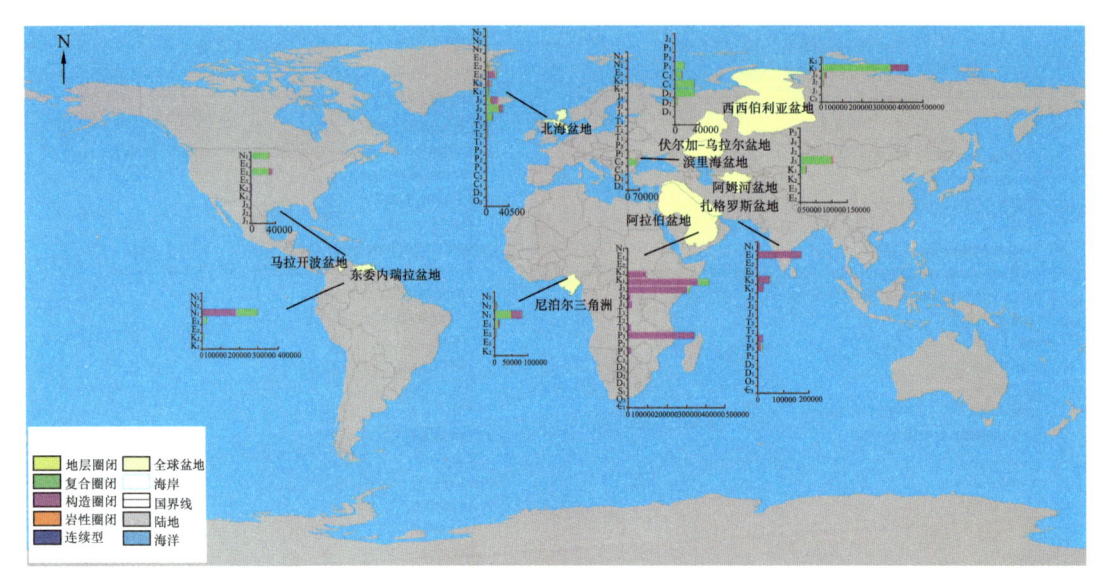

图 4-31 全球储量前十名盆地圈闭类型及全球含油气盆地圈闭类型分布图
(据 IHS 油气藏数据统计)

在扎格罗斯前陆盆地，其油气主要分布在上二叠统—下三叠统、白垩系和古新统。主要的圈闭类型为构造圈闭，其他类型圈闭极少。晚白垩世以来，新特提斯洋的闭合导致阿拉伯板块与中伊朗块拼合形成扎格罗斯造山带，构造应力主要为侧向挤压为主，扎格罗斯盆地主要形成挤压构造圈闭。

俄罗斯地区含油气盆地主要以复合圈闭为主，特别是构造岩性复合圈闭。主要含油气盆地为西西伯利亚盆地、伏尔加—乌拉尔盆地、东西伯利亚盆地、蒂曼—伯朝拉盆地。西西伯利亚盆地是大陆裂谷盆地，其已发现油气储量居全球第二。以构造岩性复合圈闭为主，其次为构造圈闭。主要的圈闭机制是同沉积背斜构造构成的背斜圈闭，但是很多油气藏的圈闭机制不仅仅是受背斜构造这一单一因素控制，还受侧向相变、不整合遮挡等地层因素控制，单一的背斜型圈闭并不多，所以西西伯利亚盆地内的主要圈闭类型以构造与岩性、地层相复合的圈闭类型为主，单纯的构造圈闭仅占 20%。伏尔加—乌拉尔盆地是前陆盆地，其油气藏圈闭类型多具有构造背景，通常位于大型基底隆起的顶部或者斜坡上，与岩性尖灭、地层相变共同组成复合圈闭。主要圈闭类型为构造岩性复合圈闭，占 99%，纯构造圈闭仅占 1%。

南美地区含油气盆地的圈闭类型主要以复合圈闭为主，主要为构造岩性复合圈闭；其次为构造圈闭。东委内瑞拉盆地属于前陆盆地，其已发现储量位居全球第三，主要发育构造圈闭、构造岩性复合圈闭、岩性圈闭以及少量的地层圈闭。渐新世至今，东委内瑞拉盆地内发育的构造圈闭主要受前陆盆地演化相伴生的基底挠曲隆升控制，盆地内的构造圈闭以断层圈闭和与逆冲断裂活动有关的背斜圈闭为主，盆地内不同地区圈闭形成时间受构造发育时间控制，其圈闭类型受构造类型控制。马拉开波盆地是前陆盆地，其复合圈闭最为发育，构造岩性复合圈闭占 42.6%，构造地层复合圈闭占 34%，其次为构造圈闭占 16%。白垩系主要发育构造圈闭，始新世主要发育构造地层复合圈闭，主要受地层不整合影响。中新世主要发育构造岩性复合圈闭，受早期构造活动产生的背斜或单斜以及地层的相变、沉积尖灭和碎屑岩透镜体发育等多种因素影响。

尼日尔三角洲盆地是被动陆缘盆地，其主要圈闭类型为构造岩性复合圈闭、构造圈闭，也存在构造地层复合圈闭、岩性圈闭。尼日尔三角洲盆地的构造圈闭主要受断裂构造和岩性配置关系的控制。生长断层大量发育是盆地的主要构造特征，油气藏多与生长断层以及其伴生的滚动背斜有关，非背斜油气藏数量少，规模小。

阿姆河盆地是裂谷盆地，侏罗纪以来，经历了两个重要的演化阶段，断陷—坳陷期和抬升—改造期。构造岩性复合圈闭为主，占94.3%，单纯的构造圈闭和岩性圈闭分别占盆地已发现油气可采储量的5.3%和0.4%。阿姆河盆地的油气主要储集在上侏罗统膏盐层封盖的碳酸盐岩中，圈闭形成于碳酸盐岩层系内孤立的塔礁和环礁，受区域隆升形成的褶皱和断层改造。

滨里海盆地油气圈闭类型以复合圈闭为主，占已发现可采储量的97.8%，主要以构造岩性复合圈闭为主，占86%，岩性地层复合圈闭占11.6%，构造圈闭占2%。盆地油气主要储集在上石炭统—下二叠统盐下层系中，石炭系的油气藏主要受生物礁建造和背斜共同控制，而下二叠统的圈闭主要受背斜、断裂以及盐株刺穿遮挡等因素控制。

参 考 文 献

［1］温志新，童晓光，张光亚，等．全球沉积盆地动态分类方法：从原型盆地及其叠加发展过程讨论［J］．地学前缘，2012，19（1）：239-252.

［2］温志新，童晓光，张光亚，等．全球板块构造演化过程中五大成盆期原型盆地的形成、改造及叠加过程［J］．地学前缘，2014，21（3）：26-37.

［3］赵文智，胡素云，汪泽成，等．中国元古界—寒武系油气地质条件与勘探地位［J］．石油勘探与开发，2018，45（1）：1-13.

［4］王洪浩，李江海，孙唯童，等．志留纪全球古板块再造及岩相古地理［J］．古地理学报，2016，18（2）：185-196.

［5］Craig J, Rizzi C, Said f, et al. Structural Styles and Prospectivity in the Precambrian and Palaeozoic Hydrocarbon Systems of North Africa［C］. AAPG, England, 1999.

［6］陈忠民，万仑坤，毛凤军，等．北非石油地质特征与勘探方向［J］．地学前缘，2014，21（3）：63-71.

［7］李江海，杨静懿，马丽亚．显生宙烃源岩分布的古板块再造研究［J］．中国地质，2013，40（6）：1683-1698.

［8］Golonka J. Late Triassic and Early Jurassic Palaeogeography of the World［J］. Palaeogeography, Palaeoclimatology, Palaeoecology, 2007, 244（1）：297-307.

［9］Golonka J. Phanerozoic Palaeoenvironment and Palaeolithofacies Maps of the Arctic region［J］. Geological Society, London, Memoirs, 2011, 35（1）：79-129.

［10］王大鹏，白国平，徐艳，等．全球古生界海相碳酸盐岩大油气田特征及油气分布［J］．古地理学报，2016，18（1）：80-92.

［11］Chritopher G, Kendall S C, Weber L J. The giant oil Field Evaporite Association—A Function of the Wilson Cycle, Climate, Basin Position and Sea Level［A］. AAPG Annual Convention, 40471, 2009.

［12］文竹，何登发，童晓光．蒸发岩发育特征及其对大油气田形成的影响［J］．新疆石油地质，2012，33（3）：373-378.

第五章 全球常规油气资源评价与分布规律

全球常规油气可采资源量由累计产量、剩余可采储量、已知油气田可采储量增长和待发现资源量4部分构成。其中累计产量、剩余可采储量主要是通过IHS咨询公司和BP能源统计等数据库统计分析得到，待发现资源量及已知油气田可采储量增长为中国石油（CNPC）自主评价结果。常规油气资源评价范围包括了全球468个盆地，基本上涵盖了全球所有含油气盆地。

第一节 全球常规待发现油气资源评价及分布

常规待发现油气资源评价，以成藏组合为基本评价单元，针对不同勘探程度及不同资料掌握程度的评价单元，采用不同的评价方法[1]。对于发现6个以上油气田的高勘探程度单元，采用发现过程法或圈闭加和法进行评价；对于发现6个以下油气田的中等勘探程度评价单元，采用基于地质分析的主观概率法；对于没有油气发现或认识程度低的评价单元，采用体积（丰度）类比法[2—4]。通过上述方法得到国外807个成藏组合的石油、天然气以及凝析油的待发现资源量，最后通过蒙特卡罗法将评价结果进行汇总，加上中国43个盆地的待发现资源量，即为全球常规油气待发现资源量。

一、各类型盆地待发现油气可采资源评价及分布

全球468个盆地待发现油气资源量为3386×10^8t油当量，其中大于27.40×10^8t的20个盆地待发现资源量达到2301×10^8t油当量，占全球总量75.0%（图5-1）。勘探潜力最大的盆地为阿拉伯盆地、扎格罗斯盆地、西西伯利亚盆地，待发现资源量分别达到370×10^8t油当量、281×10^8t油当量、253×10^8t油当量，其次为阿姆河盆地、坎波斯盆地、桑托斯盆地、墨西哥湾深水盆地等。

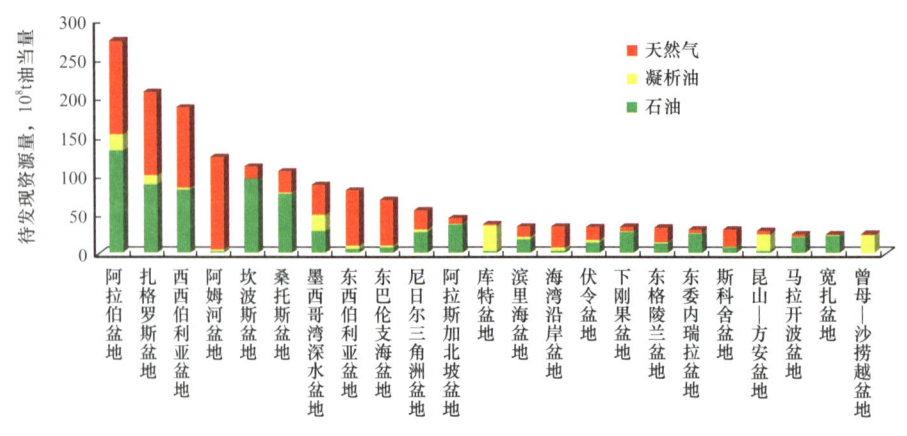

图5-1 全球待发现资源量盆地分布图（>27.40×10^8t油当量）

待发现油气资源主要分布于被动陆缘盆地，待发现资源量为 1734×10^8t 油当量，占全球总量 51.2%。其次是前陆盆地和大陆裂谷盆地，待发现资源量分别为 721×10^8 油当量和 637×10^8t 油当量，分别占 21.3% 和 18.8%，克拉通盆地等其他三种类型盆地待发现油气资源量所占比例较小（表 5-1）。

表 5-1 全球常规待发现油气资源盆地类型分布表

盆地类型	石油, 10^8t	凝析油, 10^8t	天然气, 10^8t 油当量	合计, 10^8t 油当量	占比, %
被动陆缘盆地	732	94	907	1734	51.2
前陆盆地	316	38	367	721	21.3
裂谷盆地	232	30	374	637	18.8
克拉通盆地	92	12	133	237	7.0
弧后盆地	17	5	18	41	1.2
弧前盆地	9	1	7	17	0.5
合计	1398	180	1806	3387	100.0

在 121 个被动陆缘盆地中，待发现油气资源大于 136.99×10^8t 油当量的盆地有 3 个，为阿拉伯盆地、坎波斯盆地和桑托斯盆地，其待发现资源量分别为 370×10^8t 油当量、150×10^8t 油当量、142×10^8t 油当量，其占比分别为 22.7%、9.2% 和 8.7%，规模介于 27.40×10^8t 油当量和 136.99×10^8t 油当量的盆地主要为墨西哥湾深水盆地、东巴伦支海盆地、尼日尔三角洲、海湾沿岸盆地等 11 个盆地，其待发现资源量合计为 601×10^8t 油当量，以上 14 个盆地占所有被动陆缘盆地待发现油气源量 77.5%，其他盆地占比较低（图 5-2）。

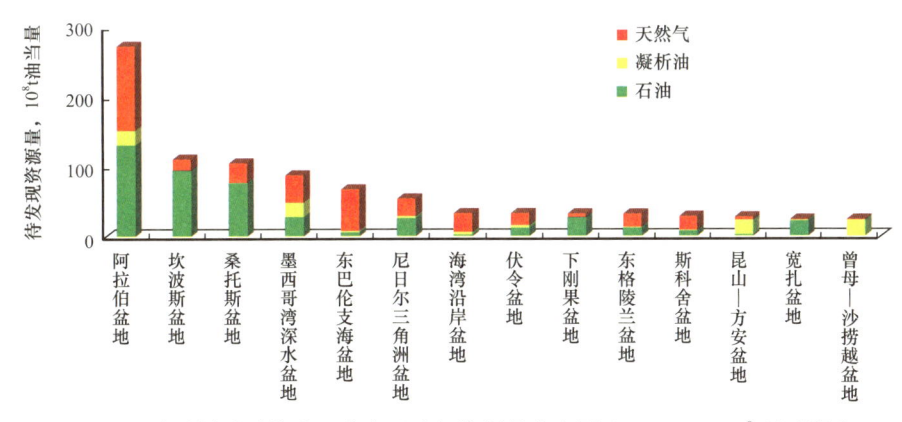

图 5-2 全球被动陆缘盆地待发现油气资源量分布图（$>27.40\times10^8t$ 油当量）

全球 86 个大陆裂谷盆地待发现资源量主要集中在西西伯利亚盆地和阿姆河盆地中[5]，其待发现资源量分别为 253×10^8t 油当量和 168×10^8t 油当量，分别占大陆裂谷盆地总量的 44.0% 和 29.2%，资源规模介于 2.74×10^8t 油当量和 136.99×10^8t 油当量之间的盆地为 13 个，其待发现油气资源达到 147×10^8t 油当量，占总量 25.5%，其他 71 个盆地待发现资源量占比较小（图 5-3）。

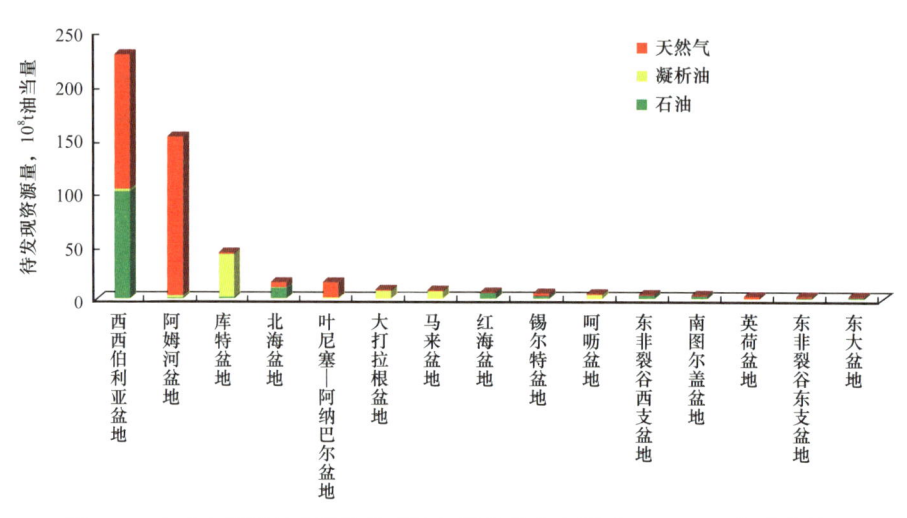

图 5-3 全球大陆裂谷盆地待发现油气资源量分布图（>2.74×10⁸t 油当量）

在 122 个前陆盆地中，待发现资源量主要集中在扎格罗斯盆地，达到 281×10⁸t 油当量，占全部前陆盆地总量 42.1%，其次为阿拉斯加北坡盆地、东委内瑞拉盆地、马拉开波盆地，其待发现资源量分别为 60×10⁸t 油当量、39×10⁸t 油当量、33×10⁸t 油当量，以上 4 个盆地占所有前陆盆地待发现油气源量 61.9%，其次为特立尼达盆地和南里海盆地等（图 5-4）。

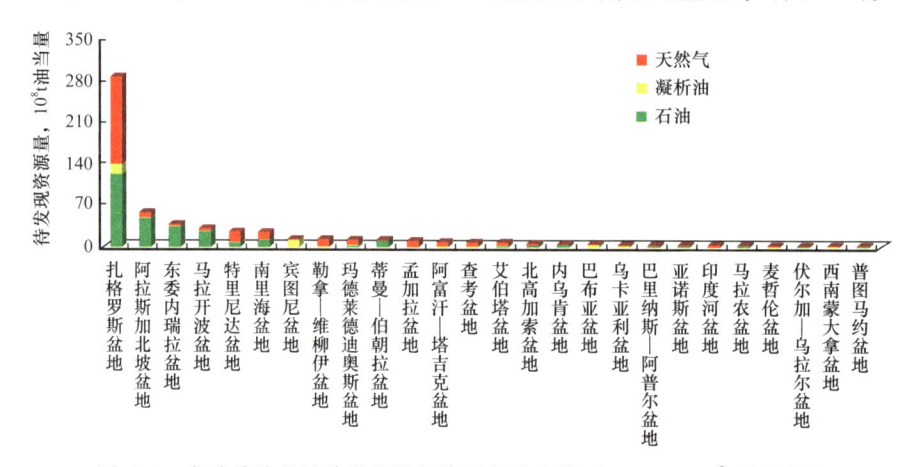

图 5-4 全球前陆盆地待发现油气资源量分布图（>2.74×10⁸t 油当量）

在 67 个克拉通盆地中，待发现资源量主要集中在东西伯利亚盆地和滨里海盆地，分别为 108×10⁸t 油当量和 46×10⁸t 油当量，占全部克拉通盆地总量分别为 48.4% 和 20.6%，其次为三叠—古达米斯盆地和呵叻高原盆地，其待发现资源量分别为 17×10⁸t 油当量和 15×10⁸t 油当量。以上 4 个盆地占所有克拉通盆地待发现油气源量 83.1%，其他盆地占比很低（图 5-5）。

在 25 个弧前盆地中，待发现资源量主要集中在库克湾盆地、加利福尼亚陆架盆地、圣巴巴拉—凡杜拉盆地，其待发现资源量分别为 4×10⁸t 油当量、3×10⁸t 油当量和 2×10⁸t 油当量，占全部弧前盆地总量分别为 28.8%、22.2% 和 13.6%，其次为圣华金盆地和塔拉拉盆地，其待发现资源量分别为 1.1×10⁸t 油当量和 0.9×10⁸t 油当量，以上 5 个盆地占所有弧前盆地待发现油气源量 78.4%，其他盆地占比很低（图 5-6）。

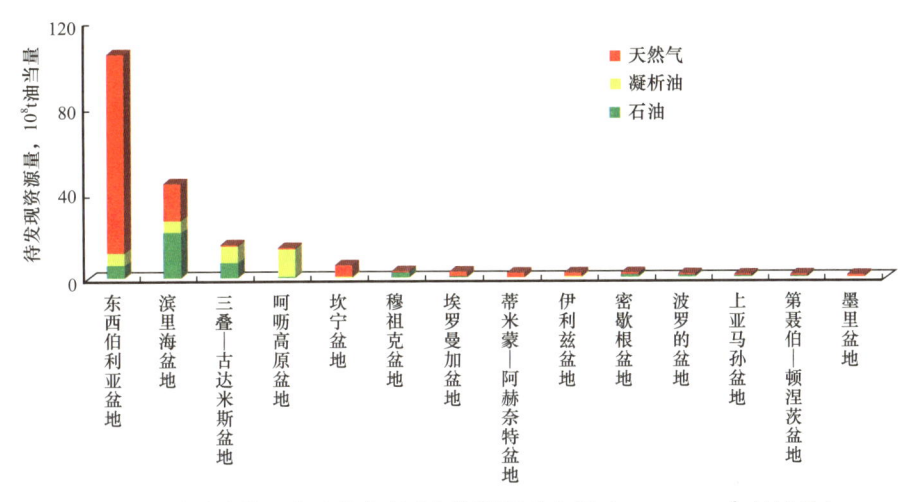

图 5-5　全球克拉通盆地待发现油气资源量分布图（＞$1.37×10^8$t 油当量）

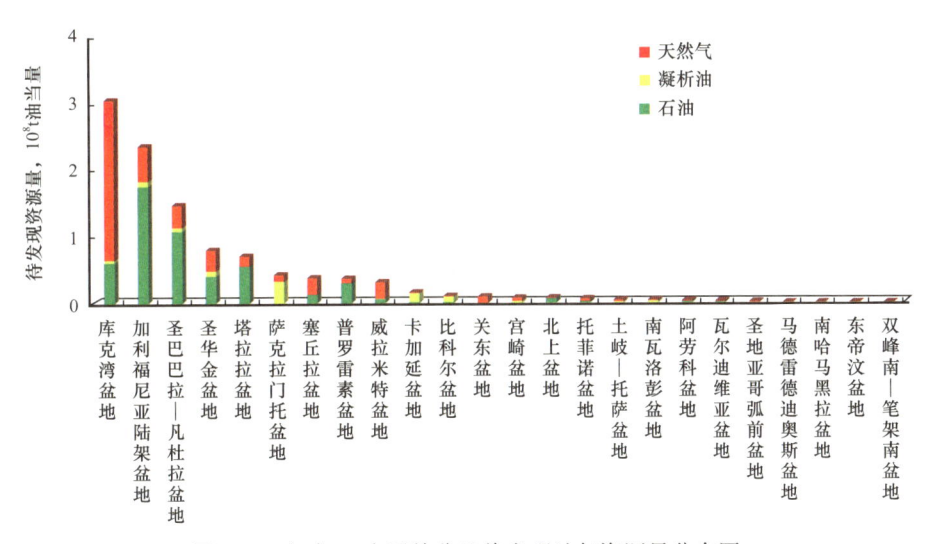

图 5-6　全球 25 个弧前盆地待发现油气资源量分布图

在 47 个弧后盆地中，待发现资源量主要集中在北萨哈林盆地、南苏门答腊和东爪哇盆地，分别为 $22×10^8$ 油当量、$13×10^8$ 油当量和 $11×10^8$ 油当量，占全部弧后盆地总量分别为 30.8%、17.4% 和 15.5%，其次为北苏门答腊盆地、西爪哇盆地和安达曼海盆地，其待发现资源量分别为 $6×10^8$ 油当量、$3×10^8$ 油当量和 $3×10^8$ 油当量，以上 6 个盆地占所有弧后盆地待发现油气源量 79.9%，其他盆地占比很低（图 5-7）。

二、各大区待发现油气可采资源分布

中东地区为常规油气资源勘探潜力最大地区，待发现资源量为 $667×10^8$t 油当量，约占全球全部待发现油气资源量的 20%。其次为俄罗斯和拉美地区，其待发现资源量分别为 $553×10^8$t 油当量和 $503×10^8$t 油当量，分别占全部待发现资源量的 16% 和 15%，北美地区为 $413×10^8$t 油当量，约占总量 12%，非洲和中亚地区较少[6]，占比为 9% 和 8%（表 5-2 和图 5-8）。

- 139 -

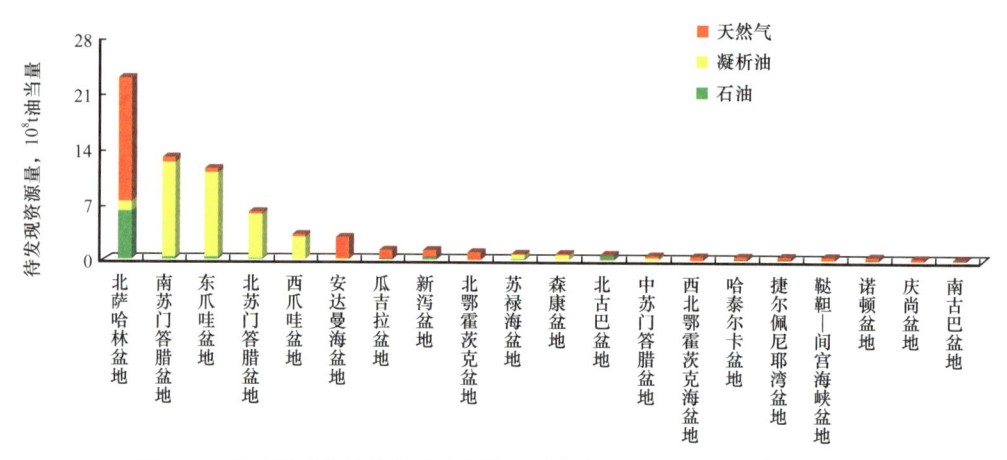

图 5-7　全球弧后盆地待发现油气资源量分布图（>0.14×10⁸t 油当量）

表 5-2　全球待发现油气资源地区分布表

地区	盆地面积 10⁴km²	石油 10⁸t	凝析油 10⁸t	天然气 10¹²m³	油气合计 10⁸t 油当量	待发现资源量丰度 10⁴t/10⁴km²
非洲	2096	164	21	16.629	324	1545.7
中东	365	302	45	38.300	667	18277.4
中亚	268	44	12	24.901	264	9849.7
俄罗斯	1211	154	19	45.637	553	4568.8
拉美	1464	361	10	15.836	503	3438.7
北美	1772	159	48	24.646	413	2330.0
亚太	2475	156	13	40.142	504	2035.7
欧洲	601	57	12	10.623	158	2621.2
合计	10252	1397	180	216.714	3386	44667.2

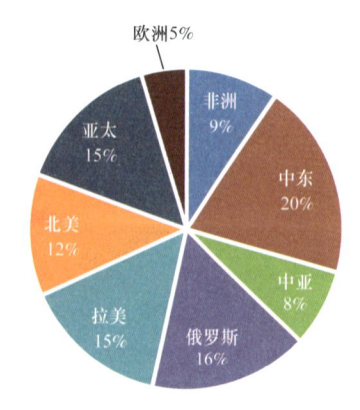

图 5-8　全球各地区待发现油气可采资源量分布图

全球常规待发现天然气资源量略高于石油和凝析油，其中待发现石油资源量为 1398×10⁸t，占总量比例为 41%；凝析油 181×10⁸t，占比为 5%；天然气 216×10¹²m³，占比为 54%（图 5-9）。石油主要分布于拉美和中东地区，天然气主要集中在俄罗斯、亚太和中东地区[7]。

全球常规待发现石油资源主要分布在拉美和中东地区，分别为 361×10⁸t 和 302×10⁸t，两个地区占全球待发现油气资源总量 47.5%，其次是非洲、北美、亚太、俄罗斯所占比例比较接近，分别为 11.7%、11.4%、11.2% 和 11.0%，而中亚和欧洲地区相对较少（图 5-10）。

全球待发现凝析油资源以北美和中东地区最多，分别为 $48×10^8t$ 和 $45×10^8t$，占全球待发现资源量 26.7% 和 25.0%，其次为非洲和俄罗斯地区，所占比例分别为 11.8% 和 10.4%，而亚太、中亚和欧洲地区所占比例比较接近，分别为 7.2%、6.6% 和 6.6%，拉美地区凝析油待发现资源潜力最小（图 5-11）。

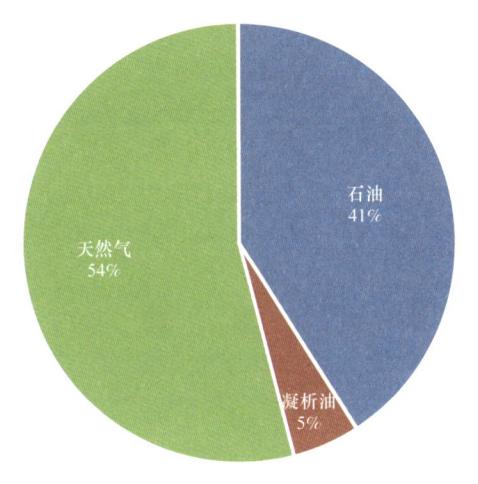

图 5-9 全球待发现油气资源量原油、凝析油和天然气分布图

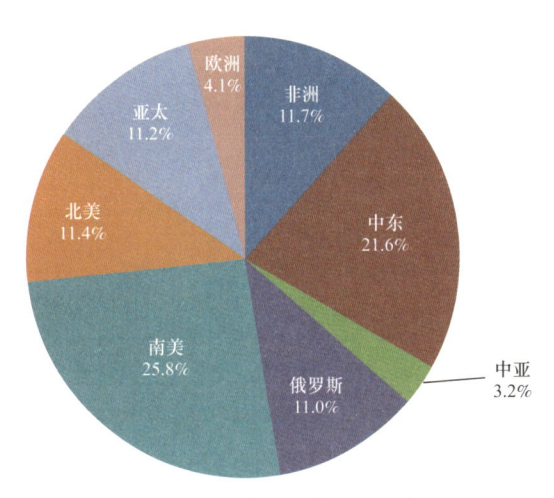

图 5-10 全球待发现常规石油资源量地区分布比例图

全球常规待发现天然气资源主要分布在俄罗斯地区，其待发现资源量为 $46×10^{12}m^3$，占全球待发现天然气资源总量 21.1%，其次是亚太和中东地区，分别占 18.5% 和 17.7%，北美地区偏低，比例为 11.4%，非洲和拉美地区比例接近，为 7.7% 和 7.3%，欧洲地区天然气勘探潜力最小（图 5-12）。

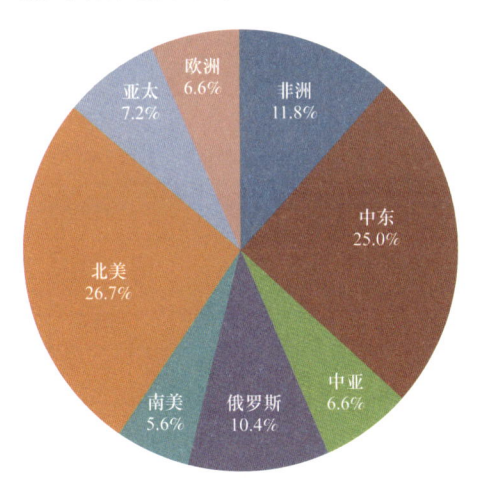

图 5-11 全球待发现凝析油资源量地区分布比例图

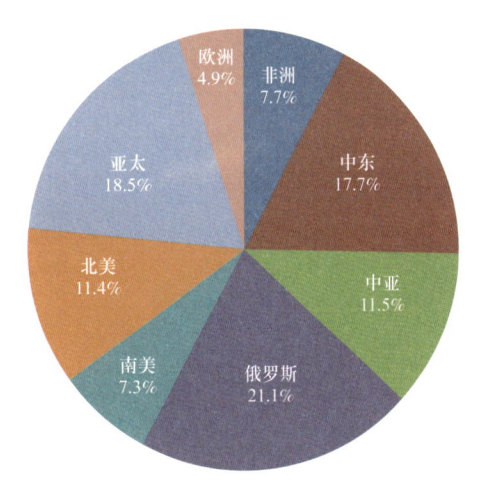

图 5-12 全球天然气待发现资源量地区分布比例图

全球待发现资源丰度分布不均[8]，待发现油气资源平均丰度为 $0.319×10^4t/km^2$。中东地区为待发现油气资源最富集的地区，其资源丰度达到 $1.828×10^4t/km^2$，其次为中亚地区，为 $0.985×10^4t/km^2$，俄罗斯和拉美地区资源丰度也在全球平均值之上。而欧洲、北美、

亚太地区资源处于平均值之下，分别为 $0.262\times10^4 t/km^2$、$0.233\times10^4 t/km^2$ 和 $0.204\times10^4 t/km^2$，非洲地区待发现资源丰度最低（图 5-13）。

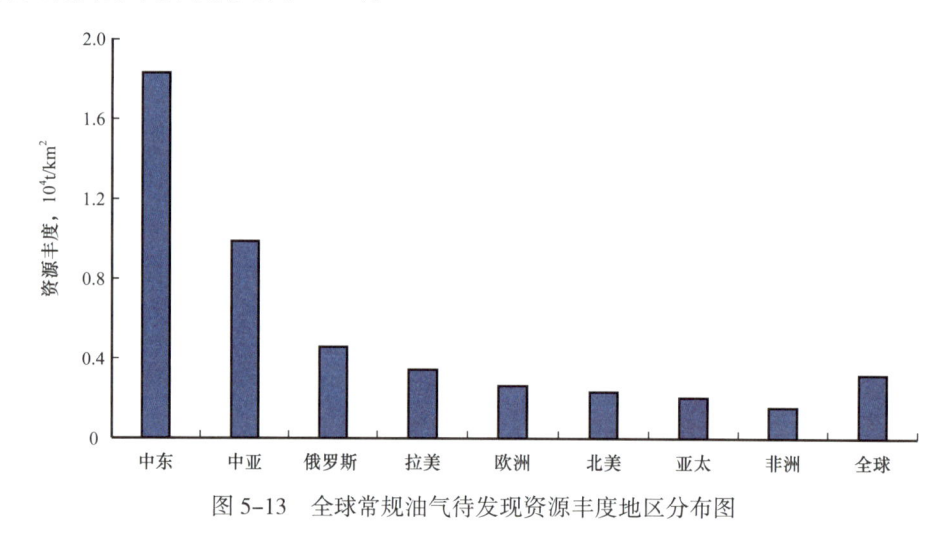

图 5-13 全球常规油气待发现资源丰度地区分布图

三、各国家（地区）待发现油气可采资源分布

具有常规油气资源勘探潜力的国家有 112 个，资源分布极不均匀。常规油气待发现资源主要分布在俄罗斯、中国、委内瑞拉、美国、伊朗、沙特阿拉伯 6 个国家，其总可采资源量为 $1865\times10^8 t$ 油当量，占全球油气可采资源 55.1%，资源量为 $(68.49\sim136.99)\times10^8 t$ 油当量的国家有 6 个，占全球总量 17.4%，规模为 $(13.70\sim68.49)\times10^8 t$ 的国家有 23 个，占总量 23.0%，剩余 77 个国家待发现油气资源规模均在 $13.70\times10^8 t$ 油当量以下，待发现资源量占比为 4.5%（表 5-3）。

表 5-3 全球常规油气待发现资源不同规模分布表

资源规模 $10^8 t$ 油当量	国家个数	石油 $10^8 t$	凝析油 $10^8 t$	天然气 $10^{12} m^3$	油气合计 $10^8 t$ 油当量	油气占比 %
>136.99	6	804	86	117	1865	55.1
68.49~136.99	6	190	37	43	588	17.4
13.70~68.49	23	337	50	47	779	23.0
6.85~13.70	5	23	2	3	51	1.5
1.37~6.85	24	34	5	5	83	2.5
0.68~1.37	9	6	1	0	10	0.3
<0.68	39	5	0	0	9	0.3
合计	112	1399	181	215	3385	

常规油气待发现资源主要分布在俄罗斯、中国、委内瑞拉、美国、沙特阿拉伯等 35 个国家，待发现油气资源量为 $3233\times10^8 t$ 油当量，占全部常规油气资源总量的 95.5%。其

中俄罗斯为 569×10⁸t 油当量,占全部总量的 16.8%,其次为中国和委内瑞拉,分别占总量 10.1% 和 9.7%,美国和沙特阿拉伯待发现资源量相当,占比分别为 5.7% 和 5.1%(图5-14)。

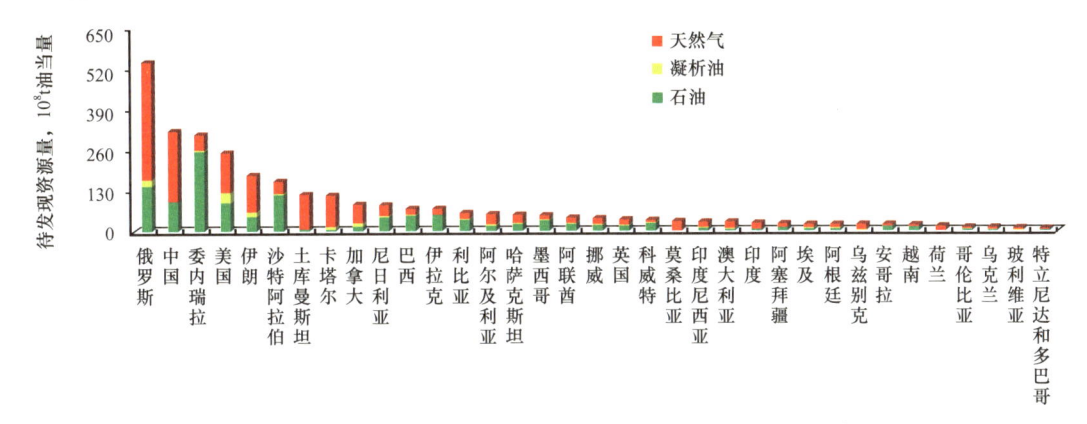

图 5-14　全球 35 个国家常规油气待发现资源分布图(>13.70×10⁸t 油当量)

陆上部分常规油气待发现资源量为 1956×10⁸t 油当量,占全部常规资源总量 57.8%,高于海域部分资源量,海域部分待发现油气资源量为 1430×10⁸t 油当量(图 5-15,表 5-4)。

表 5-4　全球常规油气可采资源地域分布表

地区	海上				陆上				海域占比%
	石油 10⁸t	凝析油 10⁸t	天然气 10¹²m³	合计 10⁸t 油当量	石油 10⁸t	凝析油 10⁸t	天然气 10¹²m³	合计 10⁸t 油当量	
非洲	90	5	8.61	167	69	5	9.86	157	51.7
中东	54	4	7.71	123	263	18	31.50	544	18.4
中亚	25	2	2.97	52	104	15	11.27	212	19.5
俄罗斯	132	19	14.28	269	139	20	15.07	284	48.7
拉美	93	13	10.11	190	153	22	16.60	313	37.8
北美	114	16	12.41	234	107	12	7.22	179	56.7
亚太	171	19	11.56	286	45	10	19.49	218	56.7
欧洲	23	5	9.75	109	12	2	4.08	49	69.1
合计	702	83	77.39	1430	892	104	115.10	1956	42.2

中东、中亚、拉美等地区待发现资源量主要分布在陆地,分别占该区待发现资源量 81.6%、80.5% 和 62.2%,俄罗斯地区海陆待发现油气资源量比例相当,非洲地区海域待发现油气资源略大于陆上,欧洲、亚太、北美海域待发现油气资源明显大于陆上,比例分别达到 69.1%、56.7% 和 56.7%,表明该区海域是未来油气勘探的重要领域(图 5-16)。

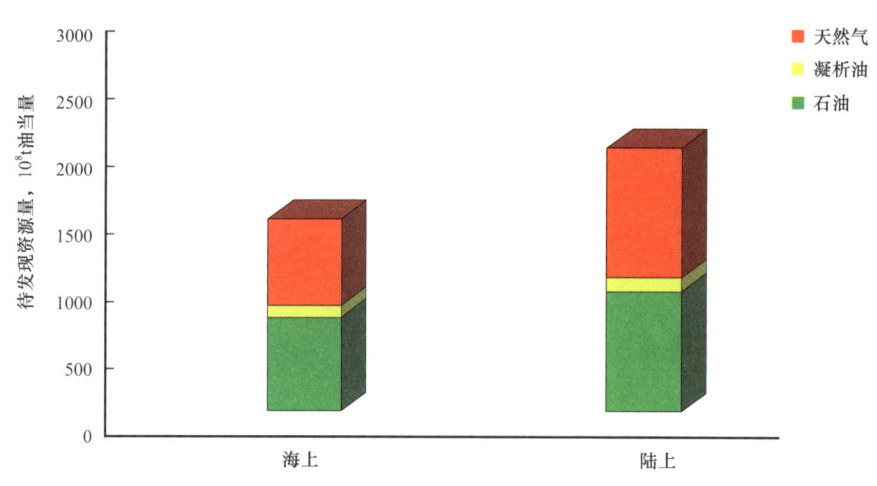

图 5-15　全球常规待发现油气资源量地域分布图

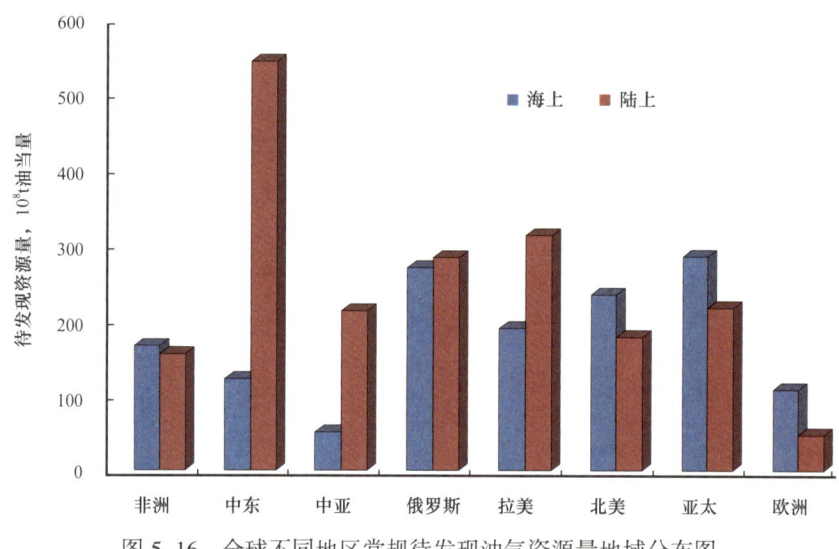

图 5-16　全球不同地区常规待发现油气资源量地域分布图

第二节　全球已知油气田储量增长潜力评价及分布

已知油气田储量增长是指油气田自发现起在评价和开发的整个生命周期中，由于滚动勘探、技术进步、计算方法改变及政治经济等因素而新增加的油气可采储量。全球每年约有 70% 的新增油气储量来源于已发现大油气田储量增长[9]，开展大油气田的储量增长研究已成为全球油气资源评价和战略选区研究的重要组成部分。为研究全球不同地区已发现油气田储量增长的变化规律，基于单个油气田储量增长因素的概率分析和大油气田产、储量统计分析，提出储量增长评价新方法，建立全球 8 个地区油气田储量增长模型，并开展油气田储量增长潜力预测。

一、典型大油气田储量增长因素分析

1. 研究方法

单个大油气田储量增长评价方法是以已知油气藏和潜在远景圈闭（成藏组合）为评价

单元，从储量升级、提高采收率、油气田扩边和发现新层系等方面开展储量增长因素的定量分析（图5-17），明确油气田地质资源量（OIP和GIP）的概率分布特征，在开展不同地质条件下的油气藏可采系数研究基础上，确定不同层系未来30年的预期油气采收率，进行5000次迭代相乘计算出最终可采资源量（Ultimately Recoverable Resources），减去目前报告的可采储量（剩余可采储量加上累计产量），即为未来30年的油气可采储量增长[10, 11]。

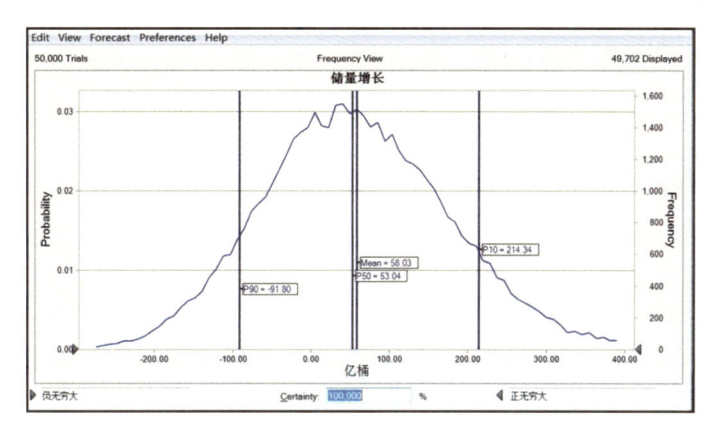

图5-17 加瓦尔油田储量增长水晶球蒙特卡罗模拟结果

影响采收率的地质因素很多，如岩性、圈闭类型、储层时代、沉积相、油气田年龄等，因此不同类型的油气藏可采系数相差较大。2011年美国地质调查局在计算可采储量时，其可采系数主要采用基于类比的统计法。本次的研究思路是在对油气藏地质特征和开发特征描述基础上，采用统计法和类比法，分析评价单元地质、开发特征与可采系数之间的关系，建立各评价单元油气资源可采系数的取值标准。

首先开展不同盆地类型、圈闭类型、储层时代、沉积相大油气田的采收率研究，确定了不同地质条件的油气田开发结束时累计采油量与地质储量的比值，即最终采收率（Estimated Ultimate Recovery，EUR）；在对油气藏采收率特点和规律分析的基础上，统计不同类型油气藏采收率的平均值和方差，确定不同类型油气藏的采收率概率分布曲线；根据评价单元的分类结果，采用类比方法，由采收率统计结果得到不同类型评价单元油气可采系数。采收率通过与本地区具有相似地质特点的同类油气田类比获得，采用三角概率分布，最低值为油气田当前采收率，最高值为同类油气田最大值，最可能值为同类油气田平均值。

2. 典型油气田储量增长因素分析

本书以加瓦尔（Ghawar）油田为例，分析典型油气田储量增长因素分析[12]。根据IHS数据资料，共获得了加瓦尔油田从1973年至2010年39年时间内报告的8次储量（表5-5）。可以看出，2004年加瓦尔油田的采收率从59.59%突然上升至70%，2005年又回降到53.49%，这表明2004年报告的可采储量或地质储量存在异常，因此该年龄处的数据点不予采用。异常的储量报告可能是由多种因素导致的，例如2003年伊拉克战争。在删除异常点之后，应用该油田的勘探开发史数据，定量分析由勘探开发因素引起的储量增长。

（1）计算不同报告年份的采收率。采收率是指油（气）田可采储量与地质储量的比值。1973年时，加瓦尔油田的采收率为（102÷256.63）×100%=39.75%；1984年的采收率为（108.84÷256.63）×100%=42.41%；1988年的采收率为（112.88÷256.63）×100%=43.99%；1997年的采收率（156.4÷262.48）×100%=59.59%；2005年的采收率

为（156.4÷292.4）×100%=53.49%；2007年的采收率为（190.4÷340）×100%=56%；2010年的采收率为（197.2÷340）×100%=58%。

表5-5 加瓦尔油田勘探开发史

时间	1973年	1984年	1988年	1997年	2004年	2005年	2007年	2010年
可采储量，10^8t	102	108.84	112.88	156.40	190.40	156.40	190.40	197.20
地质储量，10^8t	256.63	256.63	256.63	262.48	272.00	292.40	340.00	340.00
采收率，%	39.75	42.41	43.99	59.59	70.00	53.49	56.00	58.00

（2）定量分析勘探开发因素引起的储量增长。地质储量增长一定是由勘探因素引起的[13]，而可采储量增长则是由勘探开发因素共同引起的。可采储量增长为大油气田最后一次报告的可采储量与第一次报告的可采储量的差值，其中由勘探因素导致的可采储量增长为最后一次报告的地质储量与第一次报告的地质储量之差再与第一次报告储量时相应年份的采收率相乘（与最初的采收率相乘的原因在于：油气田勘探开发早期，采收率的变化主要取决于勘探因素）。

加瓦尔油田可采储量增长为（197.2-102）×10^8t=95.2×10^8t，由勘探因素引起的储量增长为（340-256.63）×10^8t×39.7%=33.10×10^8t，占可采储量增长的34.9%，开发因素引起的储量增长为（95.4-35.48）×10^8t=59.92×10^8t，占可采储量增长的65.1%。显然，加瓦尔油田1973年到2010年的储量增长主要是由开发因素引起的。

加瓦尔油田发现于1948年，1951年投产，已进入开发中期阶段。Arab组D段为主力产层，C、B和A段为次要产层。油气田解剖表明该油田的石油储量增长主要为次要储层的储量挖潜（储量核算）和提高采收率，依据IHS和C&C数据库资料，加瓦尔油田的1P、2P和3P地质储量分别为310×10^8t、342×10^8t和379×10^8t[14]。

统计分析表明中东地区碳酸盐岩油田的采收率为6.0%~68.7%[15]，目前加瓦尔油田的采收率已达58.0%。基于该油田储层岩相以及与中东类似油田的类比，其最大采收率估计为62.0%，介于58.0%和62.0%之间的采收率众值为60.0%。利用这两组输入参数，通过水晶球蒙特卡罗模拟（图5-17），最终估算出的石油储量增长为7.95×10^8t，储量增长倍数为1.040，与统计法估算出的开发年份为64年油田的储量增长倍数1.0191大致相当，表明两种方法取得了比较一致的结果。

3. 中东地区其他大油气田储量增长因素分析

勘探开发因素是引起储量增长最基本、也是最重要的因素。勘探因素主要包括发现新层系、扩边发现新油气藏、精细勘探；开发因素主要包括从开发早期到开发晚期阶段提高采收率措施的应用，如空气驱、溶解气驱、注水等措施。为研究勘探开发因素对波斯湾盆地大油气田储量增长的影响，本次首先依据大油气田的勘探开发史，详细分析每一个大油气田自第一次储量报告至最后一次储量报告的时间内，其地质储量和可采储量的变化，对地质储量、可采储量呈下降趋势的大油气田不予采用；其次定量化分析每个大油气田由勘探因素和开发因素引起的储量增长；最后汇总得出波斯湾盆地由勘探因素和开发因素引起的总储量增长。

经分析，截至2012年，波斯湾盆地储量呈上升趋势的大油田64个，大气田21个，其中33个大油气田（大油田18个，大气田15个）的储量增长主要是由勘探因素引起的，其由勘探因素和开发因素引起的储量增长分别为121×10⁸t油当量和73.18×10⁸t油当量；52个大油气田（大油田46个，大气田6个）的储量增长主要是由开发因素引起的，其由勘探因素和开发因素引起的储量增长分别为94.99×10⁸t油当量和246.65×10⁸t油当量（图5-18）。

数据结果显示，在波斯湾盆地储量呈上升趋势的85个大油气田中，由勘探因素和开发因素引起的储量增长分别为215.99×10⁸t油当量和319.82×10⁸t油当量（表5-6），依次占总可采储量增长的40.31%和59.69%。大油田的可采储量增长为331.06×10⁸t，占总可采储量增长的61.79%，其由勘探因素和开发因素引起的可采储量增长分别为101.88×10⁸t和229.17×10⁸t，依次占大油田总可采储量增长的30.78%和69.22%。大气田的可采储量增长为25.58×10¹²m³，占总可采储量增长的38.21%，其由勘探因素和开发因素引起的储量增长分别为14.26×10¹²m³和11.32×10¹²m³，依次占大气田总可采储量增长的55.73%和44.27%。由此可见，开发因素是推动波斯湾盆地大油田可采储量增长的主要因素，而勘探因素则是推动波斯湾盆地大气田可采储量增长的主要因素。

表5-6 油气田勘探开发因素引起的储量增长

油田	勘探因素导致的可采储量增长，10⁸t	开发因素导致的可采储量增长，10⁸t
	101.88（30.78%）	229.17（69.22%）
气田	勘探因素导致的可采储量增长，10¹²m³	开发因素导致的可采储量增长，10¹²m³
	14.26（55.73%）	11.32（44.27%）

二、不同大区和国家储量增长潜力评价

本书以2014年底的各地区各盆地已发现油气田的产量、剩余可采储量等数据为基础，采用12条储量增长模型，预测出未来30年（即到2044年底）各地区已发现油气田未来储量增长潜力（表5-7）。

表5-7 全球各地区已发现油气田未来油气储量增长潜力

地区	盆地个数	盆地面积 10⁴km²	已发现油田未来增长储量			
			石油 10⁸t	凝析油 10⁸t	天然气 10¹²m³	油气共计 10⁸t油当量
非洲	70	2360	107	8	12.80	222
中东	9	365	253	36	27.54	519
中亚	18	276	31	6	10.14	121
俄罗斯	26	1266	107	6	13.85	228
拉美	65	1193	76	3	4.16	114
北美	82	2090	82	5	5.21	130
亚太	155	2475	74	9	18.05	233
欧洲	43	601	20	3	4.84	64
合计	468	10626	750	76	96.59	1631

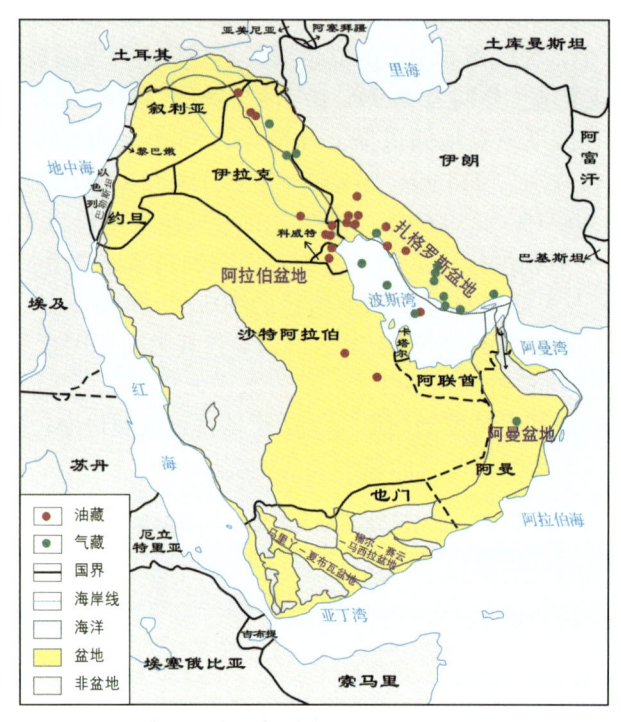

(a) 主要由勘探因素引起储量增长的油气田分布特征

(b) 主要由开发因素引起储量增长的油气田分布特征

图 5-18 储量增长影响因素分布特征

从上述已发现油气田储量增长的资源量估算来看，全球未来储量增长油气当量为 $1631×10^8t$ 油当量，其中石油储量增长 $750×10^8t$，凝析油 $76×10^8t$，天然气 $96.59×10^{12}m^3$，主要来源于中东 $519×10^8t$ 油当量，占总量 31.8%，其次为亚太、俄罗斯和非洲，分别占全球储量增长的 14.2%、14.0% 和 13.6%。

从油气属性来看，全球未来储量增长潜力中的液体油（原油+凝析油为 $825.4630×10^8t$，占比 51%）与天然气油当量（$805.8375×10^8t$ 油当量，占比 49%）大体相当（图 5-19）。

从地区分布来看，中东、非洲、俄罗斯等地区的天然气和液体油当量大体相当，而拉美、北美地区的液体油比例略高，中亚、亚太和欧洲等地区则以天然气油当量为主。

从不同地区未来储量增长分布来看，储量增长最多的仍是中东地区（$518.9646×10^8t$），占全球全部增长储量的 32% 以上。储量增长较大的还包括非洲（14%）、俄罗斯（14%）、亚太（14%）等地区。北美（8%）、拉美（7%）、中亚（7%）和欧洲（4%）这四个地区未来储量增长的比例相对较小（图 5-20）。

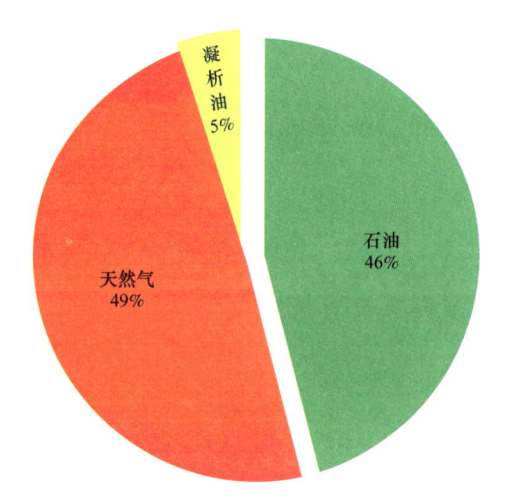

图 5-19 全球已发现油气田储量增长石油、凝析油和天然气油当量比例

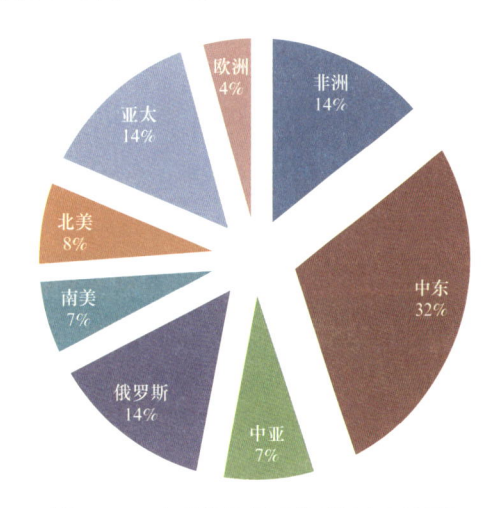

图 5-20 全球各地区已发现油气田储量增长分布

全球已发现油气田储量增长分布极不均匀。常规可采资源量规模在 $136.99×10^8t$ 以上的国家有 3 个，其储量增长为 $518×10^8t$ 油当量，占全球已发现油气田储量增长量 31.8%；储量增长（$68.49\sim136.99$）$×10^8t$ 油当量的国家有 3 个，占全球总量 15.0%；规模为（$13.70\sim68.49$）$×10^8t$ 油当量的国家有 21 个，占总量 38.4%；储量增长规模在（$6.85\sim13.70$）$×10^8t$ 油当量的国家有 4 个，增长量占比为 2.3%；储量增长规模（$1.37\sim6.85$）$×10^8t$ 油当量的国家为 25 个；$1.37×10^8t$ 以下的国家为 56 个（表 5-8）。

已发现油气田储量增长主要分布在俄罗斯、伊朗、沙特阿拉伯等 27 个国家（图 5-21），储量增长量为 $1390×10^8t$ 油当量，占全部储量增长的 85.2%。其中俄罗斯为 $235×10^8t$ 油当量，占全部总量的 14.4%，其次为伊朗、沙特阿拉伯，分别占总量 8.9% 和 8.5%，卡塔尔和美国储量增长量相当，占比分别为 5.4% 和 5.1%。委内瑞拉、伊拉克、尼日尼亚、土库曼斯坦等国家储量增长量依次下降。剩余 85 个国家储量为 $241×10^8t$ 油当量，仅占全球总量 14.8%。

表 5-8 全球已发现油气田储量增长不同规模分布表

资源规模 10⁸t 油当量	国家 个数	石油 10⁸t	凝析油 10⁸t	天然气 10¹²m³	油气合计 10⁸t 油当量	油气占比 %
>136.99	3	255	26	28.41	518	31.76
68.49~136.99	3	112	16	13.88	245	14.99
13.70~68.49	21	296	24	36.83	627	38.45
6.85~13.70	4	8	2	3.26	37	2.28
1.37~6.85	25	31	4	6.03	85	5.24
0.68~1.37	7	2	0	0.48	7	0.42
<0.68	49	44	3	7.71	112	6.85
合计	112	748	75	96.60	1631	

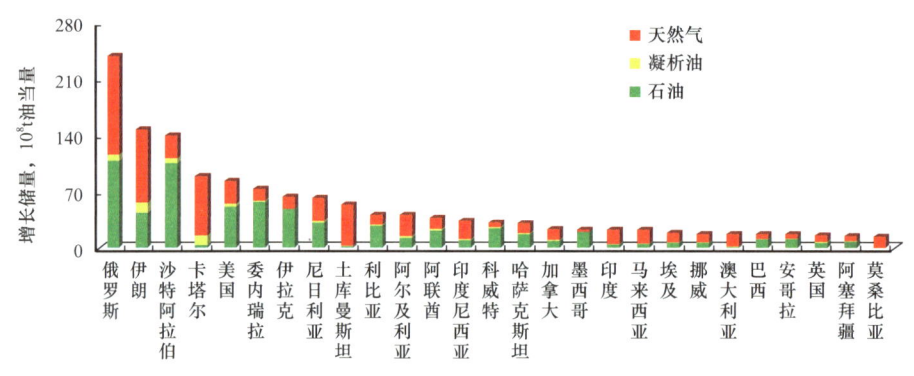

图 5-21 全球 27 个国家已发现油气田储量增长分布图（大于 13.70×10⁸t 油当量）

陆上部分储量增长量为 939.5×10⁸t 油当量，占全部常规资源总量 57.6%，高于海域部分资源量，海域部分储量增长量为 691.5×10⁸t 油当量（表 5-9，图 5-22）。

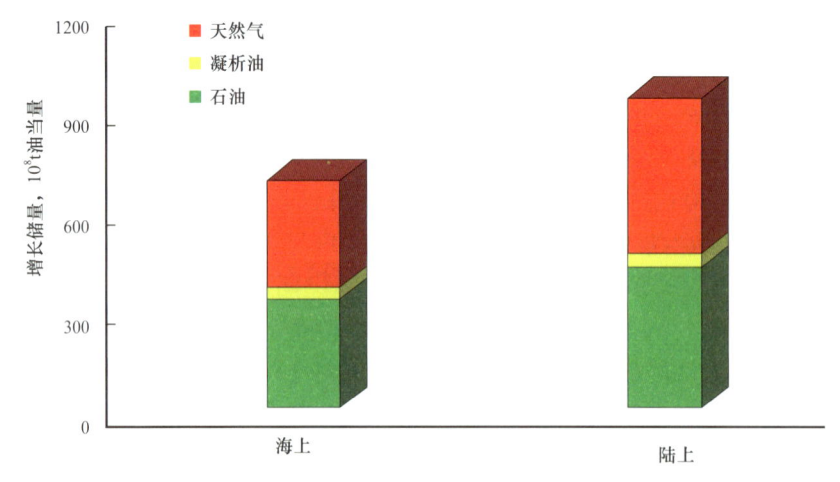

图 5-22 全球已发现油气田储量增长地域分布图

表 5-9 全球已发现油气田储量增长地域分布表

地区	海上 石油 10^8t	海上 凝析油 10^8t	海上 天然气 10^{12}m³	海上 合计 10^8t 油当量	陆上 石油 10^8t	陆上 凝析油 10^8t	陆上 天然气 10^{12}m³	陆上 合计 10^8t 油当量	海域占比 %
非洲	59.3	3.6	5.67	110.0	49.0	4.0	7.00	111.4	49.7
中东	95.1	7.7	13.57	216.0	146.4	10.3	17.54	303.0	41.6
中亚	12.9	1.0	1.53	26.4	46.2	6.6	5.01	94.5	21.9
俄罗斯	13.0	1.8	1.42	26.6	98.4	14.0	10.71	201.8	11.6
拉美	22.5	3.2	2.44	46.0	33.4	4.8	3.63	68.5	40.2
北美	35.8	5.1	3.88	73.3	34.0	3.7	2.29	56.7	56.4
亚太	89.6	9.7	6.06	149.9	17.4	3.8	7.42	83.2	64.3
欧洲	9.0	1.9	3.88	43.3	5.2	1.0	1.73	20.4	68.0
合计	337.2	34.0	38.45	691.5	430.0	48.2	55.33	939.5	

储量增长海陆比例在各地区分布有所区别。欧洲、亚太和北美地区海域部分储量增长占比分别为 67.9%、64.3% 和 56.4%，高于陆上部分，非洲地区海域和陆地储量增长量相当，中东和拉美地区陆上储量增长潜力明显高于海域，分别达到 59.8% 和 58.4%，中亚和俄罗斯地区陆上部分远高于海域，分别为海域储量增长量的 3.6 倍和 7.6 倍（图 5-23）。

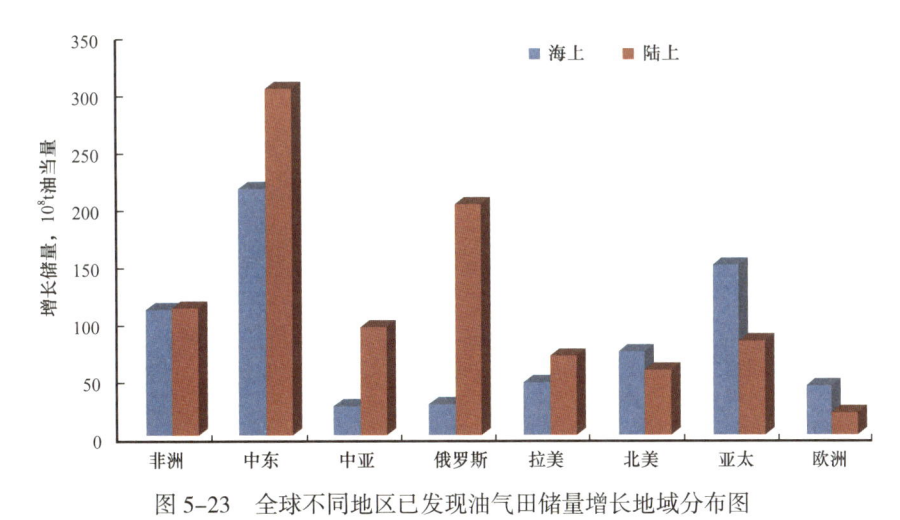

图 5-23 全球不同地区已发现油气田储量增长地域分布图

三、不同盆地储量增长潜力评价

已发现油气储量增长主要集中在中东阿拉伯和扎格罗斯两大盆地、俄罗斯西西伯利亚盆地、中亚阿姆河盆地和滨里海盆地、东非鲁伍马盆地、墨西哥湾深水盆地等领域（表

5-10和图5-24）。其阿拉伯盆地、西西伯利亚盆地、扎格罗斯盆地、阿姆河盆地和鲁伍马盆地，分别占未来储量增长在$13.70 \times 10^8 t$以上的25个盆地的比例为32%、13%、9%、6%和3%。

表5-10　全球部分盆地未来储量增长表（>$13.70 \times 10^8 t$油当量，排名前20的盆地）

序号	盆地名称	盆地类型	石油 $10^8 t$	凝析油 $10^8 t$	天然气 $10^{12} m^3$	油气共计 $10^8 t$油当量
1	阿拉伯盆地	被动陆缘盆地	189.45	29.20	19.292	379.49
2	西西伯利亚盆地	大陆裂谷盆地	75.22	3.10	9.221	155.21
3	扎格罗斯盆地	前陆盆地	55.67	6.08	6.060	112.28
4	阿姆河盆地	大陆裂谷盆地	0.53	1.11	7.827	66.90
5	鲁伍马盆地	被动陆缘盆地	0	0.47	4.096	34.62
6	尼罗河三角洲盆地	被动陆缘盆地	20.23	1.50	1.412	33.51
7	墨西哥湾深水盆地	被动陆缘盆地	26.36	0.46	0.785	33.37
8	尼日尔三角洲盆地	被动陆缘盆地	18.98	1.42	1.330	31.48
9	苏瑞斯特盆地	被动陆缘盆地	22.16	0.02	0.689	27.93
10	下刚果盆地	被动陆缘盆地	22.38	0.16	0.466	26.43
11	滨里海盆地	克拉通盆地	17.70	2.85	0.598	25.53
12	伏尔加—乌拉尔盆地	前陆盆地	18.58	0.64	0.488	23.29
13	东委内瑞拉盆地	前陆盆地	16.62	0.44	0.731	23.15
14	塔里木盆地	克拉通盆地	6.62	1.45	1.623	21.61
15	桑托斯盆地	被动陆缘盆地	13.15	0.81	0.873	21.24
16	东巴伦支海盆地	被动陆缘盆地	0	0.23	2.443	20.60
17	北海盆地	大陆裂谷盆地	11.32	1.68	0.784	19.53
18	坦桑尼亚盆地	被动陆缘盆地	0	0.03	2.337	19.51
19	南里海盆地	前陆盆地	7.96	1.64	1.126	18.98
20	坎波斯盆地	被动陆缘盆地	16.93	0	0.189	18.50

全球不同类型含油气盆地已发现油气田未来储量增长潜力依次为被动陆缘盆地、大陆裂谷盆地、前陆盆地、克拉通盆地、弧后盆地和弧前盆地（表5-11，图5-25），其中被动陆缘盆地的占比最大，达到了49%，大陆裂谷盆地和前陆盆地次之，占比分别为22%和19%。克拉通盆地占比为8%，弧后盆地和弧前盆地占比分别为2%和小于1%。

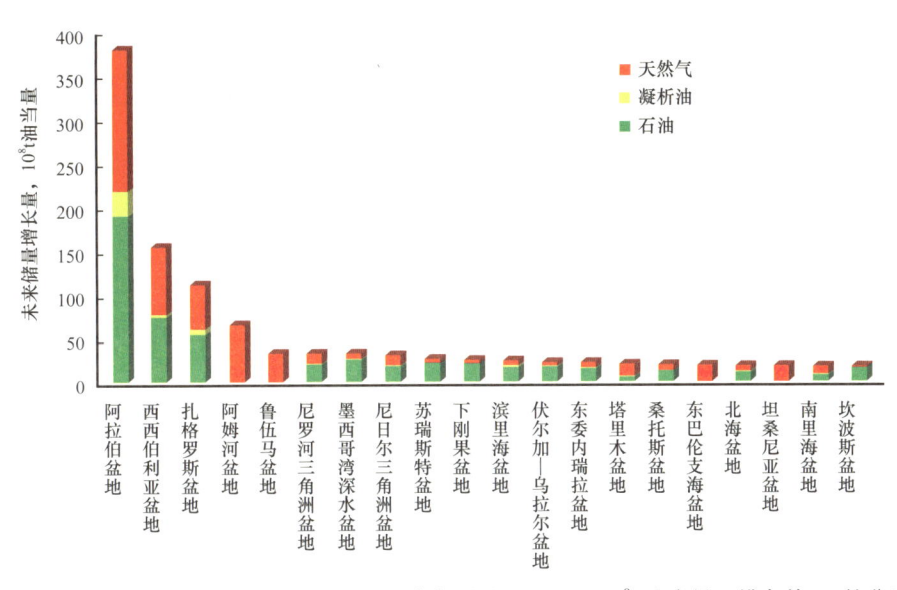

图 5-24 全球已发现油气田储量增长盆地分布图（>13.70×10⁸t 油当量，排名前 20 的盆地）

表 5-11 全球不同类型盆地未来储量增长潜力

盆地类型	石油，10⁸t	凝析油，10⁸t	天然气，10¹²m³	油当量，10⁸t 油当量
被动陆缘盆地	382.31	40.99	45.155	799.77
大陆裂谷盆地	150.46	9.22	24.398	363.09
前陆盆地	157.77	16.28	16.529	311.86
克拉通盆地	45.17	7.07	8.238	120.92
弧后盆地	9.41	1.28	1.747	25.26
弧前盆地	2.74	0.01	0.252	4.84

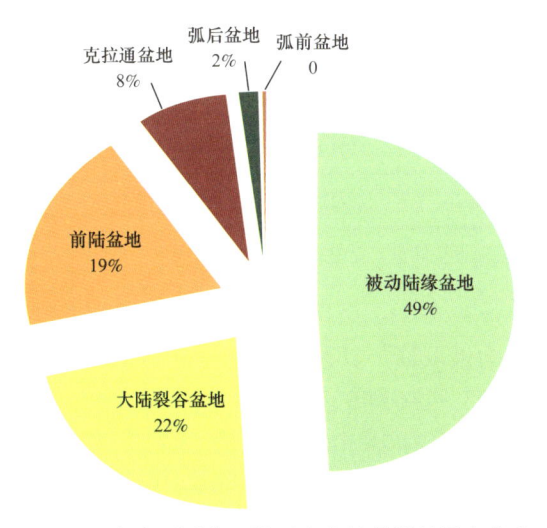

图 5-25 全球不同盆地类型未来储量增长潜力分布

第三节 全球常规油气资源潜力分布与有利区优选

将累计产量、剩余可采储量、已知油气田可采储量增长和待发现资源量加和后，即可得到全球468个盆地常规油气最终可采资源量，通过分析不同地区、国家、盆地及盆地类型的常规油气资源分布规律，明确常规油气勘探和开发潜力；然后建立待发现资源量—战略性—成功概率三因素图版，在重点盆地中优选有利勘探目标区，建立储量增长—资源可转换性—成功率三因素图版，在重点盆地中优选有利开发目标区，可为海外战略选区和新项目评价提出建议方向。

一、全球常规油气可采资源潜力分布

全球常规油气最终可采资源分布极不均匀，最终可采资源量主要集中在中东、俄罗斯和拉美地区，达到59%以上，盆地面积仅占全球468个含油气盆地面积的26.6%。其中中东地区资源量达到$3541×10^8$t油当量，占全部油气最终可采资源量的31%，其次为俄罗斯和拉美地区，分别为$1716×10^8$t油当量和$1459×10^8$t油当量，占比分别为15%和13%（表5-12，图5-26）。

表5-12 全球各地区最终可采资源量汇总表

地区	盆地个数	盆地面积 $10^4 km^2$	已发现油气田总数	石油 $10^8 t$	凝析油 $10^8 t$	天然气 $10^{12} m^3$	油气共计 $10^8 t$油当量
非洲	70	2360	3866	560	52	55.10	1072
中东	9	365	1637	1951	208	165.84	3541
中亚	18	276	1076	165	33	65.10	741
俄罗斯	26	1266	3701	638	45	123.80	1716
拉美	65	1193	4211	1116	29	37.62	1459
北美	82	2090	2101	531	59	48.84	998
亚太	155	2475	6842	425	44	95.13	1262
欧洲	43	601	5791	206	31	37.48	549
合计	468	10626	29225	5592	501	628.91	11338

注：最终可采资源量包括已发现可采储量、已发现油气田储量增长和待发现油气资源量。

全球常规油气资源分布在112个国家，分布极不均匀。常规可采资源量规模在$1369.86×10^8$t以上的国家为俄罗斯，其总可采资源量为$1757×10^8$t，占全球油气可采资源量15.5%，资源量为$(684.93~1369.86)×10^8$t的国家有3个，占全球总量25.8%，规模为$(136.99~684.93)×10^8$t的国家有18个，占总量45.7%，规模在$(68.49~136.99)×10^8$t油当量的国家有7个，资源量占比为5.2%，$68.49×10^8$t油当量以下的国家为83个，其资源量仅占全部总量的7.9%（表5-13）。

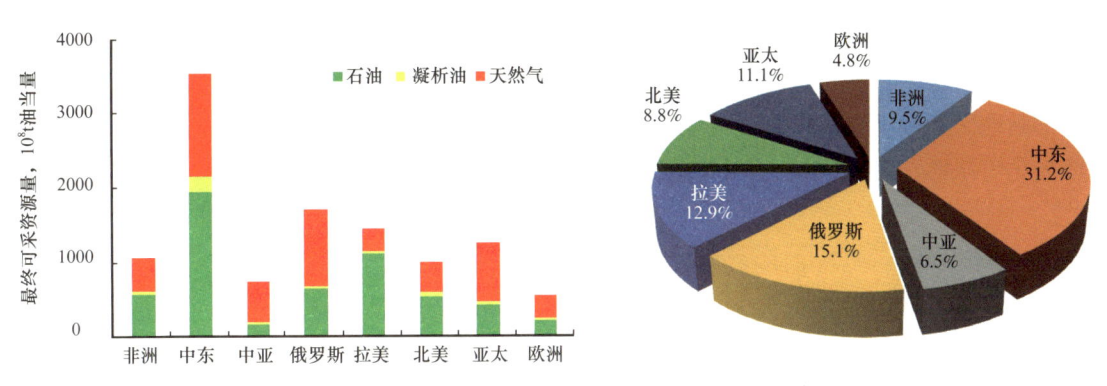

图 5-26 全球各地区最终可采资源量分布及油当量占比

表 5-13 全球常规油气可采资源不同规模分布表

资源规模 10^8t 油当量	国家 个数	石油 10^8t	凝析油 10^8t	天然气 $10^{12}m^3$	油气合计 10^8t 油当量	油气占比 %
>1369.86	1	638	56	127.48	1757	15.5
684.93~1369.86	3	1972	118	100.03	2924	25.8
136.99~684.93	18	2419	265	298.81	5176	45.7
68.49~136.99	7	240	25	38.81	589	5.2
13.70~68.49	22	243	29	43.34	633	5.6
1.37~13.70	23	66	7	8.73	146	1.3
<1.37	38	13	3	11.67	113	1.0
合计	112	5591	503	628.87	11338	

常规油气资源主要分布在俄罗斯、沙特阿拉伯等 22 个国家，可采资源总量为 9863×10^8t 油当量，占全部常规油气资源总量的 86.9%。其中俄罗斯为 1757×10^8t 油当量，占全部总量的 15.5%，其次为沙特阿拉伯、委内瑞拉和伊朗，分别占总量 8.9%、8.6%、8.3%，美国和中国资源量相当，占比分别为 5.6% 和 5.4%。剩余 90 个国家资源总量仅占全球总量 13.1%（图 5-27）。

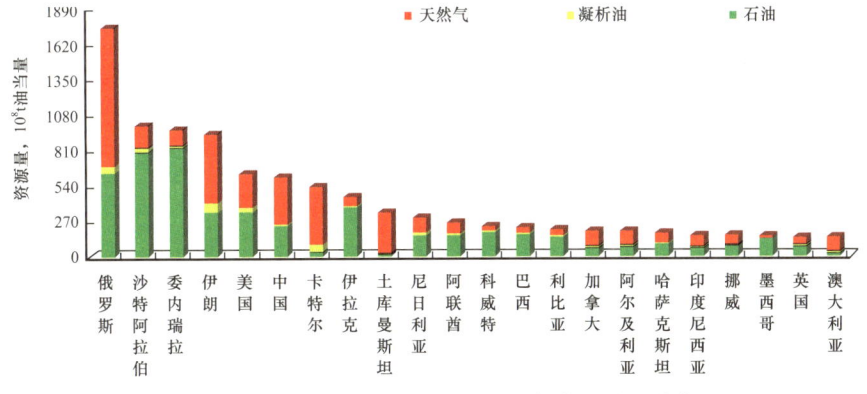

图 5-27 全球 22 个国家常规油气资源总量分布图

全球最终可采资源量大于 68.49×10^8 t 油当量的含油气盆地有 27 个，最终可采资源量为 8466×10^8 t 油当量，占全部最终可采资源量的 72% 以上。其中中东地区有 2 个盆地、俄罗斯地区 4 个盆地、拉美地区 4 个盆地、非洲地区 5 个盆地、中亚地区 2 个盆地、北美地区 3 个盆地、亚太地区 4 个盆地、欧洲地区 1 个盆地（图 5-28）。

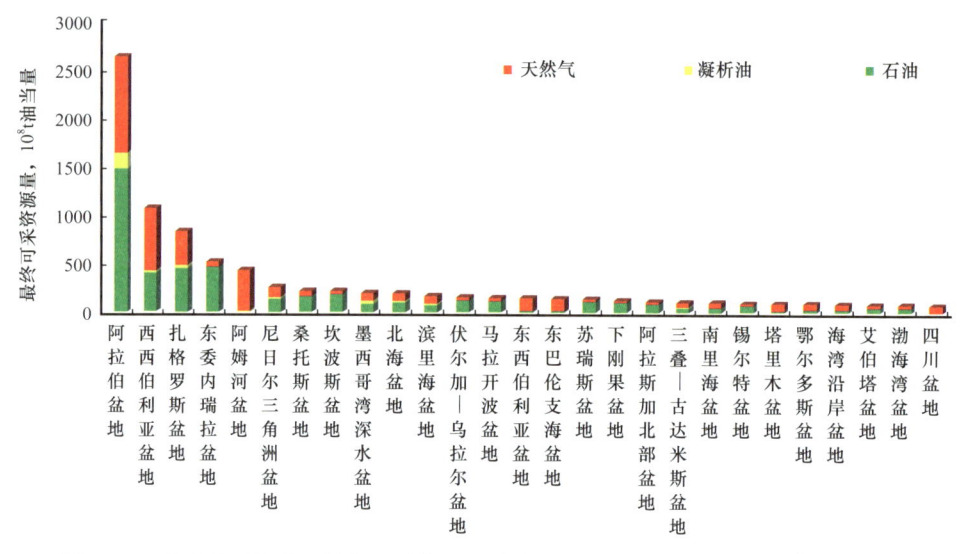

图 5-28　全球含油气盆地最终可采资源量分布（前 27 位大于 68.49×10^8 t 油当量）

常规油气最终可采储量主要分布于被动陆缘盆地、前陆盆地和大陆裂谷盆地，占全部最终可采储量 92.2%。其中被动陆缘盆地总可采储量规模最大，为 5510×10^8 t 油当量，占全球全部最终可采资源量的 48.6%（表 5-14，图 5-29）。其次为前陆盆地和大陆裂谷盆地，最终可采储量分别为 2710×10^8 t 油当量和 2233×10^8 t 油当量，分别占全球全部最终可采资源量的 23.9% 和 19.7%。

表 5-14　全球不同类型含油气盆地最终可采资源量分布

盆地类型	盆地个数	石油 10^8t	凝析油 10^8t	天然气 10^{12}m³	油气共计 10^8t 油当量
被动陆缘盆地	121	2717	286	300.68	5510
前陆盆地	127	1638	91	117.62	2710
大陆裂谷盆地	86	943	64	147.14	2233
克拉通盆地	62	215	50	47.08	658
弧后盆地	25	62	8	13.37	181
弧前盆地	47	18	2	3.00	45
合计	468	5593	501	628.89	11337

克拉通盆地最终可采资源量仅为 658×10^8 t 油当量，占全球全部最终可采资源量的 5.8%。弧后盆地和弧前盆地最终可采资源量也很小，分别为 181×10^8 t 油当量和 45×10^8 t

油当量，占全部最终可采资源量的 1.6% 和 0.4%。主要原因是由于两类盆地数量少，面积小，资源丰度低（图 5-30）。

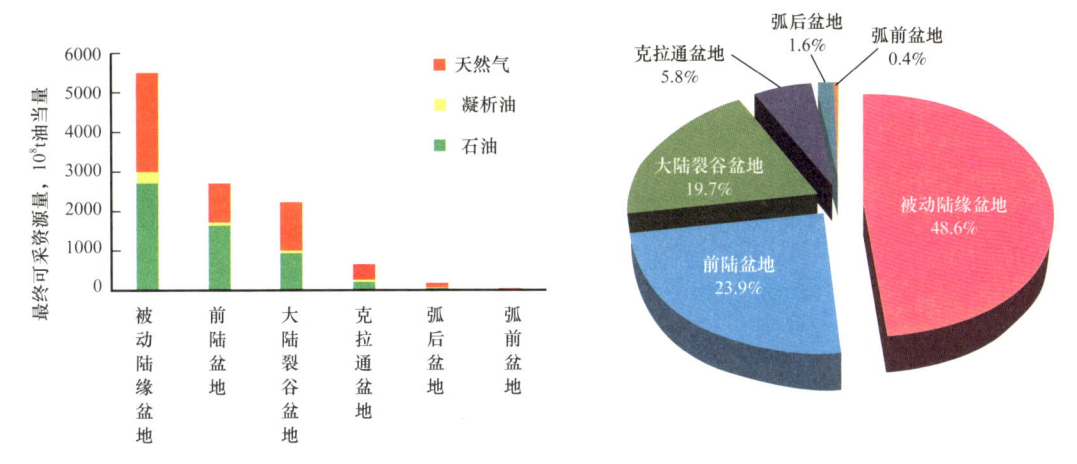

图 5-29 全球不同类型含油气盆地内最终可采资源量分布及占比

二、重点盆地优选

根据对全球含油气盆地的资料掌握程度和资源评价结果，以盆地资源丰度和地质风险为主要评价要素实现重点盆地分类和优选。

重点盆地的遴选原则主要是突出盆地类型、构造运动、资源分布及类型等地质条件对盆地含油气概率的影响差异性[6]，确定重点盆地的地质风险评价参数为 8 项，具体包括：盆地类型、叠加改造程度、盆地面积、资源量、油气储量、资源丰度、圈闭可靠程度和资源类型。根据不同盆地参数的具体数值分布情况统计，结合油气地质特征分析，确立各参数的取值标准和权重系数（表 5-15）。

表 5-15 全球重点盆地地质评价参数体系与取值标准

参数名称	权重系数	分值 1	0.75	0.5	0.25
盆地类型	0.10	被动陆缘	大陆裂谷和前陆	弧后和克拉通	弧前
叠加改造程度	0.12	很弱	弱	中等	强烈
盆地面积，$10^4 km^2$	0.08	>100	50~100	10~49	<10
资源量，$10^8 t$	0.15	>1000	200~1000	100~199.99	<100
油气储量，$10^8 t$	0.15	>1000	200~1000	100~199.99	<100
资源丰度，$10^4 t/km^2$	0.20	>100	30~100	10~29.9	<10
圈闭可靠程度	0.10	非常可靠	可靠	较可靠	不确定
资源类型	0.10	石油	石油为主	石油和天然气	天然气为主

根据以上取值标准，在全球范围内遴选 51 个重点盆地，运用地质风险概率统计分析方法得出各盆地的地质风险值，即含油气概率大小（P）。以各个盆地资源丰度为横坐标，

- 157 -

含油气概率值（P）为纵坐标，建立地质风险评分—资源丰度双因素图版。根据图版四个象限的分布情况，结合盆地资源丰度、认知程度及勘探程度等因素，将51个重点盆地划分为四类（图5-30）：

Ⅰ类盆地11个：资源丰度大，含油气概率高，认识程度高，是有望继续发现大中型油气田的盆地；

Ⅱ类盆地19个：资源丰度小，但含油气概率高，勘探风险相对较小，是未来有望找到潜力油气田的盆地；

Ⅲ类盆地6个：资源丰度高，认识程度较高，但含油气概率较低，未来有望找到规模储量的盆地；

Ⅳ类盆地15个：资源丰度小，认识程度和勘探程度均较低，需加强综合地质研究。

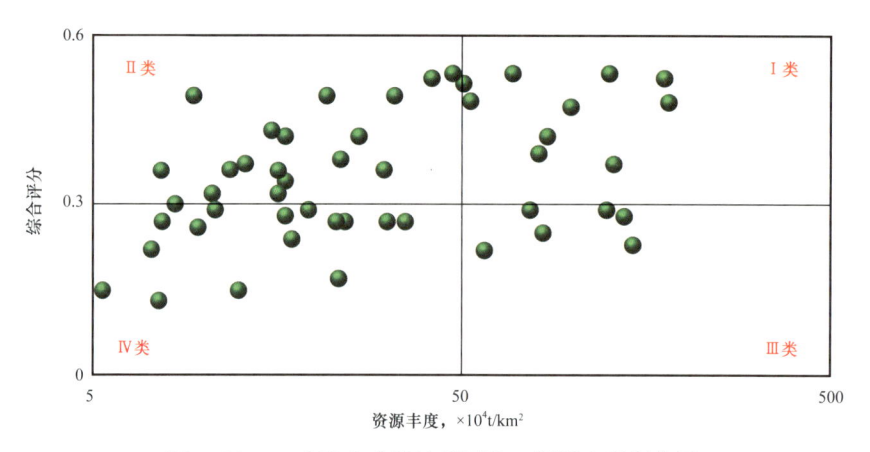

图5-30 51个重点盆地地质风险—资源丰度划分图

三、有利勘探目标区评价

针对勘探目标区还考虑了海外投资风险、地表条件等，最终在Ⅰ、Ⅱ、Ⅲ类36个重点盆地中优选了70个有利勘探目标区。有利勘探目标区的评价主要通过待发现资源量—战略性—成功概率（1-地质风险）三因素图版进行[1]。

目标区的待发现资源量主要依据是本次成藏组合的资源评价结果，即通过对成藏组合待发现资源量在不同构造单元（目标区）的分布进行劈分后，可以得到勘探目标区的待发现资源量。

地质风险评价参数划分为5大项，即烃源岩、储层、圈闭、保存条件、运聚配套条件，结合盆地的地质风险，实现地质风险量化评价，运用风险概率统计分析法进行勘探目标区的地质风险评价，具体计算过程为：

P=盆地地质风险=烃源岩（分值）×权重系数（0.3）+储层（分值）×权重系数（0.25）+圈闭（分值）×权重系数（0.25）+保存条件（分值）×权重系数（0.1）+运聚配套条件（分值）×权重系数（0.1）。

战略性指标主要包括投资风险、战略价值和技术适应性3个指标（表5-16）。其中，投资风险主要考虑投资回报率、成本回收时间、经济前景变化趋势等因素；战略价值主要涵盖地质认识提高与否、资源量发现、新层系发现可能及周边区带或目标带动情况等方面；技术适应性主要考虑地表条件、工程配套技术、油输管线等基础设施情况等。

表 5-16 勘探有利目标区战略性评价参数体系与取值标准

参数名称	权重系数	分值		
		1	0.6	0.4
投资风险	0.4	风险较小	风险中等	风险较高
战略价值	0.4	重大地质认识和资源量发现，具有全局性战略意义	新的地质认识和资源发现，具有油气田或区带战略价值	能带动同一区带目标突破或发现新层系、具有储量发现战略价值
技术适应性	0.2	地表条件好或配套技术已形成	地表条件一般或部分配套技术需完善	地表条件较差或配套技术需要大规模改进

考虑到中石油海外勘探实际情况及资料掌握程度，在勘探目标战略性评价参数以定性描述为主，根据专家或地区熟悉的研究人员判断打分，进而转换为量化评价，实现有利勘探目标区战略性的量化评分（表 5-17）。

表 5-17 勘探有利目标区地质风险、待发现资源量和战略性评价结果

有利勘探目标区	地质风险	待发现资源量，10^8t	战略性	分类
穆格莱德盆地萨—加（Sharaf–Abu Gabra）隆起带	0.49	0.0171	0.85	Ⅱ
穆格莱德盆地 Heglig–Unity 西部复杂断裂带	0.51	0.0148	0.86	Ⅱ
穆格莱德盆地 Fula 凹陷南部断阶带	0.47	0.0122	0.85	Ⅱ
Melut 盆地南部凹陷	0.56	0.0186	0.86	Ⅱ
Melut 盆地 Ruman 潜山地区	0.48	0.0132	0.87	Ⅱ
Termit 盆地 Soudana 转换带	0.47	0.0114	0.87	Ⅱ
Termit 西台地	0.51	0.0104	0.8	Ⅱ
Bongor 盆地西部凹陷	0.52	0.0144	0.79	Ⅱ
Bongor 盆地基底潜山	0.47	0.0288	0.82	Ⅱ
阿伯丁地堑 Kingfisher 地区	0.57	0.1644	0.56	Ⅱ
坦桑尼亚盆地奔巴岛	0.84	0.1781	0.38	Ⅳ
坦桑尼亚盆地 Mafia 深次盆	0.86	0.7397	0.29	Ⅳ
赞比西三角洲浊积扇	0.85	1.3973	0.31	Ⅲ
莫桑比克盆地深水浊积砂体	0.88	2.7611	0.31	Ⅲ
宽扎盆地东部断陷区	0.65	0.4795	0.38	Ⅳ
宽扎盆地中东部盐隆带	0.73	0.8904	0.38	Ⅳ
宽扎盆地东部地堑内及三角洲相和滨岸相砂岩	0.78	0.4384	0.39	Ⅳ
科特迪瓦盆地中部斜坡带	0.68	0.3014	0.39	Ⅳ

续表

有利勘探目标区	地质风险	待发现资源量，10^8t	战略性	分类
科特迪瓦盆地南部凹陷区	0.75	0.5890	0.37	IV
下刚果盆地东部断陷区	0.73	1.5342	0.37	III
下刚果盆地中东部盐隆带	0.74	5.6438	0.36	III
下刚果盆地西部西坡区	0.75	1.3493	0.36	IV
阿拉伯盆地鲁卜哈利次盆凹陷周围	0.67	16.9315	0.61	I
阿拉伯盆地鲁卜哈利次盆北部	0.64	32.2877	0.62	I
伊万特盆地 Afiq 峡谷	0.87	1.2740	0.44	IV
伊万特盆地 ei-Arish 水道	0.88	1.1918	0.44	IV
伊万特盆地南部边缘	0.81	0.8767	0.44	IV
阿姆河盆地吉萨尔山前	0.64	2.9041	0.75	I
阿姆河盆地中部隆起	0.69	1.3836	0.75	I
阿富汗—塔吉克盆地苏汗河凹陷	0.67	0.1644	0.56	II
阿富汗—塔吉克盆地卡菲尔尼甘隆起	0.66	0.2466	0.58	II
阿富汗—塔吉克盆地西南吉萨尔	0.64	0.1918	0.58	II
阿富汗—塔吉克盆地奥布鲁切夫凹陷	0.63	0.1192	0.58	II
阿富汗—塔吉克盆地安德霍伊隆起	0.68	0.1315	0.61	II
阿富汗—塔吉克盆地阿克沁阶地	0.66	0.0890	0.61	II
阿富汗—塔吉克盆地北卡拉比里凹陷	0.65	1.5342	0.61	I
南图尔盖盆地 Karaganda 白垩系浅层披覆构造及西部潜山	0.48	0.0137	0.82	II
南图尔盖盆地南部 1057 区块中央隆起带新层系 K_1nc_2	0.47	0.0123	0.83	II
南图尔盖盆地 ADM 深层	0.49	0.0425	0.84	II
南图尔盖盆地 Aryskum-Doshan 西斜坡潜山披覆构造带	0.46	0.0055	0.82	II
东西伯利亚盆地拜基特隆起	0.72	1.1822	0.66	I
东西伯利亚盆地涅帕—鲍图奥宾隆起	0.66	140.0000	0.65	I
东西伯利亚盆地安加拉—叶尼赛阶地	0.78	6.0274	0.64	I
东巴伦支海盆地中部安德鲁隆起区	0.77	4.7397	0.22	III
东巴伦支海盆地南部坳陷斜坡区	0.75	2.8904	0.23	III
东巴伦支海盆地二叠系碳酸盐台地	0.82	8.5479	0.24	III

续表

有利勘探目标区	地质风险	待发现资源量，10^8t	战略性	分类
东巴伦支海盆地北部坳陷三叠系大型三角洲	0.85	3.1644	0.24	Ⅲ
孟加拉湾盆地若开次盆斜坡区	0.68	1.0274	0.55	Ⅱ
克里希达—戈达瓦里盆地东部深水区	0.72	3.0274	0.31	Ⅲ
印度河盆地西部逆冲断块区	0.66	1.1918	0.38	Ⅳ
南苏门答腊盆地凹陷缓坡带	0.58	0.7123	0.71	Ⅱ
斯科舍盆地 Sable 次盆深水区	0.74	4.8493	0.33	Ⅲ
斯科舍盆地东部	0.73	3.3562	0.34	Ⅲ
斯科舍盆地陆棚西部碳酸盐岩台地和东部典型三角洲体系	0.76	5.0274	0.35	Ⅲ
艾伯塔盆地凯格河台地边缘	0.68	1.1507	0.62	Ⅱ
艾伯塔盆地西部山前坳陷	0.64	1.3562	0.65	Ⅱ
墨西哥湾深水盆地西部深水区海底扇	0.88	17.9452	0.25	Ⅲ
墨西哥湾深水盆地盐下古近—新近系和盐席前缘褶皱带 Wakle ridge、Sigsbee 南部陡坡带	0.89	3.2192	0.25	Ⅲ
塔拉拉盆地基底潜山	0.58	0.1205	0.63	Ⅱ
亚诺斯盆地西部前渊带和斜坡带	0.6	0.1027	0.76	Ⅱ
亚诺斯盆地中部斜坡带	0.58	1.4110	0.85	Ⅰ
亚诺斯盆地东部斜坡隆起带	0.55	1.5616	0.84	Ⅰ
马拉开波盆地西部前渊带和斜坡带	0.64	4.9589	0.71	Ⅰ
马拉开波盆地中部斜坡带	0.62	3.3562	0.69	Ⅰ
马拉开波盆地东部斜坡隆起带	0.56	4.5342	0.68	Ⅰ
北海盆地霍达台地东部斜坡区	0.69	1.8356	0.38	Ⅲ
北海盆地乌彩拉高地南段	0.68	3.3014	0.34	Ⅲ
滨里海盆地东部隆起	0.58	8.5342	0.75	Ⅰ
滨里海盆地东南部隆起	0.62	4.7808	0.71	Ⅰ
南里海盆地阿普舍龙隆起	0.72	3.3562	0.65	Ⅰ

以待发现资源量为横坐标，战略性为纵坐标，成功概率（1−地质风险）用气泡大小表示，建立勘探有利目标区待发现资源量—战略性—成功概率三因素图版（图5-31）。

四、有利开发目标区评价

在综合考虑51个重点盆地地质风险、资源潜力、可获取性、战略价值、技术适应性等因素基础上，针对开发目标还考虑了储量规模、未来的增产潜力、增储潜力等因素，最终在Ⅰ、Ⅱ、Ⅲ类36个重点盆地中优选了32个有利开发目标区。

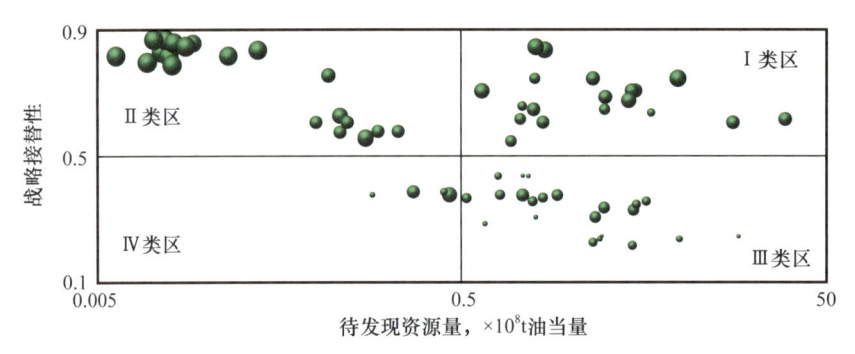

图5-31 勘探有利目标区待发现资源—战略性—成功率三因素泡点图

针对32个开发目标区，通过典型目标区的解剖，从储量规模可靠性、增储潜力、增产潜力3个方面建立开发目标区地质评价参数。其中，增储潜力考虑油田扩边、发现新层系、储量升级和提高采收率4个子项；增产潜力考虑注水注气和井网调整2个子项，每项或子项根据实际情况进行赋值和权重系数的确定（表5-18）。

表5-18 开发目标区地质评价参数体系与取值标准

参数名称		权重系数		分值		
				1	0.6	0.4
储量规模可靠性		0.4		可靠性高	可靠性中等	可靠性较差
增储潜力	扩边	0.25	0.3	确定	可能	可能性较小
	发现新层	0.25		确定	可能	可能性较小
	储量升级	0.25		确定	可能	可能性较小
	提高采收率	0.25		确定	可能	可能性较小
增产潜力	注水注气	0.50	0.3	确定	可能	可能性较小
	井网调整	0.50		确定	可能	可能性较小

在以效益勘探开发的前提下和低油气价格情况下，海外开发目标区更多注重资源可转换能力，即油气实际利用的效益情况，根据海外项目的实际情况，确定可转换性参数包括储层品质、油气品质、储层埋深、工程技术实施难度、地面实施和商业成功率6项，每项确定了权重系数和取值标准（表5-19）。

根据地质风险概率统计方法进行32个开发目标区的地质风险评价，根据典型开发油气田的储量增长数据拟合，建立典型开发目标区的储量增长模型和储量增长计算公式，利用计算公式详细计算32个开发目标区的未来储量增长值（表5-20）。

以储量增长潜力为横坐标，资源可转换性为纵坐标，用气泡大小显示成功率（1-地质风险），建立开发有利目标区的储量增长—资源可转换性—成功率三因素图版（图5-32）。

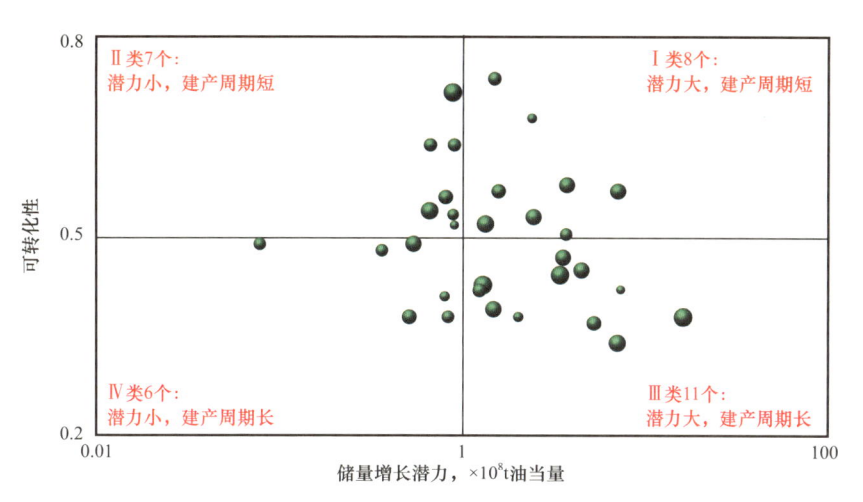

图 5-32 开发有利目标区储量增长—可转换性—成功率三因素泡点图

表 5-19 开发目标区资源可转换性参数体系与取值标准

参数名称	权重系数	分值		
		1	0.6	0.4
储层品质	0.15	好	中等	差
油气品质	0.10	好	中等	差
储层埋深	0.15	中浅层	深层	超深层
工程技术实施难度	0.25	容易	有难度	难度大
地面设施	0.10	有	少量建设	大量建设
商业成功率	0.25	高	中等	较差

表 5-20 32个开发目标区储量增长、地质风险和可转换性评价结果

盆地	油田名称	2P 石油储量 10^8t	储量增长 10^8t	地质风险	可转换性	分类
阿拉伯盆地	Sharar 1	2.73	2.16	0.44	0.57	Ⅰ
阿拉伯盆地	Abu Sa'fah	11.13	5.11	0.42	0.58	Ⅰ
阿拉伯盆地	Samin 1	1.02	0.92	0.38	0.54	Ⅱ
阿拉伯盆地	Hamur	1.37	1.22	0.55	0.53	Ⅱ
阿拉伯盆地	Lawhah	1.64	1.25	0.63	0.52	Ⅱ
阿拉伯盆地	Marjan	13.66	5.01	0.51	0.50	Ⅰ
阿拉伯盆地	Sadawi 1	0.96	0.75	0.42	0.49	Ⅳ
阿拉伯盆地	Al Shaheen	5.19	3.33	0.36	0.53	Ⅰ
阿拉伯盆地	Dhib 1	2.05	1.84	0.33	0.52	Ⅰ

续表

盆地	油田名称	2P 石油储量 10^8t	储量增长 10^8t	地质风险	可转换性	分类
维典美索不达米亚盆地	East Baghdad	11.09	4.67	0.26	0.44	Ⅲ
维典美索不达米亚盆地	Balad	3.00	1.77	0.28	0.43	Ⅲ
扎格罗斯盆地	Marun	30.48	9.68	0.36	0.57	Ⅰ
扎格罗斯盆地	Buzurgan	2.07	0.72	0.46	0.38	Ⅳ
鲁卜哈利盆地	Niban 2	2.73	3.27	0.62	0.68	Ⅰ
鲁卜哈利盆地	Zarrarah 2	1.64	1.25	0.51	0.64	Ⅱ
鲁卜哈利盆地	Lughfah 1	1.37	1.22	0.33	0.72	Ⅱ
鲁卜哈利盆地	Jawb 1	1.02	0.92	0.49	0.64	Ⅱ
阿拉伯盆地	Yadavaran	4.37	6.23	0.47	0.45	Ⅲ
阿拉伯盆地	Azadegan	8.72	9.92	0.66	0.42	Ⅲ
阿拉伯盆地	Ratqa	4.71	2.07	0.51	0.74	Ⅰ
阿拉伯盆地	West Qurna	60.09	22.06	0.28	0.38	Ⅲ
阿拉伯盆地	Majnoon	30.48	9.68	0.36	0.34	Ⅲ
阿拉伯盆地	Hazmiyah	0.68	1.12	0.42	0.56	Ⅱ
滨里海盆地	Tengiz	12.47	1.15	0.52	0.38	Ⅳ
滨里海盆地	Vladimir Filanovsky	1.52	1.10	0.62	0.41	Ⅳ
阿拉伯盆地	Golshan	4.79	2.76	0.63	0.38	Ⅲ
鲁卜哈利盆地	Kish 2	6.87	7.16	0.42	0.37	Ⅲ
鲁卜哈利盆地	Lavan	0.87	2.03	0.41	0.39	Ⅲ
扎格罗斯盆地	Tabnak	3.00	4.84	0.39	0.47	Ⅲ
南里海盆地	Shah Deniz	3.05	1.69	0.43	0.42	Ⅲ
滨里海盆地	Aktote	0.58	0.50	0.51	0.48	Ⅳ
滨里海盆地	Imashevskoye	0.55	0.11	0.53	0.49	Ⅳ

参 考 文 献

[1] 童晓光, 李浩武, 肖坤叶, 等. 成藏组合快速分析技术在海外低勘探程度盆地的应用[J]. 石油学报, 2009, 30(3): 317-323.

[2] 田作基, 吴义平, 等. 全球常规油气资源评价及潜力分析[J]. 地学前缘, 2014. 1.

[3] 张万选. "油气资源评价"的发展与展望. 断块油气田, 1994, 1(1): 38-40.

［4］金之钧，张金川.油气资源评价方法的基本原则.石油学报，2002，23（1）：19-23.

［5］金之钧，王志欣.西西伯利亚盆地油气地质特征［M］.北京：中国石化出版社，2007.

［6］陈忠民，万仑坤，毛凤军，等.北非石油地质特征与勘探方向［J］.地学前缘，2014，21（3）：63-71.

［7］童晓光，关增淼.世界石油勘探开发图集.亚洲太平洋地区分册［M］.北京：石油工业出版社，2001.

［8］邹才能，翟光明，张光亚，等.全球常规—非常规油气形成分布：资源潜力及趋势预测［J］.石油勘探与开发，2015，42（1）：13-25.

［9］白国平.世界碳酸盐岩大油气田分布特征［J］.古地理学报，2006.8（2）：241-250.

［10］White D A, Gehman H M. Methods of Estimating Oil and Gas Resources［J］. AAPG Bulletin, 1979, 63（12）：2183-2192.

［11］Seshadrl J N, Mattar L. Comparison of Power Law and Modified Hyperbolic Decline Methods［R］. SPE 137320-MS, 2010.

［12］IHS. Field general［DB/OL］.（2014-12-30）［2016-05-25］. http：//connect.ihs.com/Capabilities/PNB/PNB_EDN.

［13］童晓光，何登发.油气勘探原理和方法［M］.北京：石油工业出版社，2001.

［14］C&C. The Digital Analogs Knowledge System［DB/OL］.（2015-06-30）［2016-04-25］. http：//online.ccreservoirs.com/ccrl/jsp/ login.jsp.

［15］王大鹏，白国平，徐艳，等.全球古生界海相碳酸盐岩大油气田特征及油气分布［J］.古地理学报，2016，18（1）：80-92.

［16］ROBERTSON. Tellus Sedimentary Basins of the World Plays & Petroleum Systems：Tellus［DB/OL］.（2014-12-30）［2016-02-22］. http：//www.cgg.com/en/What-We-Do/GeoConsulting/Robertson.

第六章　全球非常规油气资源评价及分布

开展全球非常规油气可采资源评价意义重大,但须解决三方面问题:一是要研究全球非常规油气资源形成的地质条件,回答资源形成与分布问题;二是要选准评价参数和评价方法,回答总量问题;三是要对评价结果进行分析,从资源可采性的角度回答有利区优选问题。

目前全球实现商业开发利用的非常规油气类型主要包括重油、油砂、致密油、油页岩、页岩气、煤层气和致密气7种。近年来,非常规油气产量持续增长,2015年全球非常规油年产量达到 3.7×10^8t,占全球石油年产量的9%;非常规气年产量 $9273\times10^8m^3$,占全球天然气年产量的27%。美国作为非常规油气勘探开发程度成熟地区之一,已形成常规与非常规油气资源的有序接替。2015年,美国致密油产量达到 1.7×10^8t,占美国石油产量的30%,非常规气产量 $6000\times10^8m^3$,占美国天然气产量的75%,已对全球油气供需结构产生重大影响。中国鄂尔多斯盆地致密油的开发也是举世瞩目。全球非常规油气资源正在逐步成为常规油气资源的重要接替。

USGS、EIA、HartEnergy等全球多家研究机构都在不断更新发布全球非常规油气资源评价数据[1]。USGS(2007)评价了全球重油和油砂资源及美国煤层气资源;Zhenzhen Dong等(2014)评价全球煤层气资源;EIA(2002)年评价了全球油页岩资源,2011年评价了北美以外的致密油资源,2015年更新了全球页岩气和致密油资源评价结果[2]。Hartenergy(2011,2012,2014)先后评价了页岩气、重油和致密油资源。一方面,各家对评价对象的定义存在差别,评价结果不具对比性和全球汇总性;另一方面,这些机构只是对外公布评价结果,采用的评价方法与关键参数并不公开,很难甄别其评价结果的准确性。如EIA 2015年公布的中国页岩气可采资源总量为 $32\times10^{12}m^3$ [2],与国内机构和学者的评价相差甚远[3—5]。

第一节　全球非常规油气资源评价方法

针对不同非常规油气资源类型的富集特征,本次评价形成了一套适用于不同资源类型和不同勘探程度盆地的非常规油气资源评价体系。本评价体系技术路线为:(1)基于国际通用性和地质评价的可操作性,研究7类非常规资源定义和筛选标准。(2)依据定义和标准,在全球含油气盆地范围内开展各类资源分布的详查,细化到每一个盆地和岩层组合。(3)根据筛选结果和资料详实程度,将评价对象划分为详细评价和统计评价两类。前者要编汇各评价参数的等值线图;后者只需进行关键参数编图,其他参数有概率分布值即可。(4)选择评价方法,改进目前通用的体积法,在地理信息系统(GIS)平台上实现多个评价参数的空间插值运算,计算出评价单元的可采资源丰度等值线图,资源量评价结果由以往一个评价单元对应一个数据变为一个评价单元对应一张资源丰度等值线图,便于直接进行有利区带的优选。对于北美地区致密油、页岩气开发程度较高的盆地,采用单井最终可采储量（EUR）丰度评价方法得到评价单元可采储量丰度分布。(5)在获取评价单元内可采资源丰度和储量分布的基础上，根据丰度值区间划分不同级别潜力区，进一步优选全球非常规油气资源的有利区。

针对全球非常规油气富集盆地资料的详实程度，对7类非常规油气资源采用改进体积法、EUR丰度类比法和参数概率统计法进行评价。对于勘探开发程度高、已有生产井产量数据的盆地利用基础地质参数成图，在厘定有效评价区的前提下，采用EUR丰度法进行评价，本次采用EUR丰度法计算的有致密油、页岩气；对于已进行勘探开发、基础地质资料丰富、生产井产量数据缺乏的盆地采用改进体积法进行计算，本次采用改进体积法计算的有重油、油砂、油页岩、致密气和煤层气，每种资源的计算原理、软件和计算平台相同，资源类型、评价参数和变量不同；对于勘探开发程度较低、基础数据和基础参数图件缺乏的盆地采用参数概率统计法进行评价，本次7个资源类型的低勘探程度盆地均采用参数概率统计法进行评价。

一、改进体积法

非常规油气具有大面积连续聚集分布的特征，体积法是最便于应用的资源量评价方法。但大多数非常规油气分布区储层非均质性较强、含油气丰度差别较大，传统方法计算结果仅反映总量大小，不能反映出资源分布的差异性。本次研究对体积法进行了改进，利用GIS空间地理信息系统平台，将评价区有机质丰度、有机质成熟度、厚度、埋深、孔隙度等关键参数在区域上进行网格化，对每个参数以网格为单元进行空间插值，计算出每个网格的资源量，再对所有网格进行积分，计算出整个评价单元的资源量。同时对评价单元内不同地质条件下的可采系数进行分析和空间图形化，计算后得出评价单元的非常规油气"可采资源丰度"平面分布图，可采资源总量通过图形面积累积自动获取。

以内乌肯盆地白垩系Vaca Muerta组致密油评价为例，编制了体积法公式中关键的含油饱和度、厚度、孔隙度和采收率等值线图，并分别进行网格化，选用反距离加权法进行网格插值，按照体积法公式计算各网格的可采资源量，即在厘定致密油或页岩气含气面积的基础上，将含油/含气面积、转换系数（转换系数在此可以省略，转换系数是转换单位统一，如m^3到ft^3或原始气体偏差系数等具体的值）与含油/含气饱和度、储层净厚度、孔隙度、采收率等值线图进行叠加运算，得到可采资源丰度分布图，积分求出最终可采资源量（图6-1）。

二、EUR丰度法

针对已有大量生产井的北美致密油生产区，采用双曲递减法和指数递减法计算单井EUR及EUR丰度，再对EUR丰度值进行空间网格插值计算，得到可采储量丰度分布及总量，相当于可采级别最高的一类资源量。研究中采用双曲递减和指数递减组合模型计算单井EUR。根据区内已有生产井生产情况，确定合理的生产时间极限和经济产能界限，当产量年递减率小于10%时，由双曲递减趋势转化为指数递减趋势，从而避免了双曲递减模型在生产数年之后，仍然显示恒定产能的问题。根据单井EUR和单井的井控面积，可得该井位置的EUR丰度，再进行空间网格插值计算与面积积分，得到区块内可采储量丰度平面分布图和可采储量（图6-2）。

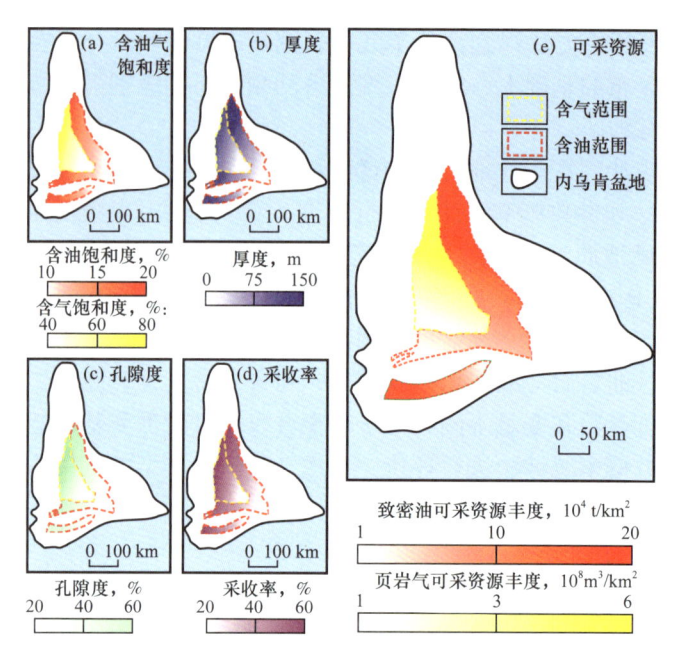

图 6-1　内乌肯盆地 Vaca Muerta 组致密油与页岩气评价参数与可采资源分布

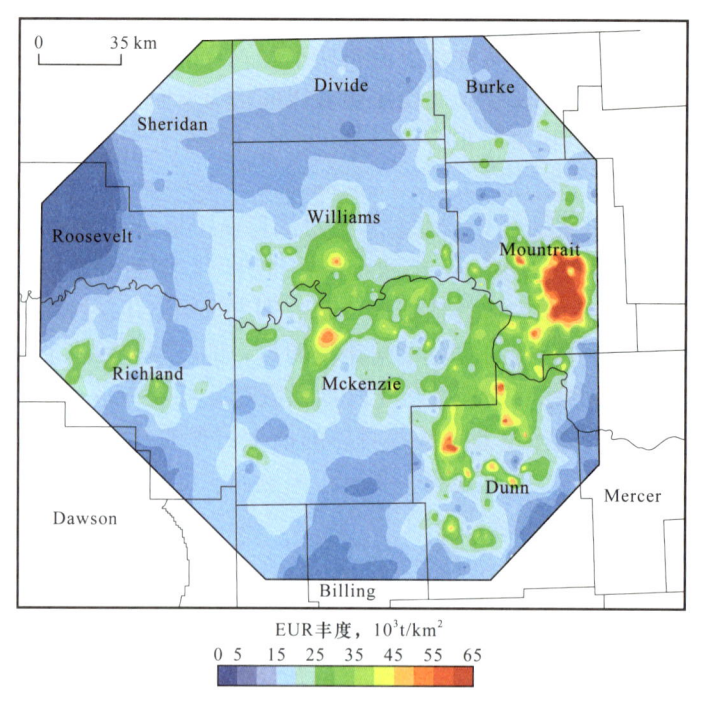

图 6-2　美国威利斯顿盆地 Bakken 组致密油 EUR 丰度图
（数据来自购置的 IHS 北美钻井数据库）

三、参数概率统计法

对一些勘探开发程度低，资料掌握少的盆地，直接采用参数概率统计法进行资源量计算。该方法以概率论为基础，以体积法为计算模型，将参与资源评价的各个参数视为随机变量，并要求参数之间相互独立，通过不确定性分析，利用蒙特卡罗法和体积法最终得出资源量的概率分布。估算结果为一条资源量概率分布曲线和按规定概率值估算的大、中、小值资源量。

第二节　全球非常规石油资源评价及潜力

一、重油、油砂

1. 勘探开发现状

重油定义为油藏温度下，黏度 100~10000mPa·s，10°<API<22.3° 的石油，属于最接近常规石油的非常规资源，在全世界分布较广但极不均衡。50% 以上的重油主要集中在美洲地区，而 80% 左右的油砂位于北美洲加拿大艾伯塔盆地。随着全球能源需求的加大，全球范围内重油、油砂资源也得到了足够的重视和实际使用，很多地方都已经实现成熟的重油油砂资源开发利用，年产量也在稳步增长[6]。

全球重油油砂的产区主要是美洲地区、中东地区和亚太地区。2011 年，全球的重油和油砂产量分别是 1090×10^4t 和 4060×10^4t，预计到 2035 年，年产量将提高至 1×10^8t 和 2×10^8t。从近 5 年的分大区重油和油砂产量上看，全球供应整体保持基本稳定的态势。据 Hart Energy 油气咨询公司统计，2011—2015 年，美洲地区的产量稳步上升，欧洲、中亚俄罗斯地区产量有所下降，其余地区基本保持平稳[1]。

加拿大是全球唯一进入大规模油砂商业化开采阶段的国家，据加拿大艾伯塔能源资源保护委员会（ERCB）和加拿大石油生产商协会（CAPP）统计，加拿大油砂开采 2011 年产量大约为 23×10^4bbl/d，2012 年增长到了 26×10^4bbl/d，2013 年继续较前年增长 2.7×10^4bbl/d，随后 2014 年再次增长，达到了近 32.7×10^4bbl/d，2015 年也基本保持该态势，预计到 2035 年将达到 72.7×10^4bbl/d。委内瑞拉尽管拥有了世界上储量最大的奥里诺克重油带，但自 2006 年实行了油气资源国有化，Pdvsa 的利润多半用于社会事业，导致公司用于油气投资额下降，国外石油公司也减少了投资，近几年石油产量大幅度下跌，2010 年，其重油产量为 15.2×10^4bbl/d，下降至 2014 年的 9.7×10^4bbl/d，而 2015 年只为 8.2×10^4bbl/d。

除加拿大油砂和委内瑞拉重油外，全球其他地区也有一定的重油、油砂开发，其中主要以美洲地区的墨西哥、巴西、美国为主。从 2010 年产量来看，除美国外其他两个国家均达到了 13.6×10^4bbl/d。另外中国也是重油主要生产国之一，其产量也达到了 8.2×10^4bbl/d。第三梯队应属中东各国，产量基本都在 2.7×10^4bbl/d 左右。

2. 资源形成条件

重油和油砂的富集需要广泛分布的优质烃源岩、大规模单一优质储层以及相对较差的保存条件。

1) 广泛分布的优质烃源岩

和常规石油一样，重油、油砂资源的形成需要广泛分布的优质烃源岩。只有具有大规模分布的优质烃源岩才能大规模进行生排烃，满足生成的石油进行长距离运移，在遭受降解和水洗等稠变作用后形成重油和油砂。而且，重油、油砂只有达到一定规模，才能满足经济性开采，这就要求烃源岩必须满足常规石油生成的条件。同时，烃源岩分布规模要大，以提供充足石油进行运移。优质烃源岩，为重油和油砂形成提供了充足的物质基础。以南美北部盆地为例，晚白垩世期间一次大的海侵形成了南美北部最重要的烃源岩——世界级的上白垩统浅海相烃源岩。但是由于各盆地所处的地理位置和经历的海侵时间不同，各盆地的烃源岩质量亦有所差异，整体上呈自南向北逐渐变好的趋势。正是南美北部各前陆盆地具有良好的生油条件，才为各盆地的重油成藏提供了丰富的物质基础。南美北部重油都属于源外成藏，重油带范围内无有效烃源岩，油气来自西部或北部凹陷区的生烃凹陷，多为浅海相泥岩，沉积厚度大（多在100m以上），有机质丰富（TOC为0.25%~11%），大多已成熟（R_o在0.4%以上），油源条件好。表6-1统计了全球主要重油、油砂盆地烃源岩参数，统计表明，重油、油砂富集盆地泥页岩具有以下特征：高有机质丰度，TOC>5%，最高达24.3%；有机质成熟度适中，0.5%<R_o<1.3%，烃源岩厚度大于20m，分布面积大于20000km²，占盆地面积大于44%。

表6-1 全球主要重油、油砂盆地烃源岩参数

参数	艾伯塔盆地	尤因他盆地	伏尔加—乌拉尔盆地	东委内瑞拉盆地	东西伯利亚盆地	马拉开波盆地
烃源岩年代	D, C	E	D, C	K	前寒武纪	K
有效面积，km²	132798	18067	357000	162060	707850	23000
盆地面积，km²	300000	24090	700000	219000	1500000	50000
页岩含量，%	44	75	51	74	55	46
厚度，m	25~135	24~90	60~160	35~130	80~300	150~610
TOC，%	2~24.3	1.6~21	12.4	2~6.0	3~15	5.6~16
R_o，%	>0.5	0.7~1.3	0.6~1.2	>0.5	0.5~0.9	0.8~1.2

2）大规模单一优质储层

重油、油砂的储层一般分布广，规模大，成岩程度低，大多处在未固结或未压实阶段。重油和油砂主要富集在一套主力储层，单一优质储层、集中分布的特征明显。如北美艾伯塔盆地Mannville群的三角洲前缘和浅海相砂岩，分布面积占盆地面积60%，储层埋藏浅，未固结和压实，孔隙度及渗透率高，连通性好，为油砂矿的形成和有效开采提供了得天独厚的条件；东委内瑞拉盆地主要分布在白垩系的Oficina组，储层以河流、三角洲相砂岩为主，部分浅海相砂岩。砂体呈大范围席状分布，储层自西部前渊带向东部斜坡带逐渐变薄，直至尖灭于圭亚那地盾。岩性以中粒石英砂岩为主，其次为细砂岩，普遍埋深较浅，平均埋深1832~2670m，最浅仅61m；胶结程度低，物性极好，高孔高渗，平均孔隙度17%以上，最高可达35%，平均渗透率433mD以上，最高达10000mD。此外，根据美洲重油、油砂储层特征统计表明，其重油、油砂储层还具有如下特征：单个油藏储层有效厚度10~275m，有效孔隙度为10%以上，含油饱和度为50%以上，大多储层未固结或未压实（表6-2）。

表 6-2 美洲重油与油砂储层特征参数统计表

重油、油砂盆地	成藏组合	有效厚度 m	有效孔隙度 %	含油饱和度 %	重度 °API	地层年代
坎波斯	上白垩统—古近系	61	26		16	K—E
桑托斯	上白垩统—古近系	70	26	80	80	K—E
圣埃斯皮力图	Urucutuca	34	22	72	15.2	K—E
	Regencia	15	20	70	17.5	K
	Sao Mateus	40	18	72	15	K
圣乔治	白垩系—古近系	18	22	50	17	K—E
波蒂瓜尔	ACU	20	30	70	17	K
赛尔希培—阿拉格斯	白垩系—古近系	45	22	65	18	K—E
东委内瑞拉	Oficina	15~240	28~35	85~95	7~20	N_1
马拉开波	Icotea	10~80	11~25	80~85	10~20	E_3
	Misoa	10~90	10~31	75~85	10~20	E_2
	Lagunillas	20~150	11~30	70~80	10~20	N_1
巴里纳斯—阿普雷	Gufita–Carbonera	5~50	10~28	60~70	10~20	E_3—N_1
	Gobernador	10~50	10~22	60~70	10~20	E_2
亚诺斯	Carbonera	4~40	15~30	60~75	10~20	E_3—N_1
	Guadalupe–Gacheta	8~50	10~30	60~75	10~20	K
普图马约—奥瑞特	Napo–Villeta	5~130	8~26	60~80	10~20	K
	Hollin–Caballos	5~80	15~25	60~70	10~20	K
马拉农	Vivian–Chonta	5~80	12~25	70~80	10~20	K
中玛格达莱纳	Colorado–Mugrosa	5~80	20~30	60~70	10~20	E_3
	Chorro–Avechucos	5~100	15~30	65~75	10~20	E_2
内乌肯	白垩系	5~160	15~25	60~75	10~20	K
	侏罗系	20~275	5~20	65~75	10~20	J
西加拿大（油砂）	Mannville	55	30	72	9	K

3）保存条件相对较差

重油油田和油砂矿的形成，其本质是在生油母质丰富，有机质丰度高、成熟度适中、优质储层规模分布条件下，生成的油气二次远距离运移，由于盖层缺失或封闭性能差，不能形成常规油气藏，经历生物降解和水洗作用，原油稠变程度高，最终形成重油和油砂。上述机理也造成重油和油砂常分布在盆地边缘、凸起边缘或者浅层等保存条件相对较差部位。例如，马拉开波盆地重油围绕盆地边缘形成典型的重油环带，伊朗 Ferdows 油田大于 3000m 胡夫组普遍富集天然气，但在 Fahliyan 组（深度范围 1000~4500m）浅层（1000~2000m 深度）以及深度范围在 1036~4075m 的 Dariyan，在 1000~1500m 的层位，富集 API 度为 8°~16° 的重油。

4）重油和油砂运聚模式

重油和油砂运移具有长距离、多路径和阶梯式的特征。石油从前渊带生烃凹陷运移到斜坡带聚集，经历了较长的运移距离，整个运移距离 50~200km。运移通道以断层和不整合为主，连通性砂岩亦有重要作用。从生烃凹陷向斜坡带的石油运移以断层和不整合为主，自斜坡带向重油带的石油运移以不整合和层内砂岩为主，断层在石油聚集的过程中起贯通储层的作用。随着运移距离的增加，原油的性质也随之发生变化，在运移路径上，从凹陷区向重油带，呈现出常规油、中质油和重油（油砂）依次分布的特征（图 6-3）。

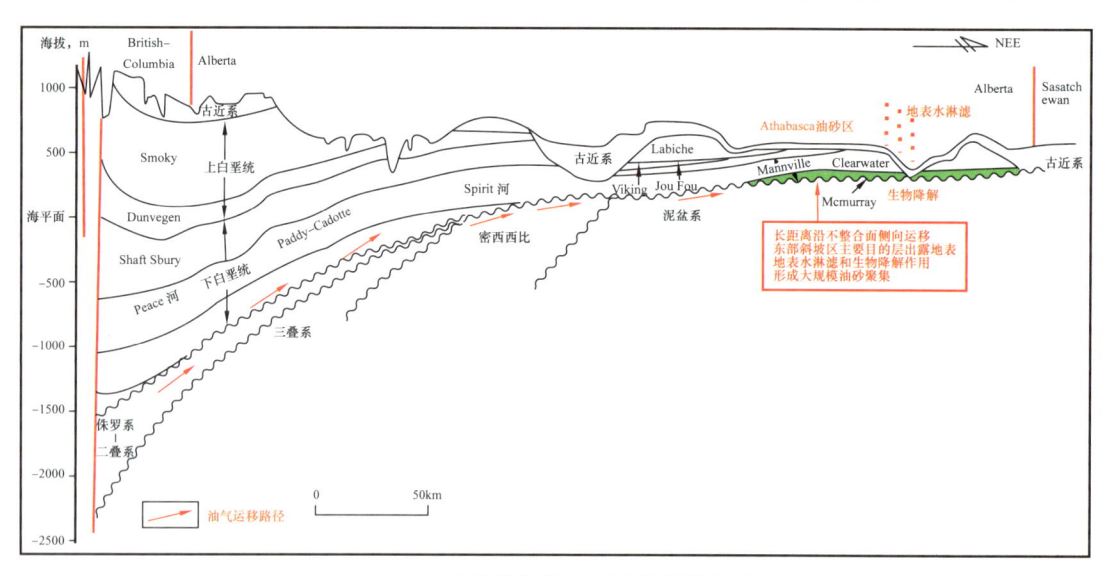

图 6-3 艾伯塔盆地油砂区成藏模式图

5）重油和油砂形成时间晚、埋藏浅、经历稠变作用

重油和油砂的形成时间因素是首要的，既然是"残余型"资源，必然遭受严重的蚀变改造，经历的时间越晚，保留下来的量就越多。全球油砂资源 95% 以上都分布在白垩纪之后沉积的地层中，只有东西伯利亚盆地油砂聚集在古生代地层中，但它虽然数量巨大，但整体含油率较低，可采性很差。白垩纪以来发生较大规模的油气运移与主要烃源岩分布时代有关，新生代油气的持续生成和充注是提高油砂可动性的必要条件，所以油砂具有必要的"晚期形成"特征。

从本次评价结果看，全球 80% 以上的重油和油砂资源集中在白垩系和古近—新近系。东西伯利亚中有利的油砂埋深在 1000m 以内，东委内瑞拉盆地的重油埋深在 100~2000m 之间，艾伯塔盆地的油砂则更浅，基本都小于 200m，更有大部分直接出露地表。主要盖层为上白垩统和古近系浅海相泥岩，层间泥岩和沥青塞也对局部的聚集起到控制作用。由于储层埋深较浅，在浅层油藏盖层的封闭性能变差的情况下，易于使富氧地表水进入油藏，加剧石油降解。重油和油砂带所处的前陆斜坡背景决定了其圈闭类型以地层相关圈闭为主。这种非构造油藏特点造就盆地中有利圈闭能大规模、连片分布，有利于重油和油砂大规模成藏。

从以上分析可知，现今富集的重油、油砂盆地具有优质的烃源岩，以单套主力优质储层为主，生成的大规模油气由断层、不整合和连通砂岩长距离和阶梯式运移到长期处于正向上升背景的良好成藏场所，储集在具有优越储盖组合地区，后期虽遭受破坏，但破坏时间晚，总体得以保存，在运移和聚集过程中经历了以生物降解为代表的多种稠变机制的作用。多种因素的共同作用，造就了现今全球重油和油砂聚集区。

3. 资源评价与潜力

1）重油资源

本次对全球63个盆地的85个含重油层系进行了评价，评价方法主要采用改进体积法和参数概率法相结合[7]。通过此次评价，揭示全球重油可采资源总量为1267.35×10^8t。

全球重油可采资源主要富集于被动大陆边缘盆地和前陆盆地，占总可采资源84%；富集地层以古近系为主，白垩系、新近系和侏罗系次之。本次评价全球重油主要分布于美洲地区，可采资源量为726.8×10^8t，南美洲和北美洲分别为32.30%和25.07%；其次为中东地区，可采资源量约176.70×10^8t，占总数的13.94%；亚洲、俄罗斯、欧洲以及非洲地区则较少（表6-3）。

表6-3　全球重油资源评价结果

地区	盆地个数	层系个数	可采资源量 10^8t	地质资源量 10^8t	平均可采系数 %	可采资源总占比 %
南美	14	18	409.19	4092	10.00	32.30
北美	13	14	317.71	3177	10.00	25.07
中东	2	5	176.70	1208	14.63	13.94
亚洲	10	8	129.79	502	25.83	10.24
俄罗斯	6	13	88.15	449	19.61	6.96
欧洲	9	17	82.44	224	36.82	6.50
非洲	9	10	63.37	259	24.46	5.00
大洋洲	—	—	—	—	—	—

2）油砂资源

油砂属于油与岩石混合物中的油，本次定义为油藏温度下，黏度大于10000mPa·s，相对密度大于1，API<10°的石油。对全球28个盆地的35个层系进行了评价，油砂可采资源量641×10^8t（表6-4）[8]。

油砂可采资源主要富集的盆地类型为前陆盆地，占总可采资源78%，其次为克拉通盆地；主要富集地层为白垩系，古近系次之。在地区分布上，油砂主要分布于北美洲，其可采资源量为394.47×10^8t，占总数的61.58%；俄罗斯地区也有大量的油砂资源富集，可采资源量为156.31×10^8t，占全球油砂总量的24.39%；亚洲、欧洲以及非洲资源量相对较少。另外，南美洲的东委内瑞拉盆地、马拉开波盆地也有油砂富集，由于这些油砂资源与超重油共存，因此很难将其分开，本次统一归到重油资源内计算。

表6-4 全球油砂资源评价结果

地区	盆地个数	层系个数	可采资源量 10^8t	地质资源量 10^8t	平均可采系数 %	可采资源总占比 %
北美	8	8	394.47	3947	10.00	61.58
俄罗斯	8	15	156.31	599.07	26.09	24.39
亚洲	2	2	48.28	273.20	17.69	3.90
非洲	4	4	24.41	139.67	17.51	3.81
欧洲	6	9	17.54	53.60	32.76	2.74

二、致密油/页岩油

1. 勘探开发现状

致密油定义为聚集于泥岩或页岩生油岩内、夹层中及其顶底部接触层中，储层主要为致密泥岩、页岩和碳酸盐岩，渗透率小于1mD，必须经过大型压裂改造等措施，才能获得经济产量的连续聚集石油。致密油的定义目前国际上已经取得共识，既指富集在致密储集砂岩和碳酸盐岩内的石油，也包括富集在页岩中未排出的页岩油。但北美所有生产致密油和页岩油的层段，无一例外的都是致密油和页岩油的层段以高频率薄层段互层，因此本次致密油的定义采用目前国内学者逐渐认可的广义致密油概念[9, 10]。

随着勘探理论和技术的进步，常规石油被大量发现，其潜在未发现石油资源已大幅降低。而非常规石油勘探开发的接连突破，也证实其巨大潜力。作为非常规石油中最接近常规石油的资源，致密油迎来了全球范围内的勘探开发热潮，而且在2009年北美洲致密油勘探开发就获得了历史性突破，随后带动全球致密油产量大幅上涨[11]。

2014年，全球致密油产量为$2×10^8t$，主要集中在北美地区，其中美国的产量为$1.74×10^8t$，其次为加拿大。而俄罗斯、阿根廷、墨西哥、中国、澳大利亚等国家也对致密油也非常关注，有一定的致密油产量，虽然目前在总量上占比仍较小，但未来潜力不容小觑。

就美国而言，其致密油平均日产已达到$47.7×10^4t/d$，占到美国石油总产量的30%。虽然2015年进入低油价情形，但其产量并未出现明显下滑，仅是从快速增加变为平稳有升的局面，可见致密油的重要性已经在一定程度上可与常规油气相比。美国威利斯顿盆地Bakken组和海湾盆地（美国鹰滩所在的盆地正式名称）Eagle Ford组致密油2014年第三、四季度日产均超过$13.6×10^4t/d$，而且产量仍在维持增长，预计油价回升以后，到2030年达到致密油产能高峰，日产量预测将达到$103.7×10^4t/d$，占当年全球石油供应量的9%。

2. 资源形成条件

关于致密油资源的形成条件，学者已经做过大量比较深入的研究，且总体认识基本一致，对致密油发育特征比较统一的认识主要有以下四个方面：

（1）大面积连续分布的致密储层。致密油一般规模较大，在平面上分布广泛，为同一时期大面积的沉积。

（2）宽缓的构造背景。原始沉积时，构造较为平缓，坡度也较小；现今地层一般也较为平缓，但前陆冲断带附近等区域地层倾角可以较大。

（3）广泛发育成熟的优质烃源岩。烃源岩是生油的基础，也是致密油形成的必要条件。

（4）致密储层与油源岩紧邻。致密储层与油源岩垂向上紧邻或呈交互状，否则石油很难充注进致密储层中。

通过总结前人对致密油的典型特征刻画，也可以总结出致密油具有最主要的七个典型特征：

（1）孔隙间喉道主要以纳米级为主。岩层中孔隙和喉道半径均比常规储层小，喉道半径尤为明显。

（2）石油在致密油层系中以短距离运移为主。储层渗透率极低，不利于石油的运移。

（3）具有一定异常压力。致密油主要是通过源储压力差进入到邻近储集空间中，孔隙压力大，若同时发育裂缝，可获得高产。

（4）非浮力聚集。致密油层系中油水分布复杂，几乎不分异。

（5）非达西渗流为主。石油的注入需要启动压力，当驱动力大于启动压力时，石油才会充注。

（6）致密油分布不受圈闭控制，由于其致密性，石油储集在其自身内部，若无浮力以外作用力，几乎不发生运移。

（7）需要水平井与分段压裂技术结合才能经济开采。作为非常规石油资源，其明显区别于常规石油资源的特征就是常规开采手段现今无法经济有效的规模开采致密油资源。

此外，在北美典型致密油区测井和岩心资料基础上，按照空间上致密油产层与优质烃源层的关系，以及储层优劣程度，可以将致密油划分为 5 种主要的地层组合类型，分别为：源间式、互层式、嵌泥式、嵌砂式、厚层式（图 6-4）。

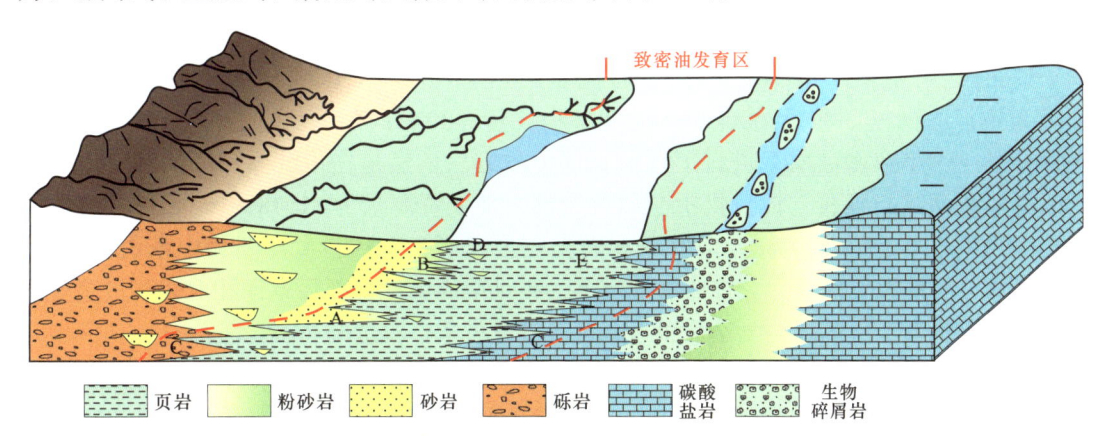

图 6-4 不同地层组合致密油发育模式图
A—源间式；B—互层式；C—嵌泥式；D—嵌砂式；E—厚层式

本次分析了北美 19 个典型致密油产区，统计超过 2 万口致密油井产量数据，结果表明：无论是生产规模还是单井平均产能上，源间式和互层式最好，嵌泥式次之，嵌砂式和厚层式最差。

致密油地层组合类型与致密油开发有效性密切相关。北美致密油产量前十个产层为

（图6-5）：海湾盆地Eagle Ford组（互层式）、威利斯顿Bakken组（源间式）、二叠盆地Wolfberry-Wolfcamp组（互层式），丹佛盆地Niobrara组（嵌泥式），西加盆地Cardium组（源间式），阿纳达科盆地Granite Wash组（嵌泥式），二叠盆地Bone Spring组（嵌泥式），阿巴拉契亚盆地Utica组（嵌砂式），阿纳达科盆地Cleveland组（嵌泥式），艾伯塔盆地Viking组（源间式）。从产量规模上看，主要有效致密油产层地层组合依次为源间式、互层式和嵌泥式。中国致密油属于起步阶段，最主要产区是鄂尔多斯盆地延长组致密油，以源间式为主，年产量超过百万吨，其他产区四川盆地大安寨组致密油也有一定产量。而松辽盆地青山口组致密油，准噶尔盆地吉木萨尔凹陷芦草沟组致密油，渤海湾盆地束鹿凹陷致密油，均未获得实质性突破，少有产量。

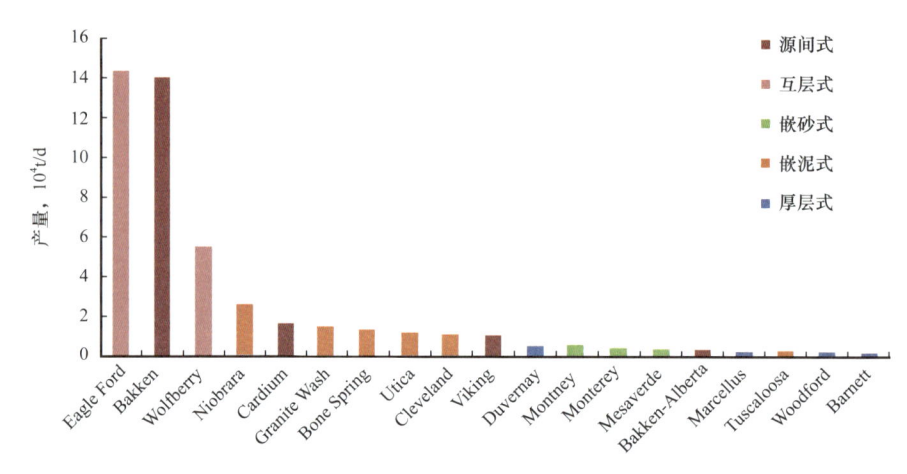

图6-5 北美致密油产量分布
（数据来自Hartenergy数据库，2014）

3. 资源评价与潜力

在全球含油气盆地内按照以下7个标准筛选评价区[12,13]：孔隙度≤12%，渗透率≤12mD；有机质丰度TOC≥1%；有机质成熟0.5%<R_o<1.3%；有机质类型以Ⅰ和Ⅱ型为主；含油气面积>1000km²；脆性矿物含量≥30%；存在一定超压。共对全球78个盆地的115个致密油层系进行了评价。评价的方法依然是在传统体积法的基础上，采用改进体积法进行评价。评价揭示全球致密油总地质资源量为11218×10⁸t，可采资源量414×10⁸t（表6-5）。北美洲、俄罗斯和南美洲占比高，欧洲、大洋洲和中东占比较低。前陆盆地、大陆裂谷盆地、克拉通盆地较多，被动陆缘盆地和弧后盆地相对较少；主要富集层系为侏罗系、白垩系、泥盆系和志留系，占总可采资源量的80%以上。

三、油页岩油

油页岩是一种高灰分的固体可燃有机矿产，有机质含量较高，低温干馏可获得页岩油，其含油率大于3.5%，发热量一般大于4.18MJ/kg。全球油页岩资源丰富，其矿藏遍布世界各地，但是分布并不均匀。根据世界能源委员会的最新统计数据表明，全球共有300多个油页岩矿藏，分布于40个国家，油页岩的资源储量换算成油页岩油可达到8229.669×10⁸t，是石油资源量的4倍。美国是油页岩油资源储量最多的国家，其油页岩油资源储量占全世界的38%[14]。

表 6-5 全球致密油资源评价结果

地区	盆地个数	层系个数	可采资源量 10^8t	地质资源量 10^8t	平均可采系数 %	可采资源总占比 %
北美洲	20	37	91	2540	3.58	22.01
俄罗斯	2	3	77	1555	4.95	18.65
南美洲	12	13	68	1954	3.48	16.45
亚洲	15	18	79	1336	2.17	7.02
非洲	10	13	42	1191	3.57	10.29
欧洲	10	15	26	700	3.69	6.25
大洋洲	6	8	18	871	2.07	4.36
中东	3	8	13	357	3.51	3.04

油页岩油产量高的国家主要有爱沙尼亚、俄罗斯、巴西、中国和德国。有数据表明，世界油页岩的产量经历了两个高峰期，其中第二个高峰期是在 1980 年，产量达到 4540×10^4t 的历史高峰，此后产量基本上一路下滑，到 2000 年，产量只有 1600×10^4t。在综合利用方面，世界各个国家都非常重视油页岩的开发和利用。目前，世界上有 69% 的油页岩用于流化床锅炉燃烧来发热、发电，25% 的油页岩经各种干馏发生炉来提炼油页岩油，只有 6% 的油页岩用于建筑、农业等方面。

整体上，油页岩的勘探开发利用处于起步阶段，目前只有爱沙尼亚、中国和巴西针对油页岩已经建产外，其他地区都尚未规模开发。

1. 全球油页岩开发技术现状

油页岩开发技术主要有两种方式：直接开采和开发新技术。直接开采又包括露天开采和井下开采。露天开采适合于埋藏较浅的矿床，成本低，安全系数高；井下开采有竖井、水平坑道采矿两种方式，适合于开采埋藏较深的矿床。开发新技术包括原位处理和干馏技术。由于埋藏较深、厚度较薄的油页岩矿不适合采用地表或深部开采的方法，因此可以通过原位处理技术制成干酪根油。原位处理又包括真实原位、模拟原位、混合法三种技术。

近几年来壳牌石油公司研发的油页岩地下转换工艺（简称 ICP）技术是一种新的油页岩开采方法，通过加热、裂解、冶炼等步骤将石油从油页岩中在地下就可以直接提取出来，做到对环境的最大保护。

地表处理通常有两种方法。地下开采地表干馏：在该处理过程中，油页岩矿石被采出来传送到地面粉碎，然后在地面干馏器中加热以生成气体和流体，经过这个阶段处理后的油页岩被就地销毁或运送到别的处理区；地表开采地表干馏：在该过程中，油页岩矿石被地表敞口采矿机开采、冲洗，进而在干馏器中处理。

2. 资源形成条件

油页岩等腐泥岩的生成过程分三个阶段：原始物质先转变为腐胶质，再转化为腐泥，然后转化为腐泥岩。根据油页岩的分布特征及组合规律，归纳总结出油页岩形成的有利条件包括：温暖的气候条件（物源充足）、有利的沉积环境（水动力较小，水体较深）、相对稳定的构造条件以及恰当的水介质条件（表6-6）。

表6-6 油页岩形成的地理环境与条件

构造条件	盆地构造类型	陆台内部坳陷为主，山前和山后坳陷次之
	构造活动性质	稳定下降运动
	构造运动旋回中的位置	主要出于构造运动旋回中的中、晚期
沉积条件	盆地水体类型	湖盆、沼泽地、海水半封闭的盆地
	沉积岩相	出于稳定水体的中心地带
	沉积物组合	主要为黏土质岩石
古气候条件	温暖潮湿	
水介质条件	咸度	咸水或淡水
	酸碱度	中性、弱碱
	还原环境	强—弱

表6-7 全球油页岩资源评价结果

地区	盆地个数	层系个数	可采资源量 10^8t	地质资源量 10^8t	平均可采系数 %	可采资源总占比 %
北美	15	15	699	3279	21.31	33.29
俄罗斯	3	3	570	1927	29.61	27.18
南美	5	5	150	280	53.64	7.14
欧洲	2	2	354	2334	15.15	16.85
亚洲	7	9	120	137	87.59	<0.1
中东	2	3	102	176	58.12	4.88
非洲	1	3	68	115	59.49	3.25
大洋洲	3	2	36	97	37.02	1.71

3. 资源评价与潜力

本次对全球38个盆地42个油页岩层系进行了评价，评价方法采用了传统的体积法和GIS空间图形插值法相结合，对于资料详实，满足GIS空间图形插值法进行计算的盆地，采用GIS空间图形插值法；而对于资料较少，研究程度较低的盆地，则采用传统的体积法计算。本次评价揭示全球油页岩油可采资源量超过2099×10^8t，油页岩油可采资源主要分布在北美、俄罗斯、欧洲和南美（表6-7）；国家分布排在前四名的为美国664×10^8t，俄罗斯570×10^8t，白俄罗斯189×10^8t，巴西150×10^8t。

第三节　全球非常规天然气资源评价及潜力

一、页岩气

1. 勘探开发现状

页岩气特指赋存于富有机质页岩中，页岩组合层系内的天然气。富有机质页岩地层系统以富有机质页岩为主，由薄的粉砂岩、砂岩、碳酸盐岩等夹层组成。美国是全球页岩气发现最早、开发最成功的地区。早在1821年，第一口商业性页岩气井完钻于美国纽约州 Chautauqua 县 Fredonia 镇附近的泥盆系 Perrysbury 组 Dunkirk 页岩，比第一口油井早38年。但因产量低、效益差，页岩气开发进展缓慢，直到1999年美国页岩气产量才突破 $100 \times 10^8 m^3$。

21世纪以来，随着水平井钻探和分段压裂技术日臻成熟，美国页岩气勘探开发取得突破性进展，产量进入快速增长期。2005年美国页岩气产量突破 $200 \times 10^8 m^3$，2008年突破 $600 \times 10^8 m^3$，2009年，在页岩气的助推下，美国超过俄罗斯成为世界第一大天然气生产国。2012年页岩气产量达到 $2750 \times 10^8 m^3$，约占美国天然气总产量的40%。美国能源信息署（EIA）2014年12月的数据显示，美国页岩气年产量由2007年的 $366 \times 10^8 m^3$，快速增长到2013年的 $2935 \times 10^8 m^3$，2014年页岩气产量为 $3740 \times 10^8 m^3$，占美国干气年产量近50%。

继美国之后，加拿大是第二个进行页岩气勘探开发的国家，商业开采已取得一定进展。2007年加拿大第一个商业性页岩气藏在不列颠哥伦比亚省东北部投入开发。目前，已发现 Montney、Horn River、Colorado、Utica、Muskwa 和 Duvernay 等多套产气页岩层系，其中 Montney 产量占80%。加拿大页岩气资源主要集中在西部地区，该地区与美国西部地区地质条件相似，在美国发展起来的成熟技术适合当地的开发条件，这也是加拿大页岩气能够快速发展的主要原因。2006年加拿大页岩气年产量约为 $1000 \times 10^4 m^3$，2009年页岩气产量达到 $72 \times 10^8 m^3$，2014年为 $380 \times 10^8 m^3$，占当年加拿大天然气总产量的21.4%。2015年到2017年，加拿大页岩气产量稳定维持在 $400 \times 10^8 m^3$ 左右。

随着美国页岩气开发取得巨大成功，中国政府和石油企业开始重视并逐步开展页岩气勘探开发工作。目前，中国页岩气发展迅速，已成为全球第三个实现页岩气商业化开采的国家。中国自2010年中国产出第一立方米页岩气起，中国的页岩气开发就已经驶入了快车道。从2012年的 $1 \times 10^8 m^3$，到2014年的 $12.47 \times 10^8 m^3$，再到2015年超过 $40 \times 10^8 m^3$。截至2017年底，我国页岩气产量达到 $80 \times 10^8 m^3$，仅次于美国、加拿大，位于世界第三位，实现了量和质的飞跃[15, 16]。

美国页岩气开发的成功经验表明，页岩气资源的经济有效开采是以水平井的推广应用和网络压裂技术突破为标志的，同时也是众多专业领域技术集成应用的成功案例，主要得益于微地震监测、水平井压裂钻完井、平台式"工厂化"生产、"人工油气藏"开发等4项核心理论技术的重大进步。而在整个技术链中，水平井分段压裂技术处于中心地位。

2. 资源形成条件

很多学者对页岩气富集的主控因素进行过研究，主要包括地质因素和外部因素。地质因素是决定页岩气成藏的主要因素,外部因素则是决定页岩气藏是否具有经济开采的主要因素。地质因素包括有机质丰度、有机质热成熟度、有机质类型、孔隙度、渗透率、裂缝发育程度、页岩有效厚度以及矿物组成成分等,外部因素则主要指的是埋深、温度、地层压力等。

1) 地质因素

(1) 富气页岩普遍有机质丰度较高,一般大于2%。统计分析揭示美国典型富气页岩具有高有机质丰度、高有机质演化程度,以Ⅱ型和Ⅲ型干酪根类型为主。泥质页岩的有机碳含量变化范围较大,例如美国福特沃斯、阿克玛、海湾、密歇根、阿巴拉契亚等5个页岩气主产盆地页岩总有机碳含量范围在0.5%~25%。虽然页岩总有机碳含量在0.5%以上就具有一定的生气潜力,但生产实践表明,页岩总有机碳含量大于2%时才有工业价值。有机质丰度随岩性而变化,富含黏土质的地层最高,未成熟的露头样品高于成熟的地下样品。在常规油气区,TOC生油气下限为0.5%,较好的烃源岩TOC一般大于0.6%,表6-8为美国主要页岩气盆地的有机地球化学指标,各套页岩TOC明显高于常规油气藏。

(2) 富气页岩有机质进入大量生气期,演化程度高,R_o普遍大于1.1%。成熟度是确定有机质生油、生气或有机质向烃类转化程度的关键指标。按照Tissot有机质演化阶段划分方案,$R_o<0.5\%\sim0.7\%$为成岩作用阶段,烃源岩处于未成熟或低成熟作用阶段;$0.5\%\sim0.7\%<R_o<1.3\%$为深成热解阶段,处于生油窗内;$1.3\%<R_o<2.0\%$为深成热解作用阶段的湿气和凝析油带;$R_o>2\%$为后成岩作用阶段,处于干气带,生成烃类是甲烷。当然对于不同干酪根类型进入湿气阶段的界限,有一定差异,一般R_o在1.2%~1.4%范围内。

美国页岩气绝大部分为热成因型,生物成因类型页岩气藏开采较少,只有热成熟度达到一定程度才能进入生气窗口,进而聚集成藏,最佳生产窗口为R_o值1.35%~3.5%。美国产气页岩的热成熟度从0.4%~4%均有分布(表6-8),但产气地区的R_o一般均在1.1%以上。例如福特沃斯盆地巴内特页岩热成熟度从西部向东北部增加,产区相应分为油区、湿气区、干气区,绝大部分气井分布在R_o大于1.2%的范围内。

表6-8 美国主要页岩气盆地地球化学参数表(数据来自EIA、USGS、C&C、Tellus)

盆地名称	福特沃斯	阿克玛	阿巴拉契亚	阿纳达科	海湾	东得克萨斯
页岩名称	巴内特	费耶特维尔	马塞勒斯	沃特福德	鹰滩	海内斯维尔
面积,km²	12944	23300	245944	28478	35000	23300
埋深,m	1981~2591	305~2134	1219~2591	1829~3353	1200~3720	3200~4115
有效厚度,m	30~183	6~61	15~61	37~67	45~90	60~90
有机碳含量,%	3.3~4.5	4.0~9.8	2.0~15	2.0~14	2.0~8.5	0.5~4.0
成熟度,%	1.1~2.0	1.2~4.5	0.9~3.0	1.1~3.0	0.8~1.6	1.2~2.4

(3) 干酪根类型以Ⅱ型和Ⅲ型为主。美国产气页岩的干酪根以Ⅱ型与Ⅲ型干酪根为主。美国西部前陆盆地页岩均在海相环境中沉积,主要为Ⅱ型干酪根。干酪根的类型不但对岩石的生烃能力有一定的影响,还可以影响天然气的吸附率和扩散率。Ⅰ型干酪根的生

烃能力和吸附能力一般高于Ⅱ型和Ⅲ型干酪根。

（4）储层发育多种类型微孔，低孔低渗。页岩气藏发育的泥页岩主要为暗色或黑色细粒沉积层，呈薄层状或块状，页岩本身既是烃源岩又是储层。生物化学生气阶段，天然气首先吸附在有机质和岩石颗粒表面，原位滞留饱和后，过饱和的天然气以游离相或溶解相向外初次运移。达到热裂解生气阶段时，大量天然气的生成使岩石内部压力升高，沿应力集中面、岩性接触过渡面或脆性薄弱面产生裂缝，除吸附在有机质和岩石颗粒表面页岩气外，一部分以游离相存于粒内、粒间孔或裂缝中，一部分二次运移到常规地层，形成致密砂岩气藏或常规天然气藏。

美国典型页岩薄片分析揭示页岩孔隙主要分为粒间孔、粒内孔和有机质孔三种类型，巴内特页岩、费耶斯维尔页岩、沃特福德页岩以有机质孔隙为主，海内斯维尔页岩和Bossier页岩以粒内孔为主，鹰滩页岩有机质孔和粒间孔隙都发育，New Albany页岩以粒间孔为主。

页岩储层为特低孔渗储层，以发育多种类型微孔为特征。孔隙小于2μm，比表面积大、结构复杂，丰富的内表面积可以通过吸附方式储存大量气体。一般页岩的基质孔隙度为2%~10%，产气页岩多为5%，渗透率受构造背景及页岩脆性矿物含量、页岩内薄砂岩夹层等影响，一般小于0.1mD，大部分在0.05~3mD之间，储层物性评价在常规油气储层内属于特低孔低渗（表6-9）。

表6-9 美国主要页岩层物性统计表（数据来自EIA、USGS、C&C）

页岩名称	年代	基质渗透率，mD	孔隙度，%	孔喉直径，μm	储层埋深，m
巴内特	早石炭世	0.05~0.1	2~8	<0.7	1980~2590
费耶特维尔	早石炭世	0~0.1	2~6	<0.1	1500~2400
沃特福德	晚泥盆世	0~0.7	2~4	<0.4	1800~3960
鹰滩	晚白垩世	0.7~3.0	2~10	<2.0	1200~3720
海内斯维尔	晚侏罗世/早白垩世	0~5	2~10	<0.7	3200~4115

（5）脆性矿物含量高，以硅质或钙质矿物为主，易于压裂开发。裂缝的发育可以为页岩气提供充足的储集空间，也可为页岩气提供运移通道，更能有效提高页岩气产量。在不发育裂隙情况下，页岩渗透能力非常低。石英含量的高低是影响裂缝发育的重要因素，富含石英的黑色泥页岩段脆性好，裂缝的发育程度比富含方解石的泥页岩更强。页岩气勘探必须寻找能够压裂成缝的页岩，即页岩的黏土矿物含量足够低（<50%）、脆性矿物含量丰富，使其易于成功压裂。美国9套产气页岩脆性物质含量均大于55%、黏土矿物含量小于45%（表6-10），脆性物质含量最高的鹰滩页岩也更容易实施水力压裂措施。

2）外部因素

（1）地层一般为超压体系。由于纳米级孔隙油气以滞流为主，超压的存在，可以驱动油气聚集。而泥页岩的快速沉积形成的欠压实作用以及新生流体增压作用都可以导致孔隙度异常和流体压力的异常增高。富有机质页岩中干酪根在热演化过程中生成的产物，会产生增压作用，生成流体体积超过干酪根体积的25%，从而形成局部的高压。

表6-10 美国主要页岩层矿物含量统计表（数据来自EIA、USGS、C&C）

页岩名称	脆性物质含量，% 最小	最大	平均	黏土矿物含量，% 最小	最大	平均	孔隙度 %	裂缝发育程度
巴内特	50	60	55	40	50	45	2～8	较发育
费耶特维尔	54	70	62	32	45	38	2～6	较发育
沃特福德	75	85	80	15	25	20	2～4	较发育
鹰滩	80	90	85	10	20	15	2～10	一般
海内斯维尔	66	80	73	20	35	27	2～10	一般
路易斯	55	65	60	35	45	40	1～3.5	较发育
新奥尔巴尼	60	70	65	30	40	35	3～7	较发育
安特里姆	60	70	65	30	40	35	2～4	较发育
马赛勒斯	60	70	65	30	40	35	2～7	一般

资料显示，美国西部几套产气页岩地层压力大多为超压，压力系数介于1.0～1.8之间。页岩气藏地层的超压形成机制目前还存在争议，一种认为超压是由生烃作用引起；另一种认为是由于页岩孔隙的毛细管阻力较大，地层构造抬升后，页岩中原来的正常压力保存很好，由于现今埋藏较浅，其压力就显得比正常压力大。常规的泥岩中的超压是成熟油气发生初次运移的动力。页岩中的异常高压一方面提高了开采过程中天然气的流速，另一方面，在压裂过程中，异常高压能够与水力作用"里应外合"，使压开的裂缝朝井眼方向汇集，从而提高压裂开采效率。

（2）页岩储层广覆式大面积分布。页岩气藏中的泥页岩首先是烃源岩，其次才是页岩气藏的储层和盖层。因此，烃源岩在平面上的分布面积和剖面上的厚度是决定页岩气藏资源潜力的关键要素之一。页岩厚度控制着页岩气藏的经济效益，有效页岩厚度越大，尤其是连续有效厚度越大，有机质含量越多，页岩气的富集程度也就越高。商业开发的页岩气藏储层厚度一般在30m以上，页岩有效厚度的下限可随有机碳含量的增加和成熟度的提高适当降低。美国主要产气页岩盆地资料表明，页岩气储层的厚度均值一般为30～90m，其中单井产气量较高的巴内特页岩和路易斯页岩平均厚度均在30m以上。巴内特页岩核心产区页岩厚度均在80m以上，沉积最厚的地区达到近300m（表6-11）。此外，有效页岩分布的面积及所富集盆地的面积比值，也能反映页岩分布的规模，北美主要页岩的分布面积普遍在（1～3）×10^{4}km^2，分布面积普遍占盆地总面积的40%以上，属于广覆式分布的页岩气储层。

3. 资源评价与潜力

在全球含油气盆地内按照以下7个标准筛选评价区：TOC>2%，R_o为1.3%～3.5%，有效厚度>15m，孔隙度>2%，脆性矿物含量>30%，埋深<5000m，含气面积≥50km^2。本次对全球8个地区的65个盆地89个层系进行了评价，评价依然采用改进体积法、EUR丰度法和参数概率法相结合的评价体系，评价揭示：页岩气可采资源量为161.5×10^{12}m^3（表6-12）。

表 6-11 美国主要页岩层矿物含量统计表（数据来自 EIA、USGS、C&C）

页岩名称	年代	盆地名	页岩面积 km²	盆地面积 km²	页岩面积/盆地面积	页岩厚度 m
巴内特	早石炭世	福特沃斯	7500	12950	0.58	90
费耶特维尔	早石炭世	阿克玛	15500	33800	0.46	30
沃特福德	晚泥盆世	阿克玛	13500	33800	0.4	45
鹰滩	晚白垩世	海湾	30000	51799	0.58	60
海内斯维尔	晚侏罗世/早白垩世	东得克萨斯	23300	23500	0.99	80

表 6-12 全球页岩气资源评价结果

地区	盆地个数	层系个数	可采资源量 $10^{12}m^3$	地质资源量 $10^{12}m^3$	平均可采系数，%	可采资源总占比，%
北美	20	29	34	136	25	21.12
亚洲	10	10	26	108	24.07	16.15
俄罗斯	3	4	15	53	28.30	9.32
中东	4	8	21	94	22.34	13.04
非洲	6	9	19	73	26.03	11.80
南美	7	10	19	75	25.33	11.80
欧洲	10	12	16	67	23.88	9.94
大洋洲	5	7	11	44	25.00	6.83

二、致密气

1. 勘探开发现状

致密气是指储集在致密砂岩等储层中的天然气，其单井一般无自然产能，但在一定经济条件和技术措施下可获得工业天然气产量[17]。全球范围内致密气开发利用主要集中在美国、加拿大和澳大利亚。美国 2012 年致密气产量为 $1353 \times 10^8 m^3$，占年总产量 19.8%，2013 年致密气产量 $1240 \times 10^8 m^3$，占年总产量 17.9%。推测到 2040 年年产量为 $1973 \times 10^8 m^3$，年增长率为 1.7%。加拿大是除美国之外少数拥有巨大非常规天然气储量并正在进行商用的国家，2010 年致密气产量约 $500 \times 10^8 m^3$；至 2011 年底，加拿大剩余可采致密砂岩气储量约为 $2 \times 10^{12} m^3$。澳大利亚剩余可采致密气资源量估计为 $8 \times 10^{12} m^3$，最大规模的天然气资源位于 Perth、Cooper、Gippsland 盆地的低渗透砂岩储层之中。致密砂岩气资源位于那些已经建设好的常规气盆地之中，与储运等基础设施相邻，具有商业开采价值。

2. 资源形成条件

致密砂岩气以砂岩储层致密为主要特点。"致密"是一个描述性的词语，对于不同国家、学者在不同的历史时期都有不同的定义。1980年美国联邦能源管理委员会（FERC），根据"美国国会1978年天然气政策法（NGPA）"的有关规定，确定致密气藏的注册标准是渗透率低于0.1mD，这个标准用来定义一口致密储层气井是否需要缴纳联邦税或州税。Law（2002）对致密气物性上限的界定与此相同。Spencer（1989）认为应以原地渗透率0.1mD作为致密储层上限。德国石油与煤科学技术协会（DGMK）宣布致密气藏指储层平均有效气渗透率小于0.6mD的气藏，英国将储层渗透率小于1mD的气藏定义为致密气藏。美国地质勘探局（USGS, United States Geological Survey）认为致密气藏是圈闭于矿物高度混杂的砂岩、页岩或石灰岩地层中，具有很低的渗透率和孔隙度。常规天然气钻井之后可以很容易开采，而致密气藏天然气需要采用水力压裂等措施才能有效开采。Holditch认为致密气藏是指需经大型水力压裂改造措施，或者是采用水平井、多分支井才能产出工业气流的气藏。此类定义回避了具体的物性界限参数。

本次研究，通过实际致密砂岩气盆地储层物性测试数据的分析，限定了致密砂岩储层物性的上限。通过对美国西部洛基山含油气区7个致密砂岩气富集盆地的油气田数据库常规孔隙度（2100点）和常规渗透率（2073点）及原地渗透率（2062点）的分析及国内鄂尔多斯盆地孔隙度和渗透率测试揭示：围压4.14MPa，稳态氮气介质，上游压力0.138~2.760MPa（20~400psi），下游压力为大气压力。在常规渗透率频率分布图（图6-6）上数据点分布在0.0001~100mD范围，以0.001~0.1mD区间样品点最多。累加频率分布曲线表明，有85%的数据点都小于0.1mD，约10%的数据点大于1mD，高值达到数百毫达西。这一结果表明总体低渗是北美致密气的典型特征，总体低渗的背景下，仍有部分渗透率较高，这部分储层对于天然气生产具有重要意义。

北美典型致密气盆地致密储层孔隙度测试数据点分布在0~26%范围（图6-6），从累加频率曲线上看，80%的实测孔隙度值小于10%。20%的孔隙度数据在10%~26%之间。孔隙度分布不如渗透率集中，多数数据点平均分布在0~12%范围内。

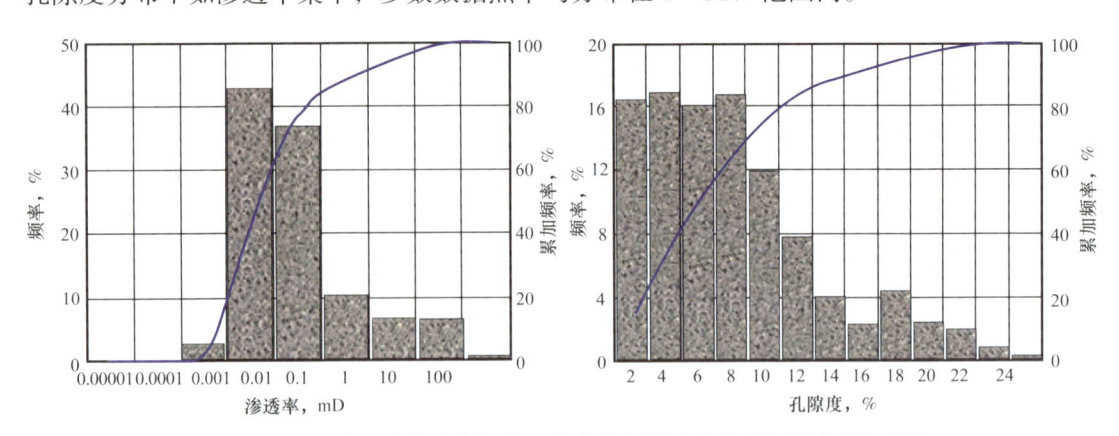

图6-6 北美典型致密砂岩气盆地致密砂岩常规渗透率和孔隙度分布图

鄂尔多斯盆地苏里格气田上古生界储层实测常规渗透率在0.0001~100mD之间，数据分布最多的区间是0.01~1mD范围（图6-7）。累加频率分布曲线同样可以看出有80%的数据点渗透率值小于0.1mD，另有20%的数据点在0.1~10mD范围。

孔隙度实测数据表明数据点分布在0~20%范围（图6-7），分布最多的区间是4%~8%，对应于85%累加频率曲线位置的孔隙度值是10%左右。

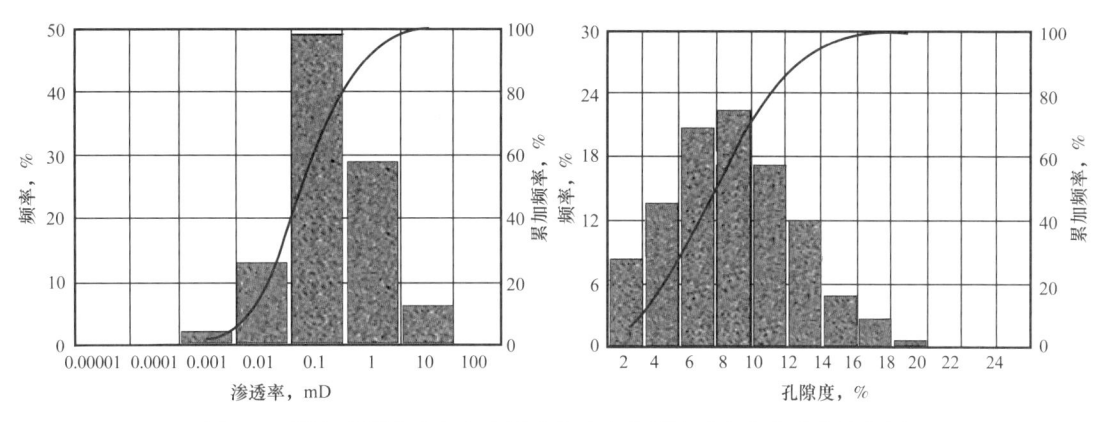

图 6-7 鄂尔多斯盆地上古生界致密砂岩储层渗透率和孔隙度分布图

本次研究中致密砂岩储层物性上限值采用两类分类方案，一是采用国家能源局颁布实施致密砂岩气行业标准（SY/T 6832—2011），致密砂岩储层地质评价标准为孔隙度<10%、原地渗透率<0.1mD 或空气渗透率<1mD、孔喉半径<1μm、含气饱和度<60%；二是根据国内外实际致密砂岩物性统计结果，采用概率思想，根据常规渗透率值设定致密砂岩物性上限标准。通过统计国内外多个典型致密砂岩盆地储层物性数据，考虑到致密储层与常规储层的过渡可能，把"致密砂岩气"定义为：致密砂岩储层测试常规空气渗透率80%都小于 0.1mD 的气藏为典型致密砂岩气藏。与此界限对应的孔隙度数值约为10%[18]。符合此标准的储层为典型致密砂岩储层，物性好于此标准的储层则为由致密向常规过渡状态，本次研究尝试提出设定标准如表 6-13 所示。

表 6-13 统计法描述储层致密程度分级方案

致密程度	储层渗透率 0.1mD 累加频率
典型致密	>80%
比较致密	70%～80%
一般致密	60%～70%
常规低渗透	50%～60%

表 6-13 中分级方案的优点在于：从致密到常规是一个连续、过渡的过程，通过累加频率值能够连续的反映储层物性变化；通过统计国内外典型致密气藏，采用常规渗透率值作为区分储层物性的标准，回避了原地渗透率不易获取、标准不一的难题；本次定义标准可与行业原标准相互佐证。同时，这一方法也存在一定的局限性：首先取样要充分反映储层物性，取样点分布要均匀，层位选择要反映整体储层特征；其次，样品点要比较充足，使得累加频率曲线能够平滑。样品点过少则无法用此方法反应储层物性。

3. 致密气成藏条件研究

从前述定义可以看出，致密气是烃源岩向致密储层排烃并缺少二次运移的结果。致密气藏具有的典型地质特征：气源丰富、储层致密、源储相通、储盖一体、气水倒置、压力异常。致密气的成藏条件需要稳定的构造背景，地层倾角平缓，一定规模范围和厚度分布的负向构造单元；早期快速沉积、后期成岩作用强烈；油气生成量大，生成速率高，产生的排烃压力要足够大（表6-14）。

表6-14 世界主要致密砂岩气田储层基本特征表

油田	Blanco	Elmworth	Hoadley	Jonah	Milk River	Wattenberg	苏里格
面积，km^2	3467	5000	4000	97	17500	2600	37850
构造倾角，(°)	0～6	1	0.5	2	<0.1	<0.1	<1
储层厚度，m	122～274	152～183	20～30，最大37	853～1280	61～91	23～45	31
产层厚度，m	0～49	61～91	6～15，最大25	340.8～488	9.1	3～15	5～10
孔隙度，%	4～14，平均9.5	8～12	8～14，最大20	8～14	10～26，平均14	8～12	8.5
渗透率，mD	0.3～10	0.5～5000	0.5～10，最大200	0.01～1	<1，最大250	0.005～0.05	0.4～36
含水饱和度，%	10～70，平均29	30～50	25～40	30～47		44	50～75
可采储量，$10^8 m^3$	4813	4813	1841	654	3114	566～934	6209

4. 资源评价与潜力

全球致密气可采资源量为$17×10^{12}m^3$，主要分布在为亚洲、北美洲、大洋洲、欧洲和俄罗斯（表6-15）。

表6-15 全球致密气资源评价结果

地区	盆地个数	层系个数	可采资源量 $10^{12}m^3$	地质资源量 $10^{12}m^3$	平均可采系数，%	可采资源总占比，%
北美	22	41	5.15	39.73	12.96	29.11
亚洲	3	3	9	42	21.43	50.88
俄罗斯	1	1	0.34	2.83	12.01	1.92
中东	2	2	0.22	1.82	12.09	1.24
非洲	3	3	0.05	0.39	12.82	0.28
南美	4	4	0.16	1.31	12.21	0.90
欧洲	6	6	0.77	6.42	11.99	4.35
大洋洲	3	2	2	4	50	11.31

三、煤层气

本次评价了全球44个煤层气盆地，累计评价了62个煤层气层系。评价结果揭示，全球煤层气可采资源量$49×10^{12}m^3$，主要分布在北美的加拿大、俄罗斯大区和亚洲的中国

（图 6-8，图 6-9）。主要分布的盆地中，艾伯塔盆地、库兹涅茨克和东西伯利亚盆地的煤层气可采资源量合计达 22.43×10^{12} m³，占全球煤层气可采资源量的 45.54%；艾伯塔盆地煤层气可采资源量为 9.29×10^{12} m³，占全球煤层气可采资源量的 18.86%；库兹涅茨克盆地的煤层气可采资源量为 8.52×10^{12} m³，占全球煤层气采资源量的 17.3%；东西伯利亚盆地的煤层气可采资源量为 4.62×10^{12} m³，占全球煤层气可采资源量的 9.38%（图 6-10）；从富集地层统计揭示，主要富集侏罗系、石炭系、白垩系和二叠系内（6-11）。

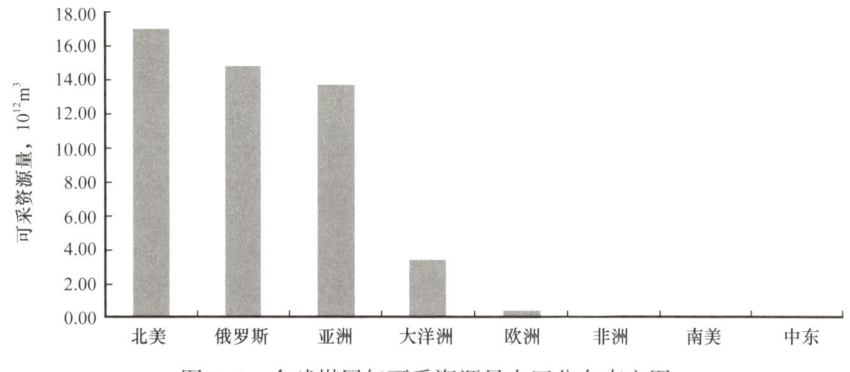

图 6-8 全球煤层气可采资源量大区分布直方图

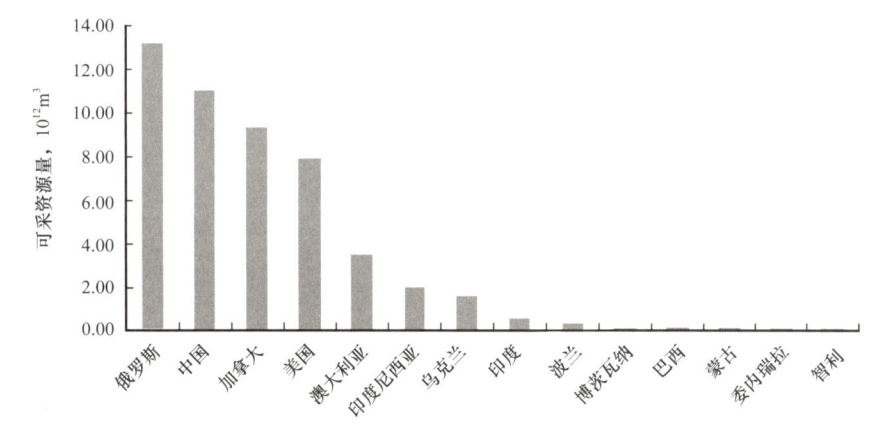

图 6-9 全球煤层气可采资源量国家分布直方图

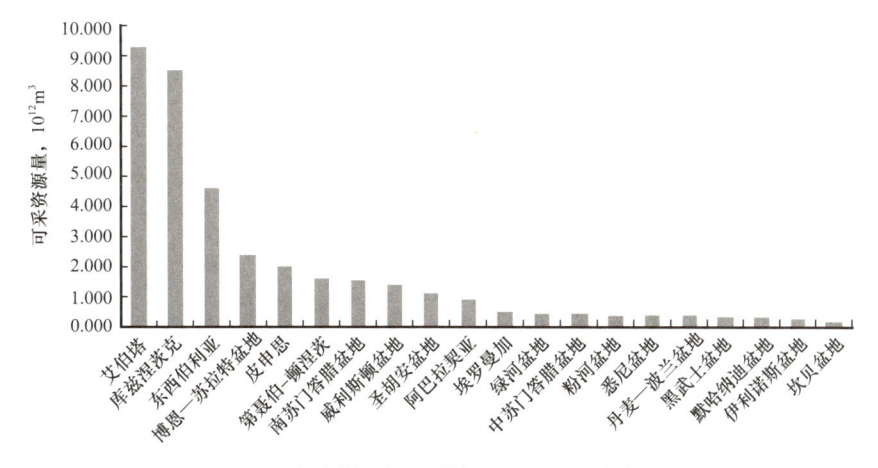

图 6-10 全球煤层气可采资源量盆地分布直方图

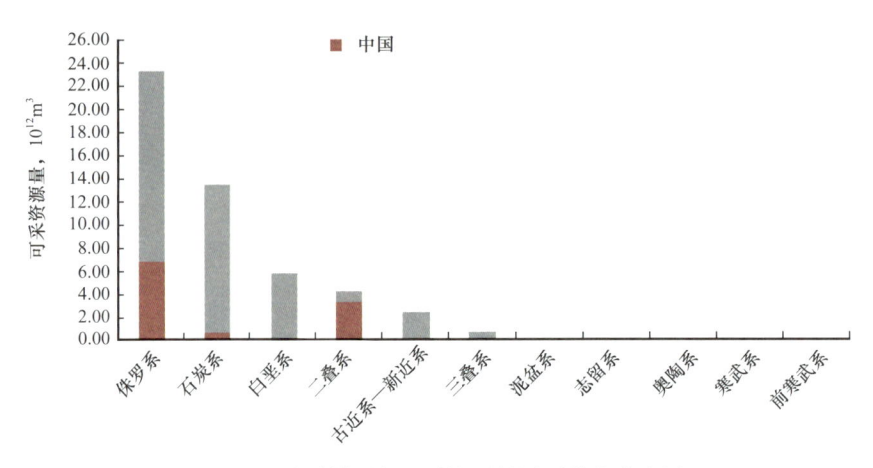

图 6-11　全球煤层气可采资源量层系分布直方图

第四节　全球非常规油气资源分布与有利区优选

一、非常规油气勘探开发现状

自 2000 年以来，非常规油气产量稳步增长。2014 年，全球非常规油气产量为 $10×10^8$t 油当量，占全球油气总产量的 14%。近年来油价持续低迷，非常规油气的产量增长趋缓。2015 年，全球非常规石油产量 $3.5×10^8$t，其中重油产量为 $5849×10^4$t，油砂产量 $12416×10^4$t，油页岩油产量继续保持年产量 $140×10^4$t 的规模，致密油的产量受油价的影响，由 2014 年的 $2×10^8$t 降低为 $1.7×10^8$t（图 6-12）。非常规天然气 $10641×10^8m^3$，页岩气年产量为 $4291×10^8m^3$，中国的页岩气产量获得突破，达到了 $44.71×10^8m^3$，加拿大的页岩气产量继续保持 $424×10^8m^3$ 左右，美国页岩气产量稳中有降，为 $3821×10^8m^3$。煤层气年产量继续保持微弱增幅，达到了 $900×10^8m^3$，致密气产量维持在 $5450×10^8m^3$ 左右（图 6-13）。

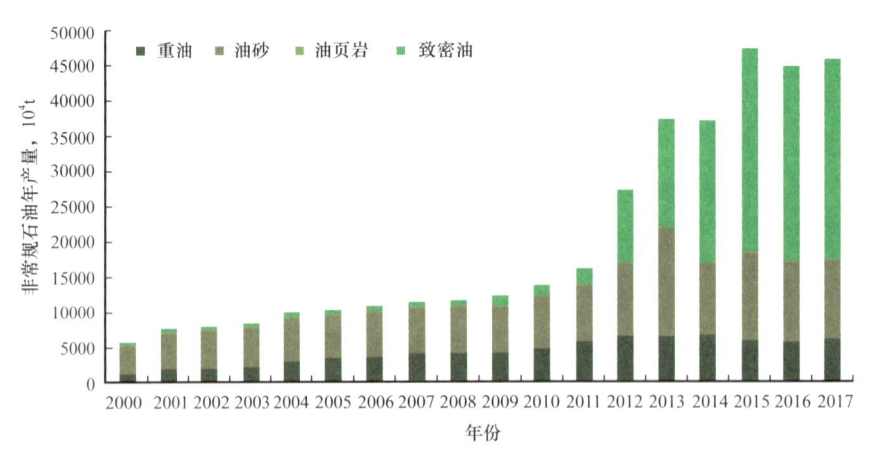

图 6-12　全球非常规石油年产量统计直方图
（数据来自 CAPP、PDVAS、EIA、HART ENERGY）

图 6-13 全球非常规天然气年产量统计直方图
（数据来自 Woodmackenzie、EIA、HART ENERGY）

未来，非常规油气资源作为常规油气资源的接替能源，随着技术的进步，其勘探开发成本将逐渐降低，EIA 预测其产量也将逐渐随着油价的复苏而保持缓慢增长的趋势。2030 年全球非常规油气产量将达到 $15×10^8$t 油当量，占全球油气总产量的 18%。以致密油气、页岩油气、油砂和超重油为代表的非常规油气将是产量增长的主要支撑。

二、非常规油气勘探开发潜力

本次共评价重油、油砂、致密油、油页岩、页岩气、致密气和煤层气共 7 个非常规油气资源类型，包括全球 363 个盆地的 476 个成藏组合的可采资源量。评价结果揭示全球非常规油可采资源量为 $4421×10^8$t（含中国 $212×10^8$t），其中重油 $1267×10^8$t，油砂 $641×10^8$t，致密油 $414×10^8$t，油页岩 $2099×10^8$t；全球非常规气可采资源量为 $227×10^{12}$m^3，其中页岩气 $161×10^{12}$m^3，致密气 $17×10^{12}$m^3，煤层气 $49×10^{12}$m^3（图 6-14，表 6-16，表 6-17）。

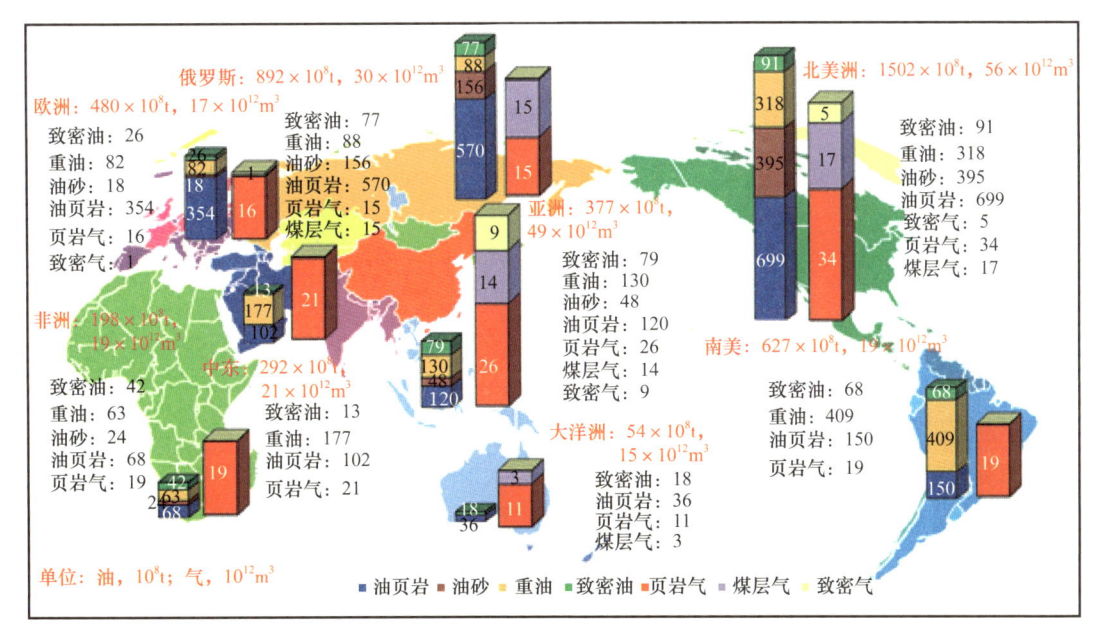

图 6-14 全球非常规油气可采资源量大区分布统计图

表6-16　全球非常规油地质资源与可采资源评价总表（单位：10⁸t）

大区	重油 可采	重油 地质	油砂 可采	油砂 地质	致密油 可采	致密油 地质	油页岩 可采	油页岩 地质	非常规油 可采	非常规油 地质
北美	318	3177	395	3947	91	2540	699	3279	1503	12943
俄罗斯	88	449	156	599	77	1555	570	1927	891	4530
南美	409	4092	0	0	68	1954	150	280	627	6326
欧洲	82	224	18	54	26	700	354	2334	480	3312
亚洲	130	502	48	273	79	2050	120	137	377	2962
中东	177	1208	0	0	13	357	102	176	292	1741
非洲	63	186	24	140	42	1191	68	115	197	1632
大洋洲	0	0	0	0	18	871	36	97	54	968
总计	1267	9838	641	5013	414	11218	2099	8345	4421	34414

表6-17　全球非常规天然气地质资源与可采资源评价总表（单位：10¹²m³）

大区	页岩气 可采	页岩气 地质	致密气 可采	致密气 地质	煤层气 可采	煤层气 地质	非常规气 可采	非常规气 地质
北美	34	136	5	40	17	28	56	204
亚洲	26	108	9	42	14	21	49	171
俄罗斯	15	53	0	3	15	24	30	80
中东	21	94	0	2	0	0	21	96
非洲	19	73	0	0	0	0	19	73
南美	19	75	0	1	0	1	19	77
欧洲	16	67	1	3	0	1	17	74
大洋洲	11	44	2	4	3	6	16	51
总计	161	650	17	95	49	81	227	826

1. 全球非常规石油评价结果

全球非常规石油地质资源总计 34412×10^8 t，可采资源 4421×10^8 t。

（1）按大区分布：北美大区非常规石油地质资源和可采资源都居全球首位，这与其非常规石油勘探开发快速发展及丰厚的资源基础密切相关。本次评价北美的油砂、重油、油页岩和致密油的地质和可采资源量都居全球前列。地质资源量南美第二，可采资源量俄罗斯第二，南美第三，产生这种差异的原因主要是由于南美的重油地质资源量较大，而可采资源量较小；俄罗斯的油页岩可采资源量相对较大，使其可采资源量超过南美，位居第二；欧洲和亚洲非常规石油地质资源和可采资源分别排在第四和第五（图6-15）。

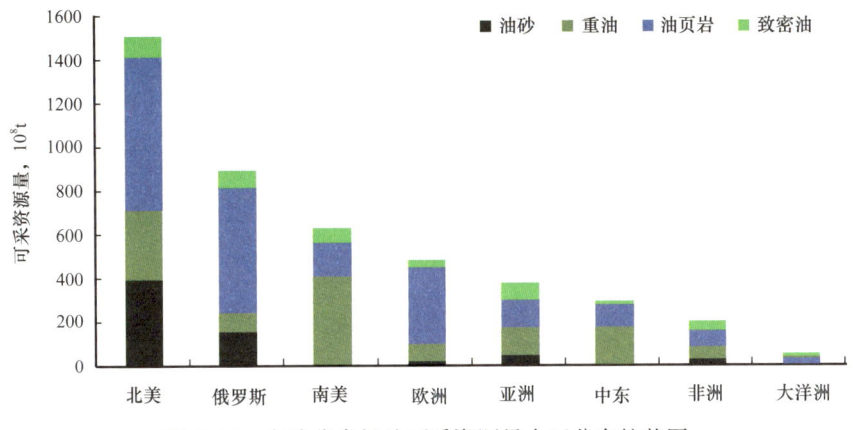

图6-15 全球非常规油可采资源量大区分布柱状图

（2）按国家分布：非常规石油可采资源量前5名分别为美国、俄罗斯、加拿大、委内瑞拉和巴西。美国非常规石油可采资源量以油页岩、重油和致密油为主；俄罗斯可采资源量油页岩和重油、油砂为主，其致密油资源量也较大；加拿大和委内瑞拉分别以油砂和重油为主。值得注意的是，巴西以较大的油页岩和海上重油可采资源量位于中国之前，排名第五，中国则以油页岩和致密油资源为主，位居第六（图6-16）。

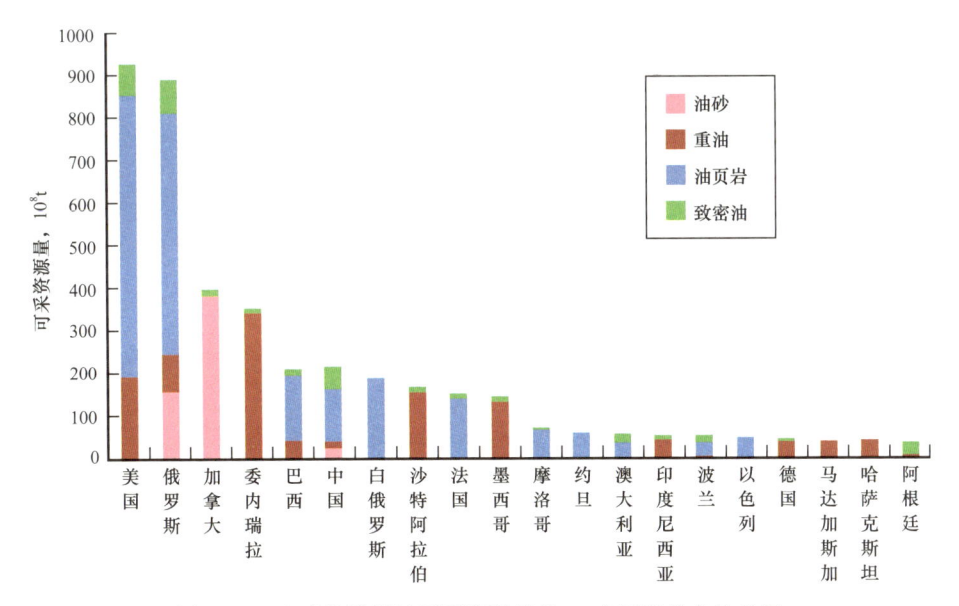

图6-16 全球非常规油可采资源量前20名国家分布柱状图

（3）按盆地分布：非常规石油可采资源前5名分别为艾伯塔盆地、西伯利亚盆地、伏尔加—乌拉尔盆地、皮申斯盆地和东委内瑞拉盆地，艾伯塔盆地以油砂为主，伏尔加-乌拉尔盆地以油页岩为主，西西伯利亚盆地则是以油页岩和致密油为主，皮申斯盆地仍然以油页岩为主。通过上述的分析可以看出，很多盆地由于油页岩的资源介入，导致其地质资源和可采资源都排在了前列（图6-17）。

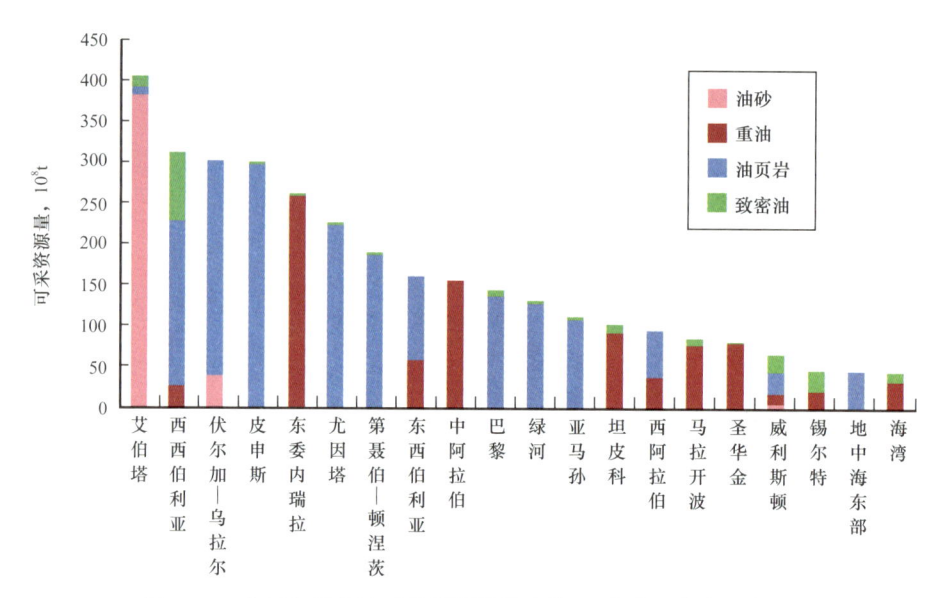

图 6-17　全球非常规油可采资源量潜力前 20 名盆地分布柱状图

2. 全球非常规天然气评价结果

全球非常规天然气地质资源总计 $826 \times 10^{12} m^3$，可采资源 $227 \times 10^{12} m^3$。

（1）按地区分布：可采资源量排名前四位的分别为北美、亚洲、俄罗斯和中东，北美以页岩气和煤层为主，亚洲页岩气、煤层气和致密气的可采资源潜力都比较大；俄罗斯的页岩气和煤层气可采资源潜力相当，致密气潜力较小（图 6-18）。

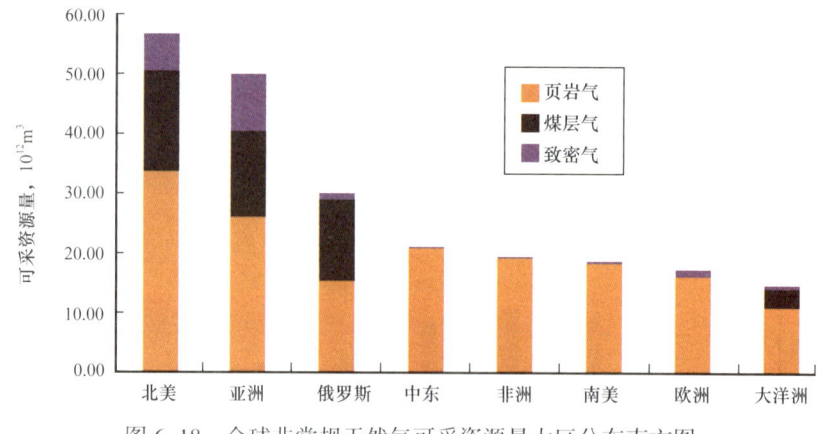

图 6-18　全球非常规天然气可采资源量大区分布直方图

（2）按国家分布：可采资源量潜力排名前四位的为美国、中国、俄罗斯和加拿大。俄罗斯的煤层气可采资源量潜力要大于美国的可采资源潜力。中国致密气、页岩气和煤层气可采资源潜力接近；加拿大以页岩气和煤层气为主（6-19）。

（3）按盆地分布：可采资源排名前四位的分别为艾伯塔、扎格罗斯、阿巴拉契亚、东西伯利亚盆地。艾伯塔盆地仍然以页岩气和煤层气为主；扎格罗斯盆地以页岩气为主，阿巴拉契亚以页岩气为主，致密气可采资源潜力较大；东西伯利亚盆地以页岩气和煤层气为主（图 6-20）。

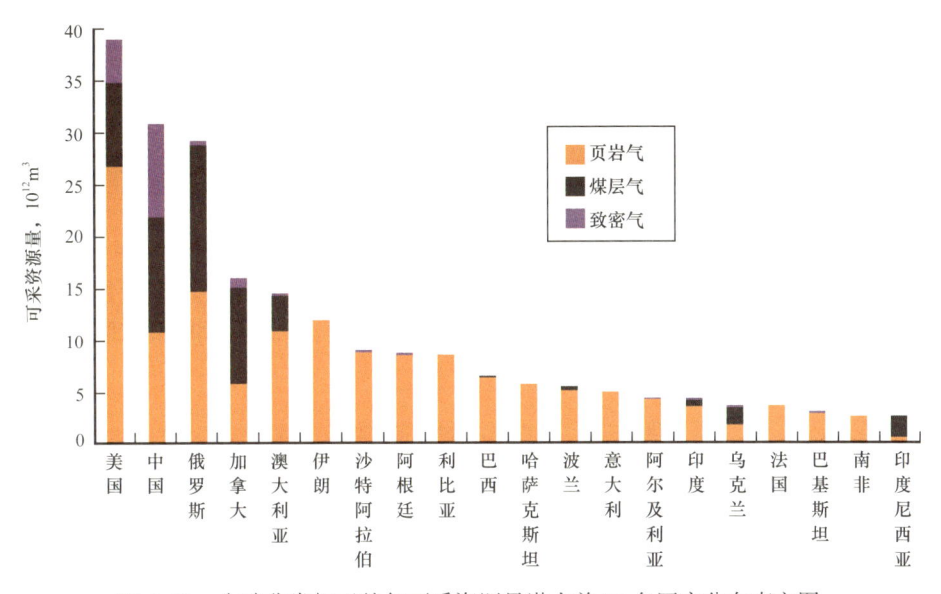

图 6-19 全球非常规天然气可采资源量潜力前 20 名国家分布直方图

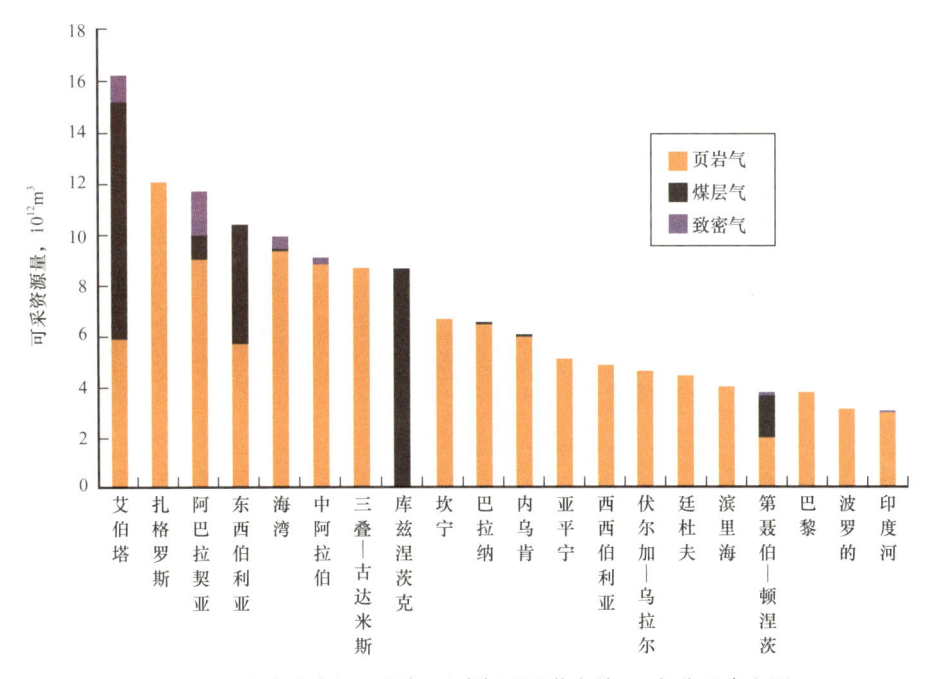

图 6-20 全球非常规天然气可采资源量潜力前 20 名盆地直方图

三、非常规油气资源有利区优选

全球非常规油气资源未来战略选区评价从以下三个方面考虑：一是从资源类型的可利用方面，优先考虑致密油、页岩气和重油资源，以保证成熟技术的推广应用，能够快速利用；二是从资源潜力方面，优选富集程度最高的区块，以保证获取最大的经济效益；三是从合作环境和地缘政治方面，优先考虑周边具有战略合作前景的国家，以保证项目的稳定性与国家利益。综合三方面因素，实现对全球非常规油气资源的战略选区。

1. 致密油资源富集区优选评价

根据资源评价结果：全球致密油资源最富集的前十大盆地（表6-18），北美主要是威利斯顿盆地、二叠盆地、艾伯塔盆地，俄罗斯西西伯利亚盆地；南美内乌肯盆地和查科—巴拉纳盆地；非洲锡尔特盆地和三叠—古达米斯盆地；亚洲印度河盆地以及大洋洲坎宁盆地。

本次重点评价了西西伯利亚盆地Bazhenov组、内乌肯盆地Vaca Muerta组和Los Molles组、威利斯顿盆地Bakken组、二叠盆地Wolfcamp组、丹佛盆地Niobrara组、美国海湾盆地Eagle Ford组和穆格莱德盆地AG2组致密油资源，并根据资源丰度和可采性情况划分出共7个Ⅰ级可采资源区和7个Ⅱ级可采资源区（表6-18）。

表6-18 重点盆地致密油资源分级表

致密油层系	资源分级	Ⅰ	Ⅱ	Ⅲ
威利斯顿bakken组	面积，$10^4 km^2$	3.188	3.869	19.509
	可采资源量，$10^8 t$	6.745	2.518	3.623
海湾盆地Eagle Ford组	面积，$10^4 km^2$	0.469	0.736	1.693
	可采资源量，$10^8 t$	2.364	2.222	2.712
二叠盆地Wolfcamp组	面积，$10^4 km^2$	1.063	2.235	3.893
	可采资源量，$10^8 t$	3.196	4.702	2.911
丹佛盆地Niobrara组	面积，$10^4 km^2$	0.552	1.509	7.687
	可采资源量，$10^8 t$	1.451	2.642	4.445
西西伯利亚盆地Bazhenov组	面积，$10^4 km^2$	7.12	17.62	99.26
	可采资源量，$10^8 t$	9.199	12.198	54.590
内乌肯盆地Vaca Mutera组	面积，$10^4 km^2$	0.392	0.783	1.005
	可采资源量，$10^8 t$	5.152	8.139	8.154
内乌肯盆地Los Molles组	面积，$10^4 km^2$	0.111	0.391	0.64
	可采资源量，$10^8 t$	1.177	1.790	2.980
穆格莱德盆地AG2组	面积，$10^4 km^2$	0.125	1.796	16.579
	可采资源量，$10^8 t$	0.009	0.110	0.404

北非锡尔特盆地Sirte/Rachmat组、南美查科—巴拉纳盆地Ponta Grossa组和大洋洲坎宁盆地Goldwyer组等致密油可采资源量很大，主要是评价层系分布面积和厚度非常大。但由于其地质参数来源有限，不能有效覆盖盆地区域，因而数据风险较高，有待继续落实，暂不作为备选有利区。

2. 页岩气资源富集区优选评价

根据资源评价结果揭示的全球页岩气可采资源排名前20名盆地统计揭示（表6-19），

全球页岩气资源最富集的前十位盆地中的南非卡鲁盆地、扎格罗斯盆地、东西伯利亚盆地、伏尔加—乌拉尔盆地、滨里海盆地和中阿拉伯盆地等页岩气资源量很大的地区，基本没有商业发现，只表明其地质潜力条件较好，资源落实程度有待深入研究。所以，页岩气富集区优选，仍以美国较为成熟的页岩气开发区为重点。本次研究优选了巴内特页岩、费耶特维尔、沃特福德、鹰滩和海内斯维尔页岩的区带进行了分级评价，并针对每个评价区带优选出了5个Ⅰ类有利区带。

表6-19 美国西部5套前陆盆地页岩气资源排序

页岩名称	可采资源有利区，$10^8 m^3$			可采资源 $10^8 m^3$	有利勘探方向	排序
	Ⅰ类区	Ⅱ类区	Ⅲ类区			
海内斯维尔	12011	22421	17056	51488	中央偏东部地区	1
鹰滩	11900	11894	11153	34947	西部	2
巴奈特	8517	4636	2134	15287	东北部	3
沃特福德	4764	4531	5517	14812	西南角	4
费耶特维尔	2809	5870	4094	12773	西南部和东北角	5
总计	40001	49352	39954	129307		

3. 重油资源富集区优选评价

根据资源评价结果：全球重油资源最富集的前十大盆地是委内瑞拉盆地、阿拉伯盆地、坦皮科盆地、圣华金盆地、马拉开波盆地、尤卡坦盆地、文图拉盆地、西北德国盆地、穆伦达瓦盆地和中苏门答腊盆地。东委内瑞拉盆地仍排首位，主要富集在浅层，其中古近系中待发现重油可采资源量为$260×10^8 t$，是未来选区的首选。值得指出的是，此次评价对阿拉伯盆地重油资源做了较为系统的地质风险评价，优选出以下富集区：

（1）西阿拉伯次盆白垩系评价单元。此评价单元有利区位于辛加地堑内以及部分幼发拉底地堑内，储层埋深约1500m，储层厚度较大，为11m，孔隙度较小，为15%，含油饱和度较高，达到了81%，地质资源量为$204×10^8 t$，目前选用开采技术为蒸汽吞吐，可采资源量为$29.2×10^8 t$，开发环境良好。

（2）中阿拉伯次盆侏罗系评价单元。此单元位于中阿拉伯盆地西部的萨曼隆起内，储层埋深达到2400m，但储层厚度达到了所有评价单元的最大值，为41.8m，孔隙度也有22.5%，含油饱和度同样为81%，其地质资源量达到了此次评价盆地中的最大值为$560.3×10^8 t$，但其目前最适合的开采技术为蒸汽吞吐，所以可采资源量只有$83.5×10^8 t$，但依然是最好的潜力区之一。

（3）中阿拉伯次盆白垩系评价单元。中阿拉伯盆地的第二个评价单元，有利区位于中阿拉伯盆地与扎格罗斯盆地相交边界，属于斜坡带上部地区。储层埋深2000m左右，厚度较大，为17.8m，地质资源量为$205×10^8 t$，最适合开采技术为蒸汽吞吐，开发环境较好，可采资源量$30.1×10^8 t$，与伏尔加—乌拉尔盆地相似。

（4）西阿拉伯次盆三叠系评价单元。此评价单元有利区位于西阿拉伯盆地的帕米赖德地堑内，发育大量断层，储层埋深2029m，厚度10m，孔隙度很低，但含油饱和度很高，地质资源量为$98.7×10^8 t$，可采资源量为$14.7×10^8 t$，开发潜力相对较好。

参考文献

[1] Hart Energy. Unconventional Oil & Gas Center [DB/OL]. (2015-12-30) [2016-05-25]. http://www.hartenergy.com/Midstream/Data- Services/.

[2] EIA. Technically Recoverable Shale Oil and Shale Gas Resources [EB/OL]. (2015-09-24) [2016-04-07]. https://www.eia.gov/analysis/studies/worldshalegas/pdf/Oman_2014.pdf.

[3] 邹才能,翟光明,张光亚,等. 全球常规—非常规油气形成分布:资源潜力及趋势预测[J]. 石油勘探与开发, 2015, 42(1):13-25.

[4] 王红军,马锋,童晓光,等,全球非常规油气资源评价[J]. 石油勘探与开发, 2016, 43(6):850-862.

[5] BP. BP Energy Outlook 2035 [EB/OL]. (2017-05-08) [2018-06-28]. http://wwwbpcom/en/global/corporate/about-bp/energy-economics/energy-outlookhtml.

[6] Meyer R F, Attanasi E D, Freeman P A. Heavy Oil and Natural Bitumen Resources in Geological Basins of the World [R]. Reston: U.S. Department of the Interior, 2007.

[7] 石油地质勘探专业标准化技术委员会. 油砂矿地质勘查与油砂油储量计算规范:SY/T 6998—2014[S]. 北京:国家能源局, 2014.

[8] 瓦尔特,吕尔著. 焦油(超稠油)砂和油页岩[M]. 北京:地质出版社, 1989.

[9] 中国石油天然气集团公司. 致密油地质评价方法:SY/T 6943—2013[S]. 北京:国家能源局, 2014.

[10] 贾承造,邹才能,李建忠,等. 中国致密油评价标准、主要类型、基本特征及资源前景[J]. 石油学报, 2012, 33(3):343-350.

[11] IHS. Going Global: Predicting the Next Tight Oil Revolution [EB/OL]. (2014-09-01) [2016-06-06]. http://wwwihscom/products/cera, 2014.

[12] 卢双舫,黄文彪,陈方文,等. 页岩油气资源分级评价标准探讨[J]. 石油勘探与开发, 2012, 39(2):249-256.

[13] 马锋,王红军,张光亚,等. 致密油聚集特征及潜力盆地选择标准[J]. 新疆石油地质, 2014, 35(2):243-247.

[14] 刘招君,柳蓉. 中国油页岩特征及开发利用前景分析[J]. 地学前缘, 2005, 12(3):315-323.

[15] Kuuskraa V, Stevens S, Moodhe K. World Shale Gas and Shale Oil Resources Assessment [EB/OL]. (2013-06-17) [2016-05-09]. http://www.eia.gov/conference/2013/pdf/presentations/kuuskraa.pdf.

[16] EIA. Review of Emerging Resources: US Shale Gas and Shale Oil Plays [EB/OL]. (2011-07-01) [2016-06-09]. http://wwweiagov/analysis/studies/usshalegas/pdf/usshaleplayspdf.

[17] 全国石油天然气标准化技术委员会. 致密砂岩气地质评价方法:GB/T 30501—2014[S]. 北京:中华人民共和国国家质量监督检验检疫总局, 2015.

[18] 王朋岩,刘凤轩,马锋,等. 致密砂岩气藏储层物性上限界定与分布特征[J]. 石油与天然气地质, 2014, 02:238-243.

第七章 结论与认识

（1）以全球板块构造格局为基础，分析了全球468个含油气盆地已发现油气的分布特征。

截至2014年底，全球2P剩余可采储量4328.77×10⁸t油当量，其中石油2095.89×10⁸t，凝析油200.96×10⁸t，天然气244.62×10¹²m³；累计产量1986.30×10⁸t油当量，其中石油累计产量1364.38×10⁸t，凝析油累计产量45.21×10⁸t，天然气累计产量70.93×10¹²m³。

全球陆上累计产量为1568.36×10⁸t油当量，产量贡献率为78.9%，陆上剩余可采储量2644.25×10⁸t油当量，占全部剩余可采储量61.1%；海上累计产量418.77×10⁸t油当量，占21.1%，剩余可采储量2644.25×10⁸t油当量，占总量38.9%

截至2014年底，全球468个盆地剩余油气可采为4487×10⁸t油当量。其中剩余可采储量最丰富的为阿拉伯盆地，达到1427×10⁸t油当量，东委内瑞拉盆地、西西伯利亚盆地、扎格罗斯盆地三个盆地较为接近，分别为414×10⁸t油当量、405×10⁸t油当量、319×10⁸t油当量，其次为阿姆河盆地、尼日尔三角洲、滨里海盆地、桑托斯盆地等。

从盆地类型看，被动陆缘盆地可采储量达到2604×10⁸t油当量，占全部可采储量的41.2%。前陆盆地和大陆裂谷盆地可采储量基本相当，其占比分别为23.4%和22.7%。克拉通盆地油气储量较少，仅占10.5%。

在层系上，白垩系已发现油气田储量最大，为2415×10⁸t油当量，占38.2%，其次为侏罗系和古近系，分别为1201×10⁸t油当量和866×10⁸t油当量，占比为19.0%和13.7%。

（2）通过对前寒武纪以来13个纪或世（白垩纪包括早、晚白垩世）古板块重建，恢复了不同时期板块构造格局及原型盆地分布，论述了板块构造演化特征对原型盆地形成的控制作用。

晚前寒武纪以来的两个构造旋回，即罗迪尼亚大陆裂解、形成冈瓦纳和劳伦西亚、潘诺西亚大陆—潘基亚超大陆旋回和潘基亚超大陆裂解、特提斯、大西洋张开—新特提斯、太平洋收缩旋回，对全球古板块构造格局及原型盆地发育和演化规律具有控制作用，充分表明大陆裂解—聚合对原型盆地发育与分布的控制作用。

显生宙，南北大陆的不同构造演化历史，控制了不同板块及其周边的盆地性质与演化。劳亚大陆中板块的独立演化和多期聚散作用，使得板块边缘发育以多类型动力学背景的复杂叠合盆地为特征；冈瓦纳大陆及其内部板块间的相对整一性演化，使得其板块边缘以简单动力学背景的盆地继承性发育或简单叠合为特征。

晚前寒武纪—早古生代—罗迪尼亚超大陆裂解、分离，各陆块及其周边发育克拉通盆地及被动陆缘盆地；晚古生代—早中生代各大陆块又一次开始逐渐聚合，形成潘基亚超大陆，伴随着弧—陆、陆—陆碰撞和造山带的形成，弧后盆地、前陆盆地、克拉通盆地以及被动陆缘盆地发育；晚中生代、新生代潘基亚超大陆裂解，伴随着特提斯、大西洋张开新洋壳的形成和老洋壳的消亡，发育了相应的裂谷盆地、被动陆缘盆地和前陆盆地、弧前盆地、弧后盆地；新生代新特提斯、太平洋俯冲收缩，伴随着弧—陆、陆—陆碰撞和造山带的形成，弧前、弧后盆地、前陆盆地广泛发育。太平洋向西俯冲形成的科迪勒拉造山带控制了北美、南美西部的前陆盆地群的发育。印度洋向欧亚大陆板块之下的俯冲在东南亚地区形成大量的岛弧，使得东南亚地区的弧前盆地和弧后盆地极其发育。

（3）从全球基本构造单元基础地质特征入手，以盆地解剖为重点，编绘了现今位置全球13个地质时期岩相古地理图，并恢复了古板块构造位置岩相古地理分布，分析了不同时期岩相古地理演化特征，并阐述了岩相古地理分布控制因素。

全球岩相古地理演化具有以下规律：由老到新，隆起剥蚀区及碎屑岩陆相区具有增加的趋势；隆起剥蚀区及陆相区与滨浅海相区的规模周期性消长；陆相区中粗碎屑岩冲积相与湖泊相并存，中—新生代湖泊相区占相对优势；由老到新，碎屑岩滨浅海相旋回式增加、碳酸盐岩滨浅海相旋回式减少；蒸发岩盐沼相区发育较为局限，不同时期差异大。

板块构造运动对全球岩相古地理及其演化具有控制作用。泛非构造运动和冈瓦纳大陆形成，导致大陆区（隆起剥蚀区+陆相区）扩大。阿瓦伦从冈瓦纳分离，瑞克洋形成，导致浅海相的扩展。阿瓦伦与波罗的聚敛以及阿瓦伦—波罗的与劳伦的碰撞，即加里东构造运动，导致大陆区的再次扩大。古特提斯洋发育的鼎盛时期，滨浅海区分布较为广泛。潘基亚大陆形成，即海西构造运动，导致全球大陆再次显著增加，并奠定了中—新生代大范围陆相盆地发育的基础。大西洋开裂—裂开，导致滨浅海相区的再次扩大。特提斯洋关闭，印度与中国大陆碰撞，即阿尔卑斯构造运动，导致大陆区范围再次扩大和滨浅海相的萎缩。

全球海平面升降对全球岩相古地理及其演化具有控制作用。由于构造抬升与全球海平面下降叠加，导致前寒武纪末—寒武纪早期、泥盆纪、二叠纪—三叠纪、新生代4个地质时期隆起剥蚀区范围大，并控制了前寒武纪—泥盆纪、石炭纪—三叠纪、侏罗纪—新近纪3个明显的滨浅海相区扩展—萎缩的周期，以及前寒武纪—泥盆纪、石炭纪—三叠纪、侏罗纪—新近纪3个碳酸盐岩滨浅海相扩展—萎缩周期。

古气候对全球岩相古地理及其演化具有控制作用。各地质时期均发现了蒸发岩，反映了蒸发岩所处板块就位于干旱热带的地质时期。古位置古地理恢复结果表明，前寒武纪的西伯利亚地台，寒武纪的西伯利亚和塔里木板块，奥陶纪的西伯利亚和喀拉板块，志留纪的澳大利亚北部，泥盆纪的北美，石炭纪的波罗的东北侧蒂曼—伯朝拉盆地，二叠纪的欧洲南部和中亚西部，三叠纪的欧洲西南部、非洲西北部、阿拉伯东北部和澳大利亚东北部，侏罗纪的加勒比海地区和非洲北部，早白垩世的加勒比海地区和非洲低纬度地带，晚白垩世的阿拉伯东部和非洲低纬度地带，新生代阿拉伯东北部的古位置均处于南北纬30°之间为热带。

（4）以已发现的油气藏解剖为依据，分析了烃源岩、储层、盖层、圈闭等成藏要素的时空分布特征，重点分析了板块构造演化、原型盆地及岩相古地理分布对烃源岩、储层、盖层发育与分布的控制作用，并分析了全球已发现油气藏圈闭类型及分布特征。

烃源岩主要发育于拉张环境下被动陆缘和裂谷盆地，长期稳定的构造环境更利于烃源岩发育和保存。统计结果表明海侵环境有利于烃源岩的发育，特别是晚侏罗世和早白垩世全球处于海平面上升阶段，此时烃源岩也最为发育。

全球油气主要储存在浅海相储层中，浅海相储层控制储量占全球油气可采储量的59.9%，河流相占13.4%，三角洲相占11.1%、半深海—深海相占10.3%。砂岩储层所含油气储量占全球油气可采储量的50.3%，石灰岩储层占28.6%，白云岩储层占9.5%，浊积岩储层占5.4%。

蒸发岩盖层控油气的能力最强，其次是泥页岩盖层，碳酸盐岩盖层和其他岩性盖层的控油气能力最差。

构造圈闭所含油气储量占全球油气可采储量的57.6%，构造岩性复合圈闭占32.0%，构造岩性地层三种复合圈闭占5.2%，其余圈闭类型所含油气储量之和占5.2%。

（5）以国外425个含油气盆地（不含中国）为重点，针对不同勘探程度的成藏组合采用不同方法开展资源评价，获得了807个成藏组合的石油、天然气及凝析油的常规油气待发现资源量评价结果，并分析了其分布特征，还开展了全球已知油气田储量增长潜力评价及分布研究，最后综合考虑全球常规油气资源潜力分布特征，指出了常规油气资源富集的有利区。

全球468个盆地待发现油气资源量为3386×10^8t油当量。勘探潜力最大的盆地为阿拉伯盆地、扎格罗斯盆地、西西伯利亚盆地，待发现资源量分别达到370×10^8t油当量、281×10^8t油当量、253×10^8t油当量，其次为阿姆河盆地、坎波斯盆地、桑托斯盆地、墨西哥湾深水盆地等。

待发现油气资源主要分布于被动陆缘盆地，为1734×10^8t油当量，占全球总量51.2%，其次是前陆盆地和大陆裂谷盆地，待发现资源量分别为721×10^8t油当量和637×10^8t，分别占21.3%和18.8%，克拉通盆地等其他3种类型盆地待发现油气资源量所占比例较小。

中东地区为常规油气资源勘探潜力最大地区，待发现资源量为667×10^8t油当量，约占全球全部待发现油气资源量的20%，其次为俄罗斯和拉美地区，其待发现资源量分别为553×10^8t油当量和503×10^8t油当量，分别占全部待发现资源量的16%和15%，北美地区为413×10^8t油当量，约占总量12%，非洲和中亚地区较少，比例为9%和8%。

全球常规待发现天然气资源量略高于石油和凝析油，其中待发现石油资源量为1398×10^8t，占总量比例为41%，凝析油181×10^8t，占比为5%，天然气216×10^{12}m^3，占比为54%。石油主要分布于拉美和中东地区，天然气主要集中在俄罗斯和中东地区。

常规油气待发现资源主要分布在俄罗斯、中国、委内瑞拉、美国、伊朗、沙特阿拉伯6个国家，其总可采资源量为1865×10^8t油当量，占全球油气可采资源量55.1%。

陆上部分常规油气待发现资源量为1956×10^8t油当量，占总量的57.8%，高于海域部分资源量，海域部分待发现油气资源量为1430×10^8t油当量。

从已发现油气田储量增长的资源量估算来看，全球未来储量增长油气当量为1631×10^8t油当量，其中石油储量增长750×10^8t，凝析油75×10^8t，天然气96.66×10^{12}m^3，主要来源于中东519×10^8t油当量，占总量31.8%，其次为亚太、俄罗斯和非洲，分别占全球储量增长14.2%、14.0%和13.6%。

（6）主要考虑重油、油砂、致密油、油页岩、页岩气、煤层气和致密气7种非常规油气类型，针对全球363个盆地的476个成藏组合，将评价对象划分为详细评价和统计评价两类，选择和改进评价方法，获得全球非常规油气可采资源量及其分布。

评价结果揭示全球非常规油可采资源量为 4421×10^8t（含中国 212×10^8t），其中重油 1267×10^8t，油砂 641×10^8t，致密油 414×10^8t，油页岩 2099×10^8t；全球非常规气可采资源量为 227×10^{12}m^3（含中国 32×10^{12}m^3），其中页岩气 161×10^{12}m^3，致密气 17×10^{12}m^3，煤层气 49×10^{12}m^3。在此基础上进行了有利区优选。